村镇建设与发展丛书

CONSTRUCTION-SUPPORT

Studies in the Rural Development Power of Contemporary Guanzhong

建设与支撑

——当代关中乡村发展力研究

朱海声　著

中国建筑工业出版社

图书在版编目（CIP）数据

建设与支撑——当代关中乡村发展力研究／朱海声著.
北京：中国建筑工业出版社，2017.9
（村镇建设与发展丛书）
ISBN 978-7-112-21045-9

Ⅰ.①建… Ⅱ.①朱… Ⅲ.①城乡建设-研究-陕西
Ⅳ.①TU984.241

中国版本图书馆CIP数据核字（2017）第180818号

责任编辑：黄　翊
责任校对：李欣慰　党　蕾

建设与支撑——当代关中乡村发展力研究
朱海声　著
*
中国建筑工业出版社出版、发行（北京海淀三里河路9号）
各地新华书店、建筑书店经销
北京楠竹文化发展有限公司制版
廊坊市海涛印刷有限公司印刷
*
开本：787×1092毫米　1/16　印张：16¾　字数：316千字
2017年12月第一版　2017年12月第一次印刷
定价：60.00元
ISBN 978-7-112-21045-9
（30670）

目 录

1 绪　论

1.1 问题的提出

在当今全球化和信息化的时代背景下，城镇化成为城乡一体化发展的主旋律，尽管乡村的地理位置没有改变，乡村土地作为基本生产条件的地位没有改变，然而却出现了新的"现代化的魔力"。因为它不再是与城市相辅相成，共同构成丰富完善的人居环境建设思想的重要载体，不再是城乡发展的生命共同体，不再仅仅是生产粮食和农副产品的基地，而是变成了大批工厂和工业产品的基地，建设和发展了一片片的城市建筑模式和城市社区模式。它已不再仅仅是农业的劳动对象和农民生存保障的源泉，而且成为升值最快、用途很广的生产要素。土地商品化和资本化，成为整个国家、各个区域、各个城乡，甚至一个乡村高速成长的发动机和经济奇迹的秘密，也成为地方各级政府、土地使用者、乡村集体经济组织和农民博弈及争夺的焦点。这种"不动产的动产化"发展，造成了亨利·列斐伏尔（Henri Lefebvre，1901～1991年）所言的城乡空间生产，"整个空间变成了生产关系再生产的场所"，[1]而并不是物理空间、精神空间和社会空间的有机统一体。其一方面造成了一系列严重的社会经济问题，诸如对乡村民俗文化的漠视、乡村土地被占有、生态环境恶化、传统建筑环境的消失殆尽；另一方面也影响着乡村传统社会中的宗教信仰、价值观念、生产生活方式、社会组织结构和经济技术水平等。这种只有"财富经济而没有生命经济"[2]，只有"交换价值而不是真实价值"[3]，线性的、单向度的城镇化进程以及由此引发的一系列有利于局部利益而破坏整体环境，有利于发展蓝图而没有历史文化传承，有利于趋向现代城市景观而没

[1] ［法］亨利·列斐伏尔．空间与政治［M］．李春译．上海：上海人民出版社，2015：8.

[2] ［美］刘易斯·芒福德．城市文化［M］．宋俊岭等译，郑时龄校．北京：中国建筑工业出版社，2012：489.

[3] ［美］赫伯特·马尔库塞．单向度的人［M］．上海：刘继译．上海译文出版社，2014：50.

有地域文化与建筑乡土性的特征，有利于城市的物质空间建设而忽视乡村的社会空间和文化空间的矛盾问题，必须引起我们足够的重视。

关中地区位于陕西中部，地处黄河支流渭河平原的冲积扇平原上，土地肥沃，物产丰富，是中国历史上最富庶的地区之一。南依秦岭，渭河从中部穿过，自然条件和经济条件优越，交通便利。关中地区也是华夏文明重要的发祥地，著名的丝绸之路源头和羲皇故里，是13个王朝古都所在地，拥有大量珍贵的建筑历史文化遗产和丰富的人文自然资源。

然而，随着城镇化进程加快，一方面，关中地区大中城市对周边地区辐射带动作用明显，区域内城镇化进程不断加快；另一方面由于过度重视城镇化的规模和数量，忽略了城镇化发展的内在规律和特点，带来了城乡一体化建设过程中物质空间、地域空间、文化空间、生态空间等失衡的种种弊端。在城镇化的政策指引下，地方政府的目标是地方经济发展和地方收入增长。由于现行财政体制的限制，地方政府既想发展，又没有资金来源，扩大征地面积和城乡建设规模成为手段之一，于是他们利用现行法律从农民手中拿去土地利益。其中，乡村宅基地由于数量巨大和特征突出，更是成为地方政府在这一轮土地严格控制以后扩张城镇规模和增量建设用地总量的目标。因此我们看到的情形是，城市的建设存在着空间大规模生产与大规模短缺并存的现象。新城、新区建设投入了大量土地和资金，城市面貌发生了变化。与之形成鲜明对比的是，广大乡村的“去村化”、乡村衰败、乡村文化消失等各种社会问题，以及土壤、水、空气污染等环境问题。实际上，这是一种商业主义的、自上而下的空间生产。

关于重商主义的发展模式，亚当·斯密（Adam Smith，1723～1790年）在《国富论》中有这样的论述，君主和商人在无意识中的合谋，使财富偏离了生命和生活的本质原则，必然也使相应的法律、政策体系违背自然、违背社会的机理和生命原则。

实际上，《国富论》是一部“君王宝鉴”式的作品，它力图解释社会的内在机理和自然法则，从而激发政府部门的公共精神，并在其胸中植入对自然智慧的信仰、对生命品格的尊崇、对社会格局和谐顺畅的思考，更是对“国家智慧”的考量。

然而，如果我们从城镇化的总体趋势来看，这种发展模式在一定程度上违背了社会发展的正义原则、道德原则及信仰原则，阻碍和扭曲了我国城镇化发展的初心，导致了“头重”（城市发展）“脚轻”（乡村忽视）的城乡不均衡格局，这些都是不可回避且亟待解决的问题。

对关中地区乡村传统建筑环境加以仔细考察，我们就可以发现，朴实厚重的关中传统建筑具有明显的地域性特征，是适应当地地理环境、气候因素、经济发展和文化习俗而物化了的成熟的建筑形式，是“天”、“地”、“神”、“人”的高度汇合。究其原因，在传统的农耕文明时期，基于社会经济发展速度较低而且相对平缓的原因，乡村建筑空间形态始终处于自下而上渐进式的演进过程中，其结果不仅创造了富含地域特质的乡村环境，而且乡村环境随着社会经济的发展更多地体现出良性和谐的人地关系。它的存在有历史的必然性，它的演变有可循的规律性。更为重要的是乡村的传统建筑环境与人们的宗教信仰、文化倾向、宇宙观念、艺术旨趣等现象密切相关。

然而，在城镇化的发展过程中，由于城乡人口流动的加剧，生产生活方式发生了变化，农民的传统观念突破了小农意识，新技术、新材料得以推广，水电路等公共基础设施实现配置，使得传统的村落空间发生了变化。与此同时，在社会主义新农村建设中，新建的乡村建筑在表述了新时代的内容和城市化模式的同时，丧失了传统地域特色以及传统乡村空间的文化内涵。外观“千村一面”的乡村建设模式使得传统建筑的传承和发展已经失去了固有的衍生规律和特征，传统的自然观念与现代科学技术的发展出现了冲突，传统的内涵与新建房屋很少有内在的结合，传统的建造技艺也近乎失传。而且，由于乡村人口流动加快，熟人社会的人际关系解体，地缘关系与血缘关系的错位等更进一步加剧了具有地域特色的乡村空间文化的丧失。

在乡村的规划建设方面，如今一些设计师在建筑理论方面含混不清，利用所谓的后现代主义建筑理论，热衷于运用传统建筑的符号元素，追求隐喻的设计手法，以各种符号的广泛应用和装饰手段来强调传统建筑的含义和象征意义，却并没有从地域性的角度试图从场地、气候、自然条件以及习俗和乡村文脉中思考当代乡村建筑的生成条件与设计原则，使乡土建筑重新获得“场所感”和“归属感”。结果乡村建设的特色成为城镇化发展的“分泌物”，甚至许多新建的乡土住宅也仅仅是超过传统形式后的一种“纸糊的现代化”。难怪早在1995年，经济学家刘振邦曾对“乡村城市化”一词提出激烈的批评意见。他认为，乡村城市化是一个非常危险又极不科学的提法。“彻头彻尾、彻里彻外”谓之化，如果乡村城市化了，乡村也就消失了，生态也就失去了平衡。因此，他认为这样的提法是把乡村建设引入歧途，是和人类的发展背道而驰的。尽管刘教授的言辞比较激烈，但还是给我们在乡村规划建设的理论和实践中敲响了警钟。

《北京宪章》指出：“现代建筑的地区化、乡土建筑的现代化，殊途同归，共同推动世界和地区的进步与丰富多彩。由于不同地区的建设条件千差万别、技术发展参差不齐、文化背景丰富多彩，21世纪必将是多种技术并存的时代。高技术是生产力发达的产物，前途无可限量。然而，在经济文化发展前期，低技术、轻技术与人力、物力资源耦合，仍然可以发挥不可忽视的作用……技术的高与新，并不在于技术手段的繁复，而在于是否符合人类的可持续发展的需要。”[1]因此，应综合分析目前乡村建设的现状，今后我国城乡一体化的可持续发展，尤其是历史经验如何有用于今日，新的和旧的、传统的和现代的之间存在一些怎样具体的关系，成为摆在我们面前的具有重大实践意义的迫切课题。

本书的关中地区乡村建设与传统建筑环境支撑研究，旨在分析该地区在城镇化的进程中，乡村发展建设的种种问题，并探究产生问题的原因，讨论该地区乡村演变与传统建筑环境形成的机制，把握“建设”与“支撑”的辩证关系，探索乡村在城镇化进程中的地位和作用，分析传统建筑环境的价值意义，构建在传统建筑环境支撑下的乡村发展与保护的空间模式、地区类型和支撑方法，为关中地区的乡村建设发展提供理论指导和建设指导。

1.2 国内外相关研究的进展

1.2.1 国外乡村建设及其理论借鉴

1）田园城市及其他

19世纪末，英国的埃比尼泽·霍华德（Ebenezer Howard）提出“田园城市”的思想成为一个促进城市规划思想发展的因素。1919年，英国“田园城市和城市规划协会”与霍华德商议后，明确提出田园城市的含义：“田园城市是为健康、生活以及产业而设计的城市，它的规模足以提供丰富的社会生活，但不应超过这一程度；四周要有永久性农业地带围绕，城市的土地归公众所有，由一委员会受托掌管。”[2] 霍华德设想的“田园城市”包括“城市”和“乡村”两个部分。城市四周为农业用地所围绕；城市居民经常就近得到新鲜农产品的供应；农产品有最近的市场，但市场不只限于当地。田园城市的居民生活于此，工作于此。所有的土地归全体居民集体所有，使用土地必须缴付租金，城市的收入全部来自租金；在土地上进行建设、聚居而获得的增值仍归集体所有。城市的规模必须加以限制，使每户居民都能极为方便地接近乡村自然空间。在《明日的田园城市》中，霍华德着力描绘出一幅环境优美、生活方便的田园风光，在这样的城市里，人与自然、乡村与城市和谐相处。

美国城市规划学者刘易斯·芒福德（Lewis Mumford），在《城市发展史》一书中

[1] 吴良镛．世纪之交的凝思：建筑学的未来［M］．北京：清华大学出版社，1999：9.

[2] Peter Hall. 明日的城市［M］童明译．上海：同济大学出版社，2009：192.

指出了村庄的贡献："这些远古村庄的物质结构，绝大多数已随历史岁月与自然地貌融合为一，惟有它那些碎片和贝壳证实着它的永久存在；但村庄的社会结构却保持着坚固性和经久性，因为这些社会结构的基础是一些古训、格言、家庭历史、英雄典范和道德训诫，这些东西为时代所珍视，并毫无改变地由前一代传给了后一代。"[1]在《技术与文明》（Technics and Civilization）中，他对机器文明进行了反思，新的机器文明既不尊重地域性也不尊重历史。在它所激起的反对声中，地域性和历史性成为两个格外强调的因素。当我们"陷入城市环境而看不到多少天空、草地和树木时，乡村的价值才清楚地体现出来。"[2]他强调有章法的生活方式，研究指出，"节奏的问题、平衡的问题、有机平衡的问题，所有这些问题的背后是人类的满足感的问题和文化成就的问题，这些问题已变成现代生活的大事。为了面对这些问题，为了提出合适的社会目标并指出达到这一目标的社会手段和政治手段。为了这些手段最终付诸实施：社会智力、社会能量和社会善意的全新出路正在于此。"[3]

1955年希腊学者道萨迪亚斯（C. A. Doxiadis）提出人类聚居学理论。他的研究对象包括乡村、集镇、城市等在内的所有人类聚居（human settlement），着重研究人与环境之间的相互关系，强调把人类聚居作为一个整体，从政治、经济、社会、文化、技术等各个方面全面、系统、综合地加以研究，而不是像城市规划学、地理学、社会学那样仅仅涉及人类聚居的某一部分、某个侧面。人类环境科学的研究从整体上突破了人类学研究专注于某一点而忽视全局的不足。

20世纪以来，人类目睹了世界范围内出现的不断加速的城市化现象，大量人口向城市（尤其是大城市）集聚，城市不断向外扩展，规模急剧扩大，一系列问题也随之而来，例如农田日益减少，自然生态系统遭到破坏，城市的各项建设无法适应其人口规模的快速发展和变化等，道萨迪亚斯由此得出结论：包括城市和乡村在内的所有人类聚居已经出现了危机，"人类聚居已经不再能使居民们得到满足了。从经济角度来看，许多居民无法在聚居中获得他们的基本需求，他们或是无家可归，或是住在质量极其低劣的房子里，全球的许多城市和所有乡村都是如此。从社会学的观点来看，人在城市中已经被遗忘了，许多小镇和乡村中的居民也逐步产生了被遗弃之感。从政治上看，新的社会形态和新的人群尚未找到与之相适应的政治机构。从技术的观点看，尽管当

---

[1] ［美］刘易斯·芒福德．城市发展史［M］．宋俊玲，倪文彦译．北京：中国建筑工业出版社，2013：18.

[2] ［美］刘易斯·芒福德．技术与文明［M］．陈充明等译，李伟格等校．北京：中国建筑工业出版社，2009：261.

[3] ［美］刘易斯·芒福德．技术与文明［M］．陈充明等译，李伟格等校．北京：中国建筑工业出版社，2009：382.

今技术发展突飞猛进，但大多数聚居仍缺乏维持正常功能所必需的设施。最后，从美学的观点看，也是如此，只要我们看看周围现存聚居的丑陋，就会同意这个判断了。”❶道萨迪亚斯把这种日趋恶劣的城市环境称为“城市噩梦”。接着他进一步研究指出，作为人类生活的地域空间的所有城市型聚居和乡村型聚居，从本质上讲属于同一类事物。“因此，我们应当把‘人类聚居’作为一个完整的对象加以考虑、研究和建设。但是，目前城市规划人员把城市从这个整体中分离出来，作为一个独立的事物来对待，这样就忽略了不同规模的城市聚居之间、城市聚居和乡村聚居之间的相互联系和影响，因而也就无法真正地理解城乡发展的客观规律。”❷

2）城乡关系理论

迈克尔·利普顿（Michael Lipton）对“城市偏向”的城乡关系政策进行了批评并建立了托达罗（Todaro）模型，指出以乡村为着眼点的城乡关系，主要内容包括：加强农村的综合发展与综合建设，积极发展非农业产业，改善乡村人口生活环境和生存条件；缩小城乡之间就业机会的差别，削弱城乡收入不平衡性。

麦吉（T. G. Megee）1989年关于Desakota城乡联系和城乡要素流动的系统阐述，强调城乡互动的重要性。城乡经济利益平衡，以此作为推动城乡互动发展的动力，建立城乡统一的市场体系，依靠中心城市地区的集聚与辐射作用，政府扶持乡村地区，实现农业产业化、农业工业化和城镇化等几个方面齐头并进，逐步改善城乡隔离发展、城乡差距逐渐拉大的局面。

1987年，美国总统委员会发布的《美国户外环境报告》第一次提出了城市和乡村整体建构的生态网络思想。该报告展望：“一个充满生机的生态网络，使居民能自由地进入他们住宅附近的开敞空间，从而在景观上将这个美国的乡村和城市空间连接起来，就像一个巨大的循环系统，一直延伸至城市和乡村。”❸

3）文学中的乡村与城市

雷蒙·威廉斯（Raymond Williams）的《乡村与城市》主要围绕“乡村”和“城市”这两个基本人类学居住方式展开论述。认为“乡村”和“城市”之间的对立不过是表面现象，城镇既是乡村的映像，又是乡村的代理者，它们之间并不是对立的关系。并对工业化和城市化变革之后农村社会的消失、农村经济的边缘化进行了历史性和批判性的追溯，指出城市无法拯救乡村，乡村也拯救不了城市。城市与乡村的这种矛盾与张力反映了资本主义发展模式遇到的一场全面而严重的危机，要化解这场不断加剧的

---

❶ 吴良镛．人居环境科学导论［M］．北京：中国建筑工业出版社，2002：223.

❷ 吴良镛．人居环境科学导论［M］．北京：中国建筑工业出版社，2002：225.

❸ 王珏．人居环境视野中的游憩理论与发展战略研究［M］．北京：中国建筑工业出版社，2009：265.

危机，人类必须抵抗资本主义。

这些论著和报告从不同立场和学术角度指出了城市与乡村整体建构的重要性。同时，它们几乎都对乡村的发展建设表示了极大的关注，使我们对西方乡村的发展规划过程有了清醒的认识，同时也给我们带来许多深刻的启示。

1.2.2 关于乡村与建筑环境的研究

1）建筑学科对乡村传统民居的研究

作为乡村建设的重要构成要素，传统民居一直是乡村村落形态研究方面的重点。一些学者按照传统民居的形态、营建类型、所处的地区以及谱系特征对各地的传统建筑进行了划分和特征研究，随后又拓展了研究的范畴。从20世纪80年代末至90年代开始，从较为单纯的民居研究扩展到各种类型的乡村建筑环境的研究。

在众多的研究成果中，主要有陈从周的《中国民居》（1993年）、单德启的《中国传统民居图说——徽州篇》（1998年）、陆元鼎主编的《中国民居建筑（上、中、下）》（2004年）、王其钧的《图说民居》（2004年）以及吴庆洲的《建筑哲理、意匠与文化》（2005年）等。

与关中地区相关的有张壁田、刘振亚主编的《陕西民居》（1993年），该书是最早较全面地对陕西民居进行研究的专著；侯继尧、王军的《中国窑洞》（1999年）；周若祁、张光主编的《韩城村寨与党家村民居》（1999年），其中对党家村关于“聚落形态和文化空间的形成，基本上是自然的和逐步发育而成的”进行了开创性的研究；王军的《西北民居》（2009年），以大量的史料和民族地区文化、地理气候资料为基础，概括性地介绍了西北地区的村落格局、院落特征、典型院落等方面的内容，其中关于关中地区传统建筑的研究资料翔实，内容丰富；李琰君编著的《陕西关中传统民居建筑与居住民俗文化》（2011年）对关中地区传统建筑的历史、现状进行了归纳和梳理。

值得关注的是近年来西安建筑科技大学关于关中地区乡村传统建筑环境及其乡村建设发展的研究逐步开展，出现了一大批相关研究的硕博士论文。虞志淳的博士论文《陕西关中农村新民居模式研究》，主要针对乡村建设中的新民居研究；周伟的《建筑空间解析及传统民居的再生研究》，在对传统建筑空间解析的前提下，指出了传统民居的价值所在；陈晓建、陈宗兴的《陕西关中地区乡村聚落空间初探》概述了乡村聚落空间的特点，梳理和细化了乡村的地域类型及其特点。西安建筑科技大学杨豪中教授在研究传统建筑环境的基础上，进一步结合关中地域的非物质文化遗存，提出了乡村建设“三位一体”的理论构想（乡村建设、传统建筑环境的保护和发展、乡村非物质文化遗产的保护和发展），并指导研究生从多个角度对关中地区的乡村建设进行了分析和研究。这方面的研究成果主要有黄文华的《关中地区明清建筑楹联研究》(2013年)、王伟的《韩城古城传统建筑环境和非物质文化遗产相互关系研究》(2011年)、张鸽娟的《陕南新农村建设的文化传承研究》等。这些研究从不同的专业视角和研究方法出发，对于关中传统建筑环境尤其是在村落的保护和发展问题上进行了多角度的探讨。虽然缺少多学科交叉式的综合研究以及方法模式的客观性总结，但都为本书的研究提供了重要参考。

2）城市规划学科对乡村建设环境的研究

吴良镛教授所倡导的人居环境科学认为自然生态因素在人居环境中占有极为突出的位置。同时结合中国的实际，定义了人居环境科学的一些关键概念：人居环境的五大系统包括自然、人、社会、建筑、支撑网络；涉及人类聚居问题的人居环境有五大层次，包括全球、区域、城市、社区（村镇）、建筑；人居环境建设的五大原则包括：生态观、经济观、科技观、社会观和文化观。在人居环境科学的多学科之中，生态观被置于首位而得到高度重视，而与自然生态形成良好的协调关系是理想人居环境的第一要务。在强调生态观对人居环境研究至关重要作用的同时，人居环境科学为我们提供了乡村建设环境研究的理论依据。

鉴于城市化进程中城市的扩张和土地储量的减少，从城乡统筹协调发展的角度开展乡村建设的研究也不断进入我们的视野。周庆华的《黄土高原·河谷中的聚落》针对快速工业化和城市化的冲击，人居环境演变历程面临着突变性的推进并呈现出的诸多问题，从人居环境的角度对陕北人居环境空间形态展开研究，解析其内在机制，揭示其演变规律，求索其适宜模式，探寻城镇化的地域特征，对陕北等生态脆弱地区乃至各类河谷地区人居环境发展具有普遍的现实和理论意义；刘健在“关中地区土地开发政策框架及其空间规划体系”一文中，通过对均衡的国土开发和统筹、特殊地区分区管制的研究，建立和完善城市空间体系的规划，针对土地开发、政策框架、空间规划体系进行了梳理、分层、归类的研究；张中华的《国际视野下的生态可持续社区发展研究》以国际化视野为背景，通过对国外可持续社区发展历程和经验的总结，梳理了可持续社区的概念内涵、目标理念评价指标和发展准则，并以国外社区发展经验为背景，探讨可持续村落规划方法与模式，从而对我国社区可持续发展提供理论与实践经验借鉴。这些研究均从城市规划发展战略的高度关注乡村变迁并主张城乡协调发展，有效地拓宽了乡村研究的视野。

3）基于地域性角度的乡村建设与建筑环境研究

基于乡村的地域性特征，目前相关研究也在不同层面展开了讨论。曾坚、杨崴在“多元拓展与互融共生——“广义地域性建筑”的创新手法”一文中，对现代技术与传统环境的互融共生，在哲学层面和观念比较层面进行了阐述，并提出在当代建筑创作理论中，可以用广义地域建筑的理念去概括以往“批判地域主义”、“当代乡土”、“新地域主义”等种种称谓。卢键松在“建筑地域性研究的当代价值”一文中，从地域性概念的开放性、起因与历程、概念试析以及本质等几个方面进行了分析与探究，指出建筑的地域性本质上是追求建筑的“真实性”。建筑不仅是人避风遮雨的庇护所，也是人与环境之间的调节器。地理与气候因素既影响人的精神世界，同时也制约了建筑的形式。对民居、乡土、建筑的民族性做出分析的同时，反思建筑地域性在当代的意义。

张鹏举的《从科技发展看地域性建筑》通过对当下建筑界的一个重要话题建筑的地域性与全球性之争的梳理和分析，指出不论信息时代的技术进步对建筑的影响有多么深刻，未来建筑科技的发展在价值观上，如节能、环保、低碳等方面，其出发点将与地域思想走到一起，而建筑的发展或许从更高的层面上又重新回到原点。孟聪龄、马军鹏的论文“从‘天人合一’谈山西传统民居的美学思想”认为中国传统建筑一向以取得与自然的协调而著称。“天人合一”的思想对山西传统民居建筑不是局部影响或方法技巧方面的影响，而是根本上的、全局的、整体性的影响，它使山西民居在整体特色上追求一种宇宙和谐本体之美，追求人与自然的统一与和谐。于有限之中追求无限，实在之中追求虚无，个别之中追求一般；与天地同心，与日月交流，与万物合一。

王原在“迈向新时期的乡土建筑”一文中，以乡土建筑研究现状与话语分析为切入点，从乡土建筑观念更新、乡土建筑与当代实践的整合、乡土知识的传播与乡土建筑教育等方面展开了分析，指出乡土不是一种物质产品，也不是一种静态的文化遗产，它是一种动态的文化过程，是通过传统与现代、稳定和变革、保留和创新与当代意义发生关联。李宁、李林在《传统聚落构成与特征分析》中描述了传统聚落的特征，认为传统聚落通过秩序化、区域化和符号化，与基地形成了新的结构，而新结构一经形成便对结构内部组成元素进行控制与约束，维持平衡状态，指出传统聚落体现了地方文化的内涵是联系过去的一个符号，对文化传承有着支持和暗示作用。

林志森、张宇坤的《基于社区再造的仪式空间研究》从地域性的角度出发，对中国传统聚落中的仪式空间进行了类型划分与探讨，指出从聚落到住宅的各个层次存在着空间的分离与转换的过程。通过对当代社区仪式空间缺失的反思，首次提出重建社区意识空间的构想。何勇、孙炜玮、马灵燕在“乡村建造，作为一种观念与方法”一文中，从乡村建造现象与问题出发，探讨乡村建造中的地域观念与方法，对当下的新农村建设进行了反思。王竹、范理杨、陈宗炎在“新乡村“生态人居”模式研究——以中国江南地区乡村为例”一文中，寻找乡村地域空间的“地方语言”，在深入调研的基础上，尝试建立“生态人居”模式的基本数据库，并提炼出“地区乡村的空间型句法"，提出宜居的村镇"生态人居"分层多元的地域营建体系。黄丹、戴松华的《黔中岩石民居地域性与建造技艺研究》中，以贵州中部地区石头寨、镇山村、本寨作为调研对象，重点从聚落、单体和匠作三个层面，归纳总结黔中岩石民居在建造中巧妙运用天然岩石回应地理气候和地理文化，并对形成岩石民居的建造记忆特点和独有的岩石建筑语言等做了阐释。

1.2.3 关于乡村建设的景观学研究

第二次世界大战后，适应和满足高消费阶层对乡村宜人休闲景观的需求，逐渐成为全球性乡村地域转型发展的主要方向。乡村地域景观价值的维护与开发对乡村的可持续发展乃至统筹协调发展均有重要的意义。乡村景观学的研究主要包括三个方面。

（1）乡村景观变化及其驱动机制。农业景观是乡村景观研究的重要组成部分，而农业生产与土地利用变化对乡村景观造成了较大影响，不少学者开展了乡村景观变化及其驱动机制的研究。例如，著名的捷克斯洛伐克景观生态规划与优化研究方法LANDEP系统，德国Haber等人建立的以GIS与景观生态学的应用研究为基础的、用于集约化农业与乡村生态保护规划的DLU策略系统等，都在乡村景观的重新规划和土地利用协调上起了重要作用。

此外，近年美国的Forman提出了一种基于生态空间理论的景观规划原则和景观空间规划模式，特别强调了乡村景观中的生态价值和文化背景的融合。Van Lier担任主席的关于"国际土地多种利用研究组"[1]则是一个由来自世界各国从事乡村土地利用和景观生态规划的著名学者组成的研究组织，对推进乡村景观生态规划的理论与方法、保护和恢复乡村的自然和生态价值、协调城镇边缘绿地和乡村土地利用之间的特殊关系等方面的研究，起到了重要指导作用。他们提出了以"空间概念"和"生态网络系统"[2]等为主要内容的多目标乡村土地利用规划与景观生态设计的新思想和方法论。

（2）人们对同样的景观可能产生不同的感知。因此，学者们重点开展了不同人群对乡村景观感知的比较研究。

（3）乡村景观设计建设与保护。乡村景观作为基本的微观区域地理单元，它属于类型学范畴，着眼于乡村发展人地和谐、环境优美、文化传承的视角，乡村景观的保护以及评价与规划等成为学术研究的热点和重点内容。这方面的研究成果主要有彭一刚的《传统村镇聚落景观分析》（1994年）、梁雪的《传统村镇实体环境设计》（2001年）、刘

---

[1] The Internatiand Study group on Multiple Use of Land，Forman RTT. Some principals of landscap ecology［J］Landscape Eatogy，1996，10（3）：133-142.

[2] The Internatiand Study group on Multiple Use of Land，Forman RTT. Some principals of landscap ecology［J］Landscape Eatogy，1996，10（3）：145-146.

黎明的《乡村景观规划》(2003年)和刘滨谊的《现代景观规划设计》(2013年)等。这些研究就乡村景观的类型、评价、规划的基本原理与方法等进行了详细的阐述。

1.2.4　相关研究的主要启示与不足

前述关于乡村建设研究探讨的视域相当宽泛，传统建筑环境的研究文献也是内容丰富，但是将两者结合起来，以“支撑体系”为主题的文献研究不多。本书无意全面分析和评价众多文献的特色和研究工作的得失，而是将目光聚焦于当代城镇化背景下关中地区乡村建设与传统建筑的保护和发展的实际，以此检视相关研究存在的不足和有待进一步解决的问题，包括：

(1)有必要将关中地区的地域宏观空间结构纳入乡村建设的范畴，进行城乡统筹考察。

(2)应当重视关中传统建筑环境与村落形态演变的机制与原则的研究。机制涉及事物发展的内在规律，原则涉及价值取向，两者紧密关联，共同决定乡村建设的方向和模式。

(3)需要加强关中地区的地域系统整体与局部相结合的统筹研究。

特别是有必要依据关中地区各地域的不同地理条件和民俗风情，划分建设与支撑的具体地域类型，建立适应不同地域条件的建设与支撑空间地域模式。在已有的研究中，大部分文献都是以一个村落的形成和演变过程为研究对象，在空间层面上只是进行了大概框定，停留在概念表述阶段，难以将建设与支撑的关系等不同功能具体定位到以县域为单位的空间地域体系之中。关中地区秦岭北麓的生态廊道、渭河流域的平原地区、渭河以北的黄土塬等地域特征，如何实现乡村建设与传统建筑环境支撑在空间地域系统中各自的侧重与整体的支撑体系，是目前研究的薄弱环节。

本书将在后面的章节中，围绕上述存在的不足和有待进一步解决的问题，结合关中地区乡村建设与传统建筑环境支撑的实际，以建筑学和城市规划的理论为核心指导，积极展开研究与探索。

1.3　研究的背景与意义

1.3.1　城镇化进程对乡村发展的冲击

随着现代化进程中“三农”问题的日益突出，城镇化过程中城市土地、工业用地、人口不断扩张，乡村传统文化迅速消失。而这些扩张运动发展速度之快，使我们对其进行组织和抑制都十分困难。我们已经认识到我们需要一个更为稳定的“生命经济”（life economy）[1]，建立一种新的平衡状态，但现实的问题是城市的建设速度并没有减慢，对乡村的建设性的破坏并没有停止，反而加快了。当前城市向郊区无计划的蔓延发展以及随之而来的城市的拥挤和萎缩取代了区域的空间规划和城乡平衡。

自2008年开始，“国家战略性”区域规划开始在全国范围内铺开，随之而来的则是遍布全国的各种类型规模空前的新城、新区规划。我们知道，可资利用的土地资源是有限的，一次性的大规模开发利用虽然满足了一时的经济发展要求，但是却造成了巨大、长久的危害，威胁粮食安全生产，破坏生态环境平衡，影响城乡一体化的建设，造成子孙后代的生存危机。

当下，对城镇化问题的复杂性缺乏足够的重视，将复杂的乡村建设与新农村规划当作简单的经济现象或物质建设工作，用一个简单的目标来概括复杂的城镇化进程，或聚焦于乡村环境治理的“四清四改”，或聚焦于村庄的强行征地、整体搬迁，让农民住进象征现代化的高楼大厦。复杂问题的简单化，造成顾此失彼，或只见新村、不见新人的尴尬局面，或是传统村落变成撂荒、废弃之地。安居乐土成为一种“空想”，“乡愁”更是无处寻觅。究其原因，触及社会复杂角落的“财富经济”（money economy）[2]与各种具有明显价值导向性的城镇化政策相继出台，让农民群体已经无法从事传统“男耕女织”的生产生活。为了生计，他们背井离乡。他们也许认识不到当初看似主动选择的“进城务工”，其背后是城镇化进程中“土地政策”的驱赶所致。

就建筑学领域而言，乡村传统建筑环境作为一门艺术，我们需要探讨它的美学价值；作为一种生活环境，我们需要探讨它的实用价值；而作为一种文化理念，我们更要探讨它的历史意义和现实意义。无论是艺术、建筑，还是文化理念，都不是断代、孤立地存在的，都有其源远流长的“根”，都有一个形成、发展、荟萃乃至提取精华的过程。传统建筑环境结合自然、因地制宜、因势利导、就地取材、与自然融合发展、力求“天人合一”的精神，反映了一个地区文化的深层精神。问题是城镇化进程为我们带来先进的建筑技术和新型材料的同时，实际上其现代性的价值判断也在不断地冲击着本土传统的建筑文化。于是我们看到现代化的功能主义使传统建筑文化内涵逐渐失去其个性，文化特征逐渐衰落甚至消失。

现代建筑在形式上提倡简单的几何造型与非装饰原则，奉行建筑标准化、模块化

---

❶ ［美］刘易斯·芒福德．城市文化［M］．宋俊岭等译，郑时龄校．北京：中国建筑工业出版社，2012：489.

❷ ［美］刘易斯·芒福德．城市文化［M］．宋俊岭等译，郑时龄校．北京：中国建筑工业出版社，2012：489.

的设计原则，从而使现代建筑的“科学性”、“放之四海而皆准”的法规代替了地域的传统性，最后只能是功能主义、机械理性主义的建筑设计思想表露无遗，湮没了传统建筑文化的精髓。

因此，在当代城镇化的背景下，传统建筑环境如何在现代和传统之间寻求平衡与融合，传统建筑环境和新农村建设之间的关系到底怎样支撑和发展，创造既有时代特征，又有传统文化内涵的社会主义新农村，创造出具有时代精神的新乡土建筑文化。以上的认识便是本书研究的出发点之一。

1.3.2 传统建筑环境支撑方法的探寻

传统建筑环境的一个重要特征就是带有明显的地域文化内涵。美国哥伦比亚大学建筑规划研究生院教授肯尼斯·弗兰姆普敦（Kenneth Frampton）结合现象学理论，提出了“地方主义”的理论。弗兰姆普顿认为作为传统建筑，特别是民俗建筑是针对特定地点而发展起来的建筑体系，具有功能、结构和形式上的合理性。特别是在处理一些具体因素，如采暖、通风和保温、采光等具有优点。因此，不能够简单地否定地方风格，因为地方风格是根据地点、具体的环境、气候、地理情况和人文情况发展起来的。可见，地方主义理论提出恢复传统建筑的要求，反对现代主义。然而，与此同时，也有一些理论家提出要建造非物质化的过程，改变现代化的刻板面貌，并不一定要通过民俗化、历史化的方式。因为这两种方式都具有“朝后看”（look to back）的特征，是运用过去的建筑改造现在的建筑方式。因此，采用信息时代、电子时代的手段来改变现代建筑，使建筑得到改造和非物质化的过程，同样能够传递出传统建筑的精髓。

在现代建筑中体现地区传统建筑的特定风格，已经在一些国家的建筑中得到体现。墨西哥建筑师路易斯·巴拉甘（Luis Barragan）认为那些乡村和地方的低调建筑是他永恒的设计灵感，他所获得的经验与那些北非和摩洛哥村庄之间也有着深厚的历史联系，它们同样丰富了巴拉干对建筑的简单美的感受。巴拉干运用的地方色彩成为其作品的一个鲜明特征。因为在他看来，色彩是构成乡村文化的要素，他深深扎根于文化的深层，因此他的作品具有本土的特征。

印度建筑家查尔斯·柯里亚（Charles Correa）对地区传统文化充满了热爱和崇敬。同时，由于受到现代建筑的洗礼，这种探索本身又是对印度传统文化的升华。

瑞士建筑师彼得·卒姆托（Peter Zumthor）在深入学习和研究了古乡村的规划布局、乡土工艺、建筑和村镇发展史后，在创作中能够切实地把握好地域建筑的精髓。对待传统建筑环境，卒姆托运用最原始的建筑材料、厚重的石材以及光线，实现了建筑空间、形式与材料的统一，进而发展和提升了传统文化的品质，运用抽象的传统符号、语言强化了地区传统和民俗建筑文化。

关于地区性建筑的概念，我国著名学者吴良镛教授提出了“乡土建筑的现代化、现代建筑的地区化”的观点。在具体的建筑实践创作中，北京的菊儿胡同住宅群使用了北京四合院的布局形式，但是加以重叠、反复、延伸，扩展了传统建筑的特征，使之具有了现代的功能和内容。冯纪忠教授20世纪70年代在上海设计的方塔园建筑，采用了比较纯粹的民俗建筑特征，强化了形式特点，突出了地区特色。建筑师王澍教授在地区性的认知上，更是将传统中国文化阐述为存在于一套完整的景观诗学系统中，这套系统就是“山水”，它蕴含了宇宙学、社会伦理学和人文诗学的三重意义。

我国地域广袤，地区差异较大，历史文化悠久，民族众多，传统的地区文化类型丰富，文化形态具有鲜明的地方特色，不仅体现了当地的风土人情和民族精神，也为各地区独特的传统建筑文化提供了生存和发展的土壤。然而，目前在我国的新农村规划建设过程中，由于对地域文化的认识不足，对适宜地方技术的营建和地方材料的运用认识不清，采用整齐划一的现代化模式代替传统的村落形态，采用单一的瓷片材料来装饰房屋外观。这样，不仅丧失了传统村落的地域性特征，而且千村一面的村庄格局也造成了传统建筑文化环境丧失殆尽。面对这样的城镇化进程，我们每一个建筑和城市规划领域的同仁们都需要认真地思考。这也是本研究的另一个重要背景。

本研究旨在对关中地区传统建筑环境在深入梳理和归纳的基础上，结合“国家战略性”区域规划的理论，从宏观上尝试提出关中地区乡村建设的“三大空间”。在分析“三大空间”的地理特征、地区差异的基础上，提出乡村建设过程中传统建筑环境支撑的模式和准则，为关中地区社会主义新农村建设与发展，改进关中地区传统建筑的现代传承与拓展、探寻地区性的建筑设计方法，做出相应的贡献，为地方政府的城镇化决策提供理论支撑和实践依据。

1.4 研究的内容与框架

本研究为国家“十一五”科技支撑计划“保持文化传承的新农村建设研究”（项目编号：2008GXS5D128，项目负责人：杨豪中教授）子课题的部分研究。主要包括七个方面，具体结构如图1-1所示。

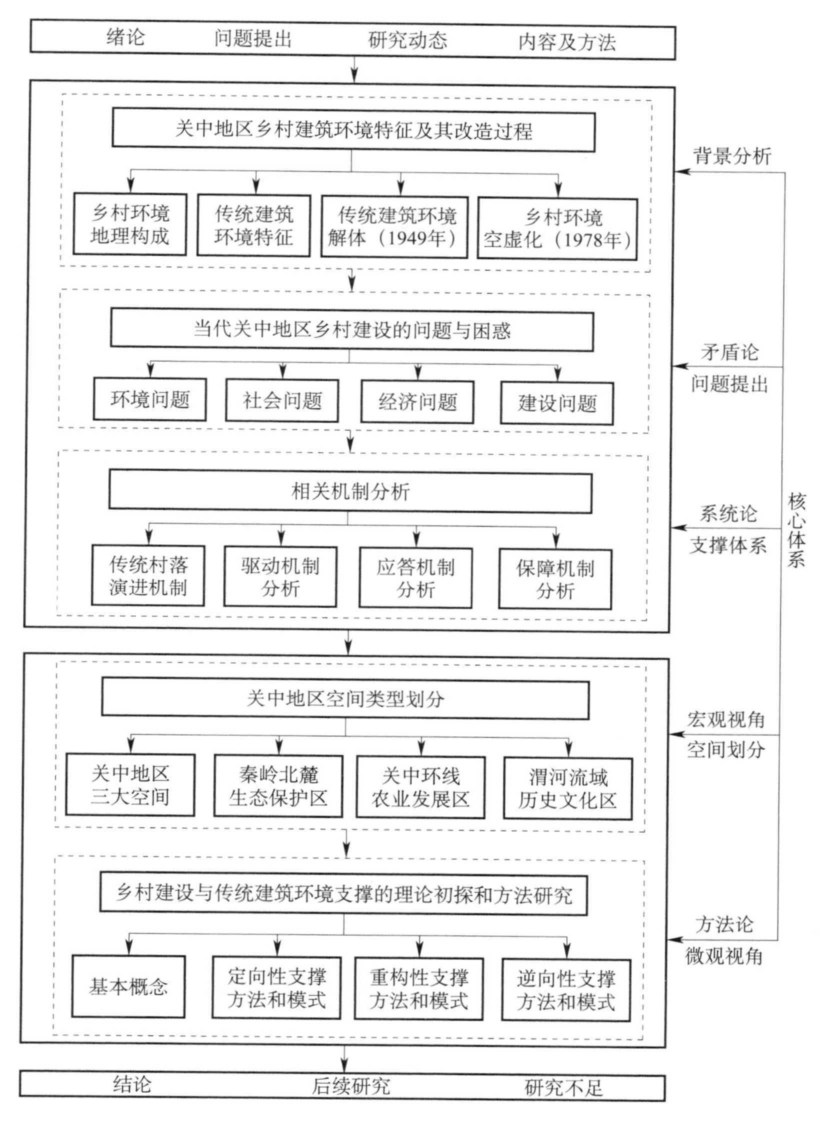

图1-1 研究思路与内容框架

绪论部分，主要是问题的提出、乡村建设与传统建筑研究的动态，构建了与命题紧密相关的概念。

第二部分“关中地区传统建筑环境的特征及其改造过程”重点分析了传统建筑的类型及其特点。

第三部分“问题与困惑”阐明了关中地区乡村发展的状况，揭示并分析了当前乡村建设环境面临的种种问题。

第四部分“相关机制的分析”通过对自然环境制约下的传统村落的演变分析，归纳出传统村落与建筑环境支撑的内在品质，通过对当代乡村发展的现状和问题的解读，从系统论的角度出发，提出了乡村建设与传统建筑环境支撑的三种机制。

第五部分“关中地区乡村建设的空间划分”结合关中地区乡村发展的实际情况，根据相关政策和规划理论，提出了“三大空间”的构想，在此基础上，进一步分析指出以县域为单位的乡村建设与传统建筑环境支撑的“三个圈层结构”的空间模式。

第六部分“乡村建设与传统建筑环境支撑的理论初探和方法研究”根据第五章空间划分的特点，在建筑设计层面上，从方法论的角度出发，具有针对性地提出了乡村建设与传统建筑环境的三种支撑方法、模式以及运用的地区。

第七部分进行总结，并对本研究进行全盘梳理以及核心观点的强调。

1.5 研究方法与范围界定

本研究是在当代城镇化背景下的关中地区乡村建设与传统建筑环境支撑研究。基于这一论题，主要的研究方法为：

1）对关键词“支撑”的界定和认识

首先是对“支撑”的界定和认识。在此基础上，构建三个与此相关的概念：定向性支撑方法（oriented support methodology）、重构性支撑方法（reconstruction support methodology）、逆向性支撑方法（revers support methodology）。进而分析和探究关中地区的各个历史阶段乡村建设与传统建筑的支撑关系。构建这样的概念是为了更好地阐释实践的逻辑，考虑到关中地区广大非均衡乡村社会的发展本身具有的差异性、地域性、复杂性，在建设的关系方面必然会出现多样的支撑方法和模式。

2）以问题为导向的方法

在阐明和解决当代乡村建设问题时，从各个学科中选取材料、概念和方法，而不是恪守学科界限的方式进行。具体来说，就是持续不断并富有想象力地去探索和思考，从研究资料和所有关于人和社会的明智研究中汲取视角、现实资料、思想和方法。

3）注重调查研究、理论联系实际的方法

对关中乡村进行实地调研走访，了解乡村村落的历史沿革、社会组织结构、宗教关系以及民间信仰和风俗，记录重要的日常生活和仪式庆典，通过对乡村的族谱、碑刻、地方志以及其他历史资料的查阅，重视对研究对象、区域的调查与观察。在对该地区有较多的感性认识、对其基本关系有较为深入的了解后，再结合已有的理论，去识别和模拟研究对象的过程、机制、原则、模式、空间类型划分、相互作用等重要关系，进而从基础性史料和现状问题研究升华到理论分析的高度。

4）对比研究

解读发达国家在城市化背景下城市更新、乡村建设的理论与实践、传统建筑文化的继承及其应对的策略和方法，为本研究提供借鉴。

5）研究范围界定

研究范围主要限定于关中地区。关中地区界定为东至潼关以黄河为界，西至宝鸡以秦岭为界，秦岭北麓以北，黄土高原以南渭河平原地区（图1-2）。

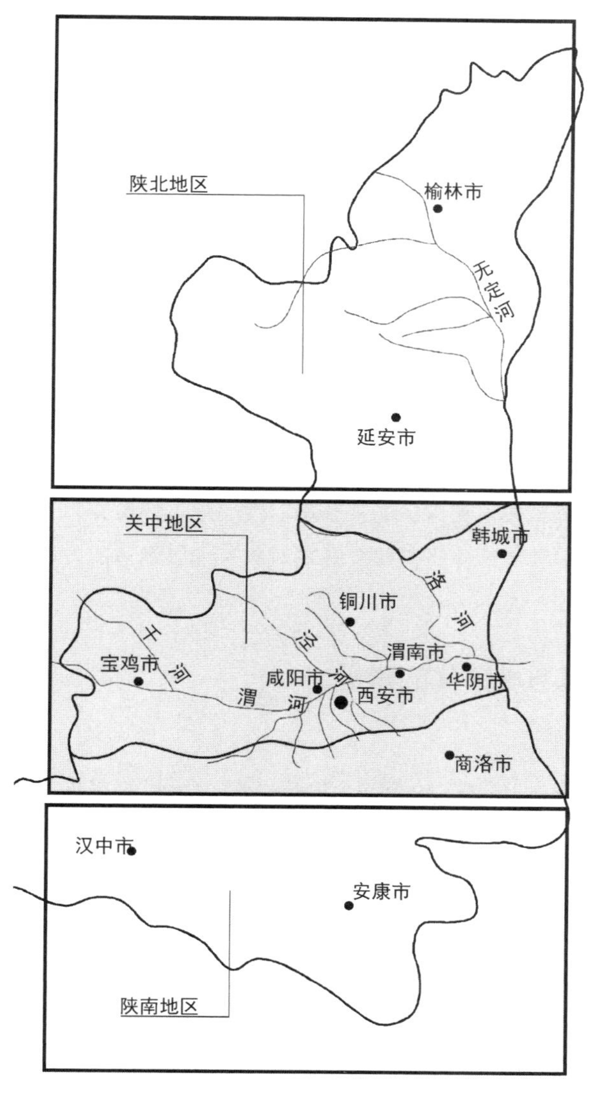

图1-2 研究范围界定

1.6 基本概念

1.6.1 支撑概念的界定

认识支撑本身的涵义，是更清晰地认识支撑关系的前提。

在中文的语境中，“支撑”一词具有深厚的文化底蕴。从字面上看，“支”，支撑，有“卧右膝，诎右臂支船”（[明]魏学洢《核舟记》），“汝复轻身而昧大义，天下事谁可支柱者？”（[清]方苞《左忠毅公逸事》），“捷猎鳞集，支离分赴”（[汉]王延寿《鲁灵光殿赋》）。“撑”，抵住、托住。支撑合起来的解释有：①顶住，使不倒。“地祇愁垫压，鳌足困支撑”（[唐]牛僧孺《李苏州遗太湖石奇状绝伦因题二十韵奉呈梦得、乐天》），“竹木互支撑，小阁架险梯”（[宋]苏舜钦《游山》）。②指用以顶住之物。③谓支持局面使不崩溃。“社稷重兴，付能臣支撑”（[元]郑光祖《周公摄政》第一折）。④谓勉强维持。⑤抵挡，招架。

从以上解释可以理解为支撑不仅是物质空间的相互依存，也是精神信仰的力量，支撑是一种文化。

至于支撑构成的系统，吴良镛教授在《人居环境导论》一书中指出：“支撑系统是指为人类活动提供支持的服务于聚落并将聚落联为整体的所有人工和自然的联系系统、技术支持保障系统，以及经济、法律、教育和行政体系等。”[1]受吴良镛教授对支撑系统阐释的启发，本研究有关“支撑”的关系是以传统建筑环境作为支撑的主体，以乡村聚落、乡村发展空间和特性作为支撑应答的对象来加以阐述的，两者共同构成了本研究的支撑体系。

1.6.2 城镇与城镇化的辨析

1）城镇

在人文地理学中，“集镇”这个概念的英文为“town”，是指比村庄（village）大而比城市（city）小的人口中心。[2] 对集镇的定义，是介于乡村与都市之间的过渡居民区，它的性质既不同于纯农业活动的乡村，也有别于纯工商活动的都市。

集镇在社会学的社区研究中，还有另一个特别的英文单词“rurban”，这是英文“乡村的”（rural）和“都市的”（urban）两个词的缩略形式。它是美国威斯康辛大学社会学系教授盖尔平（Charlas T. Galprin）为了科学地划分和确定农村地区而首创的，

---

[1] 吴良镛．人居环境科学导论［M］．北京：中国建筑工业出版社，2002：46.

[2] The American Heritage College Dictionary［M］. Houghton Mifflin Company，1997：1431.

也可译为“乡村城市”。这个概念非常恰当地表明了“集镇”作为一个中介社区在城乡关系中的独特性质。

著名社会学家费孝通先生在1983年发表了“小城镇，大问题”，将“小城镇”定义为“新型的正从乡村性的社区变成多种产业并存的向着现代化城市转变中的过渡性社区，它基本上已经脱离了乡村社区的性质，但还没有完成城市化的过程。”[1]

在人类聚居学的研究中，集镇是随着村落规模的逐渐扩大，某一区域中一个中心村落的经济、商业、文化、宗教、行政等功能逐步加强而形成的，每个集镇都是一个村落的中心。与村落不同的是，它无法孤立地生存下去，而是必须依赖若干其他社区。

因此，从学术研究角度来看，对城镇范畴的不同界定完全是基于不同的研究目的，许多城镇都是城市的雏形，二者仅存在行政建制的差别。从城镇的发展过程看，两者基本上都是由传统的乡村集镇演变而来，彼此之间并无本质的差异。但是从政策、法规制定和实施的严肃性看，城市、镇和乡村集镇的界限不清，将可能造成政策设置和管理的混乱。

简而言之，城镇的概念和与之相关联的词还有镇、集镇、市镇、乡镇、村镇等等，是极易含混不清的概念。目前在我国的学术领域，集镇的定义较为明确。国家统计局的相应诠释，主要是以集镇为主。

本研究以国家统计局的界定为准（图1-3）。

2）城镇化

城镇化是一个历史范畴，同时，它也是一个发展中的概念。城镇化的核心是人口就业结构、经济产业结构的转化过程和城乡空间社区结构的变迁过程。目前我国城镇化的本质特征主要体现在三个方面：一是农村人口在空间上的转换，二是非农产业向城镇聚集，三是农业劳动力向非农业劳动力转移。

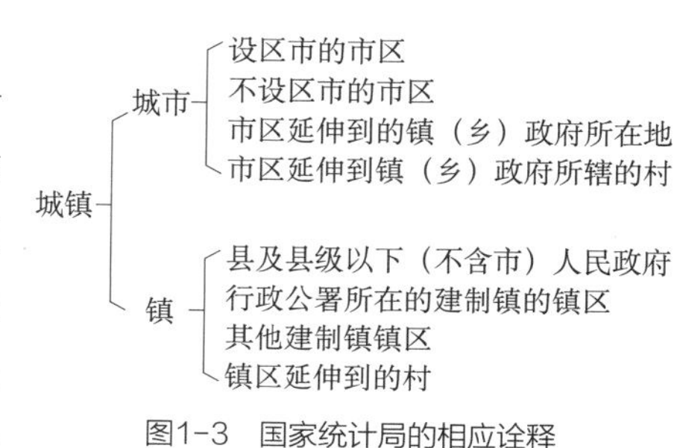

图1-3 国家统计局的相应诠释
（资料来源：国家统计局，2008年）

1.6.3 乡村概念的界定

如果从历史的角度考察，“乡村”这一概念最早出现于周代。“周礼”和周朝中央地区为“国”，地方区域为“野”，在“国”中设六乡制（比、闾、族、党、州、乡），它们之间的关系为“五家为比，使之相保。五比为闾，使之相爱。四闾为族，使之相

[1] 翟毅．当前我国小城镇建设的几点思考［J］．城市，2008，（11）：100.

葬。五族为党，使之相救。五党为州，使之相赒。五州为乡，使之相宾。”[1]在“野”中设六遂制（邻、里、酂、鄙、县、遂），六者的数量关系是“五家为邻，五邻为里，四里为酂，五酂为鄙，五鄙为县，五县为遂。”[2]在乡遂制下，各个居住单位不论是在数量还是职能上，都互相制约着。

由此可见，乡村是一个区域性概念，是与城市相对的以自然环境为主的聚落，受地形、地貌、地理位置、自然资源、气候等自然因素的制约，同时受社会经济、文化背景、风俗习惯等因素的影响，致使其内部结构复杂，形式丰富多彩，空间分布差异明显。表现在空间尺度上，乡村具有一定的形状、面积、边界和独特的人文景观；表现在时间尺度上，乡村的组成结构、功能及其表观特征随时间变化而变化。

雷蒙·威廉斯在《关键词文化与社会的词汇》中指出，在16世纪末期，随着都市化的持续扩大，尤其是首都伦敦的发展，乡村（country）普遍含义是相对于城市（city）而言的。在19世纪变成了一个普遍的词汇，不仅用来描述乡村地区，也用来描述乡村的生活与经济。

人类聚居学将乡村定义为乡村型聚居，它有以下基本特征：①居民的生活依赖于自然界，通常从事种植、养殖或采伐业；②聚居规模较小，并且是内向的；③一般都不经过规划，是自然生长发展的；④通常就是一个最简单、最基本的社区。美国学者R·比勒尔等人认为，乡村是指人口稀少、绝对面积不大、比较隔绝、以农业为主要经济基础、人民生活水平基本相似而与社会其他部分特别是城市有所不同的地方。

一般来说，乡村在我国学界有两种理解：一种是指乡村居民点，另一种是指乡村区域。李润田（1991年）认同后者，既指城市以外的广大地区，又指非城市化地区。可以说，乡是与城相对应，并在地域上是互不包容的一种地域类型。也可以理解为，乡村是一个特殊的地域单元，既包括居民点又包括居民点所管辖的周围地区。

更严格地说，乡村应做以下理解：①乡村是一个区域性概念；②乡村是一个不断发展的动态概念；③乡村是一个复杂系统，各组分相互联系制约，共同构成乡村综合体；④乡村具有一定的空间组织形式。乡村各种经济、社会现象总要落实到一定的空间地域上，这些经济、社会实体在地域安排上又总是遵循一定的法则。张小林（2002年）认为，乡村是一个具有多重内涵的概念。界定乡村的困难在于乡村整体发展的动态性演变、乡村各组成要素的不整合性、乡村与城市之间的相对性以及由此形成的城乡连续体。

综上所述，本研究采用乡村而不是农村，以区别城与乡的经济性、地域性、历史

---

[1] 丁俊清 . 中国居住文化［M］. 上海：同济大学出版社，1998：84.
[2] 丁俊清 . 中国居住文化［M］. 上海：同济大学出版社，1998：84.

性及文化特征。

1.6.4 传统概念的界定

1）“传统”的解释

传统一词的拉丁文为“traditum”，意思是从过去延传到现在的事物，这也是英文“tradition”一词最基本的涵义。从这个操作意义上来说，延传三代以上的、被社会赋予价值和意义的事物都可以看作传统。它们包括物质产品、关于各种事物的观念思想以及对人物、事件、习俗和体制的认识。具体地说，传统包括一个社会在特定时刻所继承的建筑、纪念碑、景观、雕塑、绘画、书籍、工具，以及保存在人们记忆和语言中的所有象征性建构。“不过传统一词还有一种更特殊的内涵，即指一条世代相传的事物的变体链；也就是说，围绕一个或几个被接受和延传的主题而形成的不同变体的一个时间链。这样，一种宗教信仰、一种建筑文化、一种园林意境、一种社会制度、一种文化习俗，在其代代相传的过程中既发生了种种变异，又保持了某些共同的主题、共同的渊源、相近的表现形式和出发点，从而它们的各种变体之间仍有一条共同的链锁连接期间。”❶这就是我们平时所说的“原始人营建房屋的传统”、“乡村聚落的传统”、“天人合一的传统”、“风水学说的传统”、“历史建筑营建的传统”、“乡村民俗的传统”、“地方语言的传统”、“儒家思想的传统”、“专制君主的传统”、“文人化的传统”等等。传统是一个社会的文化遗产，是社会过去所创造的种种制度、信仰、价值观念和行为方式等构成的表象特征。它使代与代之间、一个历史阶段与另一个历史阶段之间保持了某种连续体和同一性，构成了一个社会创造与再创造自己的文化密码，并且给社会生存带来了秩序和意义。

2）传统的深层意义

当代解释学家汉斯-格奥尔格·伽达默尔（Hans-Georg Gadamer）主张美学的解释学。他建立了哲学本体论解释学，并把美学作为哲学解释学的一个组成部分。伽达默尔提出的“视界融合”、“连续影响史”❷等概念及其对思想和文化传统的意义，以及对其现代转化机制的阐述，提供了一个独特的视角，澄清了“启蒙”时代那些对中国近代思想界影响颇深的观念（如对传统的彻底否定、直线因果论等），无论是对于人文科学的方法论的研究，还是对于各门理工科学的研究都是富有启示的。

伽达默尔的“视界融合”理论成为“文化大讨论”中处理传统和现代之间辩证关系的有效方法，越来越多的人开始认同伽达默尔在《真理和方法》中表述的观点：“传

❶ ［美］爱德华·希尔斯．论传统［M］．上海：上海世纪出版集团，2009：1-3.
❷ ［美］伽达默尔．诠释学、传统和理性［M］．上海：商务印刷馆，2009.

统并不是由我们继承的现成的事物，而是由我们自己创造的，因为我们解释了传统的进程，并且参与了这一进程，因此我们进一步限定了传统。”[1]这就提供了某种超越传统与现代二元对立的可能性，从而为新一轮的文化变革创造了先决条件。

可见，“传统”不是一个固定不变的概念，是在时间的坐标系中流动于过去、现在、将来的一个动态过程，传统是指一个社会在特定的历史时期所继承的文明形式，传统积淀深厚的社会便是传统社会，而受传统支配的社会或个人具有传统性，文明则是当前历史特征中的社会表象。由此而生的传统建筑则是由过去的文化发展而来，既具有历史性，又具有现实性。因为在远古时代，先民们就基于自身的生存环境和人文素质，创造了符合自身特征和环境特征的各类建筑，人们按照自己的意念去生产、生活，使建筑带有强烈的地域特征，并因其不断改造和利用生存环境，又使建筑文化烙上鲜明的地域印迹。

3）本研究对关中地区乡村传统建筑及传统建筑环境的界定

（1）关中地区乡村传统建筑

作为研究乡土建筑的最基础和重要的论著之一，阿摩斯·拉普卜特（Amos Rapoport）所著的《宅形与文化》一书为研究关中地区明确乡村“传统建筑”的研究提供了丰富的启示。

拉普卜特在《宅形与文化》中首先区分了两类不同的建筑，即“上层的设计传统”和“民间的盖房习惯”。[2]明确了乡土建筑的意义在于，作为普通百姓的民俗建筑，除了满足生产生活需求以外，还具有经济适用、结构简单的特点，是人们经过长期实践经验的总结，逐渐形成的一种最普遍的建筑形式。它是缩小的宇宙观，是展现村落形态的普通老百姓的理想环境。它代表了大多数人的文化和真实的生活场景，代表了已经建构环境的大部分。

拉普卜特重视建筑环境语境的意义，这在其《建成环境的意义——非言语表达方式》一书中同样有充分的体现。

目前，关中地区乡村遗留较多的是步入成熟期以后明清时期的传统建筑形态，本研究结合对“传统”的认识以及对拉普卜特的建筑语境意义的理解，将关中地区乡村传统的四合院、三合院、二合院以及土坯房等均作为传统建筑研究的对象。

（2）传统建筑环境

所谓环境正像拉普卜特所言：“是事物与事物之间、事物与人之间、人与人之间的一系列联系。这些联系是有序的，即它们具有模式和结构——环境不是一种事物和人

---

[1] ［美］伽达默尔．诠释学、传统和理性［M］．上海：商务印刷馆，2009.
[2] ［美］阿摩斯·拉普卜特．宅形与文化［M］．常青等译．北京：中国建筑工业出版社，2007：2.

的任意拼凑，而人比起文化来更是行为或信仰的一种任意拼凑。二者都从属于起着模板作用的图式，可以说这种图式组织者人们的生活以及他们生活的场面。”[1]可以看出，这些联系就是通过地域、文化、空间和人的关联，构成了乡村文化的共同体。

因此，本研究中的乡村传统建筑环境是指除了以上界定的“传统建筑”以外的关中地区乡村社会文化影响力的研究，包括关中地区的地理因素、气候条件、乡村的宗教信仰、家庭结构与宗族的关系、社会组织以及村落的象征与意义等。新中国成立以后关中地区新型民居不在本研究之内。

[1] ［美］阿摩斯·拉普卜特．建成环境的意义——非言语表达方式［M］．黄兰谷等译，张良皋校．北京：中国建筑工业出版社，2003：144.

2 关中地区传统建筑环境的特征及其改造过程

陕西地处中国内陆腹地，北与内蒙古接壤，西同宁夏、甘肃相连，南和四川、重庆、湖北相通，东与山西、河南毗邻，是中国大西北的门户，连接中国东、中部地区和西南、西北的交通枢纽。全省南北长1000km，东西宽360km，从北至南可分为陕北高原、关中平原、秦巴山地三个自然区。

关中地区[1]是华夏文明的发祥地之一，许多典章制度肇源于此，许多理论成果成了民族文化的元素，影响并制约着民族文化的发展路径和思维模式。“西周文化所造就的中国文化的精神气质是后来儒家思想得以产生的源泉和基体”，[2]又如周人的重农精神、宗法制度，秦代的郡县制，汉代的博士制度、典籍与北魏、北周的均田制、府兵制，隋唐的建筑形制等在中华文化史上都具有原创性和开放性的意义。从某种意义上说，关中地区实即华夏文化的缩影，是研究古代华夏文化发荣滋长的标本和化石。

随着行政区划的调整，目前关中地区包括西安、宝鸡、咸阳、渭南、铜川五个地级市及国家级杨凌农业高新技术产业示范区，总土地面积约5.55万km^2，现有人口2313万人（2008年），占全省人口的60.6%，人口密度为416人/km^2。随着关中天水经济区的辐射带动作用，关中地区的发展将会产生新的活力，因此无论从地理、经济、人文以及建筑学领域而言，关中地区仍然是具有历史文化内涵的特定区域。

---

❶ 严格地讲，“关中地区”、“关中平原”、“关中盆地”三种提法在地理范围上应当是有区别的，但目前多数文献在用法上常将它们混同。为了便于与其他文献相衔接，本书大体将它们作为同一地理区域来处理，即都是指陕西关中地区，在行政范围上包括宝鸡市、咸阳市、西安市、渭南市、铜川市五个地级市的全部行政区，在自然区域上是指陕西省中部，南至秦岭北麓山脚，北含黄土高原渭北台塬区，东至潼关，西至宝鸡峡。

❷ 陈来．古代宗教与伦理——儒家思想的根源［M］．北京：中华书局，2006：8.

2.1 关中地区乡村环境的地理构成

2.1.1 关中地区三大地貌特征

关中地区大致可分为南部的秦岭北麓山脉区（南山）、中部的关中平原区、北部的黄土高原区三个自然地形、地貌单元。

1）南部的秦岭北麓山脉区（南山）

横贯陕西的秦岭山脉，不仅是关中地区与陕南的地理分界线，也是我国南北气候、水系、生物、文化价值的分水岭，具有自然生态、历史文化生态等重要价值。秦岭山脉独特的地质环境造就了广阔富饶的渭河平原。从旧石器时代起，秦岭北麓、渭河水系沿岸地区就有古人类在此繁衍生息，滋养出华夏文明。该地区人类聚居延续至今，形成了人口密集的大中小城市分布于关中地区，而数量众多的乡镇、村落延伸至秦岭北麓的格局。

秦岭北麓具体范围位于秦岭主脊与关中地区南缘之间，东经106° 30′ ～110° 35′，北纬33° 04′ ～34° 40′，呈东西向带状延伸，面积9282km²，占秦岭山地总面积的6%，在行政区划上包括西安、宝鸡、渭南三市15个县的91个乡镇，人口69.4万。在西安市域的范围位于环山公路以南区域，在宝鸡、渭南市域的范围大致在沿山脚坡线外延1km的区域。秦岭山地以断面层与北面的关中平原为邻，发源于秦岭主脊地带的河流，由南向北切割秦岭山地，形成深邃的峡谷，人称峪道，秦岭北坡较大峪道有72个。这些大大小小的山峪深切峡谷，不仅是渭河流域的重要汇水源区，直接关系着西安等大中城市的城镇居民生活用水和八百里秦川的工农业用水及生态环境用水，还是历史上南越秦岭的重要通道。峪道之间的山岭为秦岭北侧次一级分水岭，东西向的秦岭主脊与向北倾斜的次一级分水岭构成梳状结构。秦岭北麓大断层形成的断层崖受河流切割，形成断层三角面，排列整齐，颇为壮观。

2）中部的关中平原区

关中地区的地貌由一二级阶地组成它的主体，当地称塬，自上而下如阶梯状的头道塬、二道塬、三道塬。三道塬相当于二级阶地。塬面受渭河南北支流切割而破碎。渭河以北，从西向东有西平塬、和尚塬、周塬、积石塬、始平塬、毕塬、美塬、许塬等；渭河以南从西向东有五丈塬、细柳塬、神禾塬、少陵塬、白鹿塬、铜人塬、阳郭塬、孟塬等。渭河横贯东西入黄河，河槽地势低平，海拔326～600m。从渭河河槽向南、北两侧，地势呈不对称阶梯状增高，由一、二级河流冲积阶地过渡到高出渭河

200～500m的一级或二级黄土台塬。阶地在北岸连续状分布，南岸则残缺不全。渭河各主要支流也有相应的多级阶地。宽广的阶地平原是关中最肥沃的地带。渭河北岸二级阶地与陕北高原之间，分布着东西延伸的渭北黄土台塬，塬面积广阔，一般海拔460～800m，渭河南侧的黄土台塬断续分布，高出渭河约250～400m，呈阶梯或倾斜的盾状。由秦岭北麓向渭河平原缓冲，如岐山的王丈塬，西安以南的神禾塬、少陵塬、白鹿塬，渭河的阳郭塬，华县的高塬，华阴的孟塬等（图2-1）。

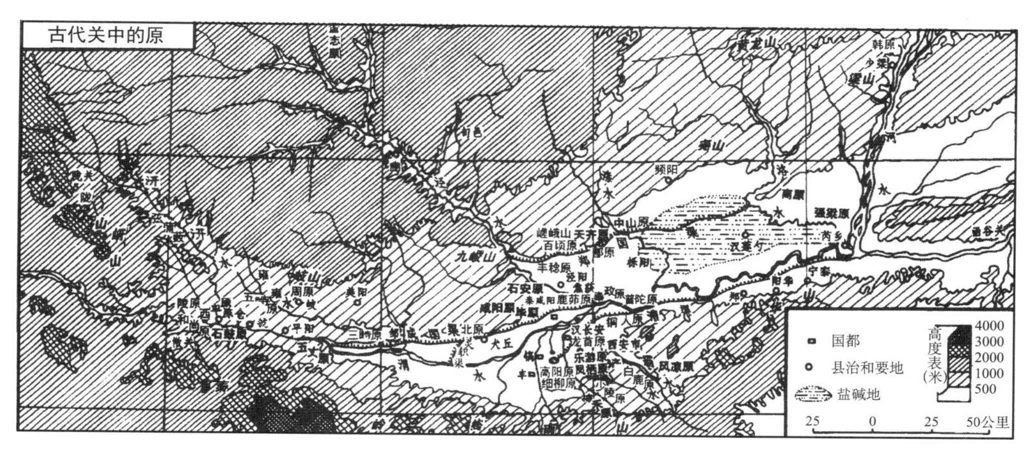

图2-1 古代关中的塬

（资料来源：史念海等.陕西通史［M］.陕西师范大学出版社，1998：11.）

3）北部的黄土高原区

关中地区的北山，大致东起韩城东北面黄河岸上的禹门口，西至渭河宝鸡峡，是一条山岭逶迤连绵带，有梁山、黄龙山、尧山、将军山、药王山、嵯峨山、九嵕山、岐山、陇山组成的北山山系。这些山地或为低山，或为丘陵，海拔多为800～1500m之间，较秦岭为低，与秦岭遥遥相对。关中平原西侧横亘着六盘山脉的东南余脉——陇山。因而在交通不甚发达的古代，人们常称关中为“金城千里”和“四塞以为固”[1]的形胜之地。

很显然，关中地区这种进可攻、退可守的地理形势，是周、秦、汉、唐等王朝在关中平原中部的西安建都的一个重要原因，历代统治者均以此作屏障，巩固其统治。但应当指出的是，关中平原周围的山地并没有造成交通上的障碍。

在古代，人们就利用其关隘、山垭、低梁、河谷、溪岸，修建道路，通往四面八方，使关中和西安地区与外地保持着密切联系。如东出潼关、函谷关，是关中通往东方的咽喉要道；东南过武关，是关中通往南阳、襄樊的大道；西越陇山，沿渭河向西，

---

[1] 史念海.陕西通史［M］.陕西：陕西师范大学出版社，1998.

是通往西北的必经之路。关中南面的秦岭，也不能阻挡人们的足迹，号称“千里栈道”[1]的子午道、褒斜道及陈仓道就是古代人们南越秦岭通往汉中、四川的山路。汉唐时期，长安是世界东方最大的国际都会，同许多国家有友好往来和经济文化交流。当时连接东西方的交通纽带——丝绸之路，就是以西安为起点向西直通西亚、欧洲的。

2.1.2 关中地区流域水系

由于降雨量偏少，陕西地区总的地表水资源较为缺乏，其分布也不是均衡的。陕西的河湖以秦岭为界，以南属长江水系，以北属黄河水系。

黄河的最大支流为渭河。渭河发源于甘肃渭源的鸟鼠山，主要流经关中平原的宝鸡、西安、渭南等地，至渭南市潼关县汇入黄河。渭河在关中平原南岸有东西向的秦岭横亘，北有六盘山屏障。渭河流域可分为东西两部分，西部为黄土丘壑区，东部为关中平原区。

1）渭河河流水系

渭河支流众多，其中南岸的数量较多，但较大支流集中在北岸，水系呈扇状分布。集水面积1000km^{2}以上的支流有14条：北岸有咸河、散渡河、葫芦河、牛头河、千河、漆水河、石川河、泾河、北洛河；南岸有榜沙河、石头河、黑河、沣河、灞河。北岸支流多发源于黄土丘陵和黄土高原，相对源远流长，比降较小，含沙量大；南岸支流均发源于秦岭山区，源短流急，谷狭坡陡，径流较丰，含沙量小。

泾河是渭河最大的支流，全长455.1km，流域面积4.54万km^2，占渭河流域面积的33.7%，泾河支流较多，集水面积大于1000km^{2}的支流有左岸的洪河、蒲河、马莲河、三水河，右岸的黑河、泔河。马莲河为泾河最大的支流，流域面积1.91万km^2，占泾河流域面积的42%，全长374.8km。

北洛河为渭河第二大支流，全长680km，流域面积2.69万km^2，占渭河流域面积的20%。集水面积大于1000km^{2}的支流有葫芦河、沮河、周河。葫芦河为北洛河最大的支流，流域面积0.54万km^2，全长235.3km（图2-2）。

2）降水与蒸发

关中地区流域处于干旱地区和湿润地区的过渡地带，多年平均降水量572mm（1956～2000年，下同）。降水量变化趋势是南多北少，山区多而盆地河谷少。秦岭山区降水量达到800mm以上，西部太白山、东部华山山区达到900mm以上，而渭北地区平均541mm，局部地区不足400mm。降水量年际变化较大，Cv值0.21～0.29，最大月降水

---

[1] 史念海．陕西通史［M］．陕西：陕西师范大学出版社，1998.

量多发生在 7、8月份，最小月降水量多发生在 1、12月份。7～10月份降水量占年降水总量的 60% 左右。

流域内多年平均水面蒸发量660～1600mm，其中渭北地区一般为1000～1600mm，西部为660～900mm，东部为1000～1200mm，南部为700～900mm。年内最小蒸发量多发生在12月份，最大蒸发量多发生在6、7月份，7～10月份蒸发量可占年蒸发量的46% ～58%。

流域内多年平均陆地蒸发量500mm左右，高山区小于平原区，秦岭山区一般小于400mm，而关中平原大于500mm。

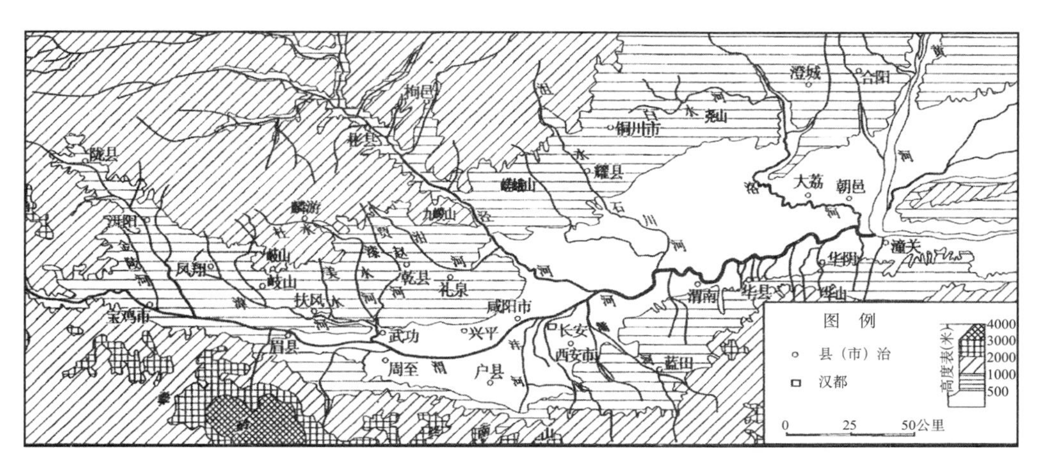

图2-2 渭河流域

（资料来源：李令福. 关中水利开发与环境［M］. 北京：人民出版社. 2004：2.）

2.1.3 多种生态系统的类型

1）南部秦岭山地的生态系统

秦岭是我国中部最重要的生态安全屏障，具有涵养水源、维护生物多样性及水土保持的重要生态服务功能，是我国南北地质、气候、生物、水系、土壤五大自然地理要素的天然分界线。秦岭以南为亚热带湿润季风气候，属长江水系，分布着北亚热带落叶阔叶、常绿阔叶混交林和东洋界动物；秦岭以北为暖温带半湿润、半干旱季风气候，属黄河流域，广泛分布着暖温带落叶阔叶林和古北界动物。

秦岭水资源量222亿m^3，约占全省水资源总量的50％，是我省的主要水源涵养区。其中，秦岭南坡水资源量182亿m^3，约占陕南水资源量的58％，是嘉陵江、汉江、丹江的源头区，是南水北调中线工程的重要水源涵养区；秦岭北坡水资源约占关中地表水资源总量的51％，是渭河的主要补给水源地。

因此，保护好秦岭生态环境，对于南水北调中线工程水质水量和关中地区生产生活用水至关重要。

2）关中地区的农业生态系统

若要讨论农业，就得有农业生态系统的认识。农业生态系统是在人类活动干预下，农业生物与非生物环境之间相互作用形成的一个有机综合体。这个系统既包括生物和非生物，又包括人为的调节控制系统，即人类农业生产活动和社会经济条件。因此，农业生态系统是一个“社会自然复合生态系统”。同样地，农业的发展也表明了这一地区的定居生活和文明程度。

斯塔夫阿诺斯（L. S. Stavrianos）指出：“农业革命最明显的影响是产生了定居这种新的生活方式。事实上，为了照料新驯化的动植物，人类也不能不定居下来。于是，新石器时代的村庄取代旧石器时代的流浪团体而成为人类最基本的经济文化单元。”[1]

通过考古发掘表明，陕西关中泾、渭流域是最早发展起农业的地区之一。在这一地区的新石器时期文化遗址中曾多次发现石锄、石镰等工具，甚至一些文化遗址中还发现了加工谷物用的石磨盘和磨棒。在半坡遗址中还发现当时人们所剩下的谷粒。这些都表明陕西农业已经有了相当的水平。

渭南地区位于关中地区东部，东邻黄河，西接西安，南倚秦岭，北靠桥山，管辖临渭区一区，韩城、华阴两市，富平、白水、蒲城、合阳、大荔、华县、潼关、澄城8县，共有108个镇、75个乡、13个街道办事处、3205个行政村、167个社区，面积13134km^2，人口542万。该地区是关中地区重要的农业区，也是商品粮、棉花生产的重要基地。粮食总产值占渭南农业总产值的一半以上，年播种面积857万亩，占陕西省的14%，其中小麦播种面积500万～550万亩。人称“关中四大粮仓”的蒲城、渭南、临潼、富平，全在这一地区。

宝鸡地区是关中西部的门户。目前辖区有金台、渭滨、陈仓3个区和凤翔、岐山、扶风、眉县、陇县、千阳、凤县、太白、麟游9个县，共有101个镇、36个乡、12个街道办事处、1802个行政村、166个社区，面积18175km^2，人口376万。地貌分山、川、塬三类，以山丘为主，大体为“六山一水三分田”。南部秦岭东西横亘，最高点为秦岭主峰太白山，海拔3767m，也是陕西省全省的最高点。河流主要由渭河及支流水系构成，包括千河、漆水河、石头河。

从历史的角度来看，宝鸡是原始村落密集地区，尤以姜氏城、北首岭最为典型。旧史记载，炎帝为农业、制陶业、医药、八卦和市井的创始人，曾“因天之时，分地

---

[1] ［美］斯塔夫阿诺斯．全球通史从史前史到21世纪［M］．吴象婴等译，吴象婴审校．北京：北京大学出版社，2005：35.

之利，制耒耜，教民劳作”。除了对农业的重视外，这一地区还有历史文化遗址上百处，古墓葬百余座，加上星罗棋布的古建筑和丰富多彩的出土文物，可以说是构成了一座天然的历史博物馆。

秦岭北麓的种植业主要分布在长安区、户县、周至、眉县等地区，其中果品、小麦、种植、养殖业有着突出优势。以周至为例，辖区9镇13乡、376个行政村、12个社区，面积2956km^2，人口63万。地形南高北低，地跨三个自然地貌单元，依次为秦岭山地、黄土台塬、渭河平原。县域呈“七山一水二分田”的格局。周至一带临近渭河，日温差、日照时数、降雨量等自然生态条件使之成为优质猕猴桃生产区。

3）河流湖泊的生态系统

水在关中地区生态系统的形成和发展、变化中，始终是一个起着决定作用的力量，是其他任何作用都无法替代的。历史上有“八水绕长安”[1]的生态景观。以泾、渭两河为代表的关中地区河流水系生态系统，是贯穿和维系各类生态系统健康稳定发展的生命线，是关中地区自然环境中最为活跃的生态因子之一，河流水量的大小决定着绿地和植被的规模与演化方向。

我们也应当看到，在关中地区，河流水系和湖沼是受人类活动干扰变化最大的生态系统。尽管关中的河流从分布上看，变化是不大的，但是在这一地区的大多数湖沼已经消失。根据赵天改的研究：“据统计在唐代，关中地区有名称可考的大小湖沼191个，带给这一地区诸多经济利益。”[2]然而，在现实的生态系统中，有些河流已经干涸，还有一些河流发生了改道。总之，河流水量的变化较为明显，而含沙量的变化也可以看出一些规律。这些变化，除了自然的因素以外，在很大程度上是由人类的开发活动造成的。

2.1.4 关中地区的气候因素

关中地区属暖湿带半干旱、半湿润气候。年平均温度12～13.6℃，四季分明，冬夏长，春秋短。夏季酷热，冬季干冷，夏秋降水较多，冬春少雨而干燥。年降水量为500～700mm，其中80%集中于夏秋雨季。关中地区四季环流明显，盛行风也随着环流而改变方向，但是总体上风速较小。关中的日照在地区分布上是北部多于南部，东部多

---

[1] “八水绕长安”。八水指的是渭、泾、沣、涝、潏、滈、浐、灞八条河流，它们在西安城四周穿流，均属黄河水系。西汉文学家司马相如在著名的辞赋《上林赋》中写道“荡荡乎八川分流，相背而异态”，描写了汉代上林苑的巨丽之美，以后就有了“八水绕长安”的描述。八水之中，渭河汇入黄河，而其他七水原本各自直接汇入渭河。然而由于时代变迁，浐河成为灞河的支流，滈河成为潏河的支流，潏河与沣河的交汇。

[2] 赵天改．关中地区湖沼的历史演变［M］．陕西：陕西师范大学出版社，2001.

于西部。在这样的气候条件下，关中地区逐渐形成了自己特有的建筑形式与技术手段。在传统建筑的布局上，受到气候条件影响最直接的莫过于建筑朝向。因此，在选择建筑朝向上，一般都选择坐北朝南，避开寒冷的西北风。村落、院落的布局也体现出因气候变化而形成的模式，例如韩城的党家村等。

如果说传统建筑的形制都是长期以来人们在实践经验中总结出来并实际应用于建造当中的，形成了挡风隔热、冬暖夏凉的建筑形式的话，那么，这种对自然环境的应答体现了建筑与环境的地区性特征。正如印度建筑师查尔斯·柯里亚指出的“形式因循气候”，在地区建筑的表达中，不仅将其视为影响地区建筑创作的一个自然因素，更是看到了这一气候因素与地区文化之间的动态联系。

2.2 关中地区传统建筑环境特征

研究关中地区的乡村环境，离不开建筑历史环境的追溯。实际上，我国最早、最完整的四合院就是陕西关中岐山凤雏村西周建筑遗址，它是一座相当完整的四合院建筑，由二进院组成（图2-3）。中轴上依次为影壁、大门、前堂、后堂，前堂与后堂之间用廊子连接，门堂、室的两侧为通长的厢房，将院落围合成封闭空间，院落四周有檐廊可环绕，该建筑具有明显的南北向中轴线。

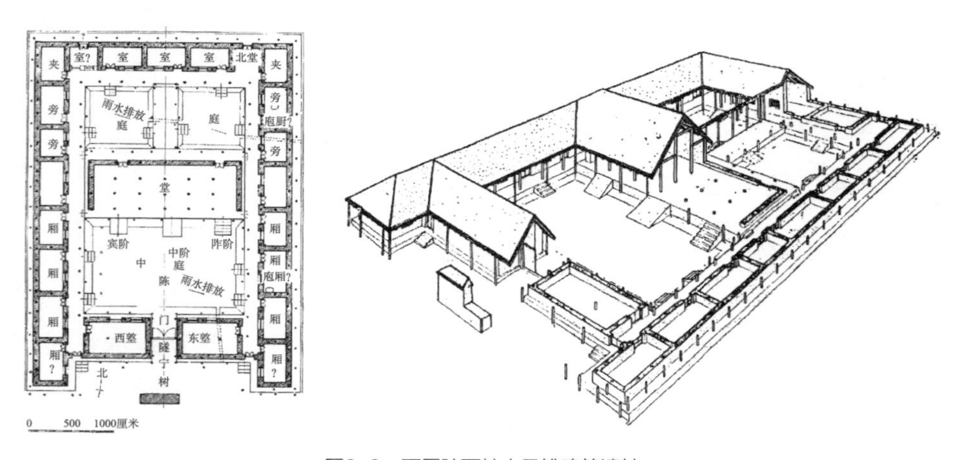

图2-3 西周陕西岐山凤雏建筑遗址

（资料来源：刘徐杰. 中国古代建筑史［M］. 北京：中国建筑工业出版社，2009：276-277.）

作为历史定型时期的四合院模式，如果从文化的角度考察，它的形制诠释了周礼文化的特征。周代的“以德配天”、“敬德保民”、“德为邦本”的思想，一直成为后来儒家重道德、重现实的主导思想。反映在建筑的营建上，主要依靠规范文化和社会文化心理结构所产生的同构机制，在更大范围和更长时间内为关中建筑发展路径从宏观上做了限定。尽管朝代更替，时间绵延，这种机制提供了建筑文化传承的可能性，因而具有较强的稳定性和传统的生命力。正像爱德华·希尔斯（Edward Shils）在《论传统》一文中所阐述的那样："传统的稳定性既有过去的既定性；传统不仅为我们提供了方便，而且传统作为合理反思的经验的积累，它总是处在过去的掌心之中。"❶

2.2.1 关中地区传统建筑的类型及特点

在当代背景下，我们为什么要研究传统建筑?

我们研究传统建筑，是因为它拥有现代建筑所没有的东西，那就是：传统建筑拥有一套象征性的系统。我们的问题是：是不是拥有这样一个象征系统就一定是好事?关中的例子告诉我们，这个象征系统是与一种特定的地域文化即世界观紧密相连的，而这一世界观又认为可见的物质是某种精神世界的反映，这一世界观来源于历史深处的驱动力。用卡尔·雅思贝斯（Karl Theodor Jaspers）的话说，就是轴心期（Axial Period）❷ 的"历史产生了人类所能达到的一切……轴心时期奠定了普遍的历史，并从精神上把所有的人吸引进来。"❸

这也就不难理解西周有代表性的关中建筑凤雏遗址的历史形态。这个相当严谨的四合院，它的空间布局、院落围合以及中轴线上依次布置的建筑元素等在以后的建筑演变中一直延续下来，其空间机制并没有大的突破。值得一提的类似的观点就是梁思成先生在他的《中国伟大的建筑传统与遗产》一文中的阐释："中华民族的文化是最古老、最长寿的。我们的建筑也是最古老、最长寿的体系……四千余年，一气呵成。到了今天，我们所承继的是一份极丰富的遗产。"❹

回到乡村建设研究的问题中，一般来说，关中传统的建筑类型有深宅大院、四合

---

❶ ［美］爱德华·希尔斯.论传统［M］.付铿，吕乐译.上海：上海世纪出版集团，2009：208-216.

❷ "轴心期"是卡尔·雅思贝斯在《历史的起源与目标》中的主要概念。雅思贝斯指出，在公元前800～前200年之间，尤其是公元前600～前300年间，是人类文明的"轴心期"。"轴心期"发生的地区大概是在北纬30°上下，就是北纬25°～35°区间。这段时期是人类文明精神的重大突破时期。在那个时代，古希腊、以色列、中国和印度的古代文化都发生了"终极关怀的觉醒"。换句话说，这几个地方的人们开始用理智的方法、道德的方式来面对这个世界，同时也产生了宗教。它们是对原始文化的超越和突破。而超越和突破的不同类型决定了今天西方、印度、中国、伊斯兰不同的文化形态。

❸ ［德］卡尔·雅思贝斯.历史的起源与目标［M］.北京：华夏出版社，1989：7-28.

❹ 梁思成.中国伟大的建筑传统与遗产［M］// 林洙.中国建筑艺术.北京：北京出版集团公司，北京出版社，2016：70.

院、三合院、二合院、辅助用房等。下面分别加以讨论。

1）深宅大院

关中地区旧时殷实大户多修建的深宅大院，讲究“前厅房，后楼房，两面厦子加厨房”的建筑理念，其平面布局主要以九间三院为主，有三种类型。

第一种类型。例如关中凤翔周家大院是一组群体建筑，其特点是将9间门房并列一排，每3间房与后面的房屋连通构成一个院落（图2-4）。在前面的称为前院或外院，在后面的称为后院或内院。前院与后院之间有厅房相隔，在厅房背墙的中心处另设置一门，通向后院。外人只能进入外院，内院非请莫入。

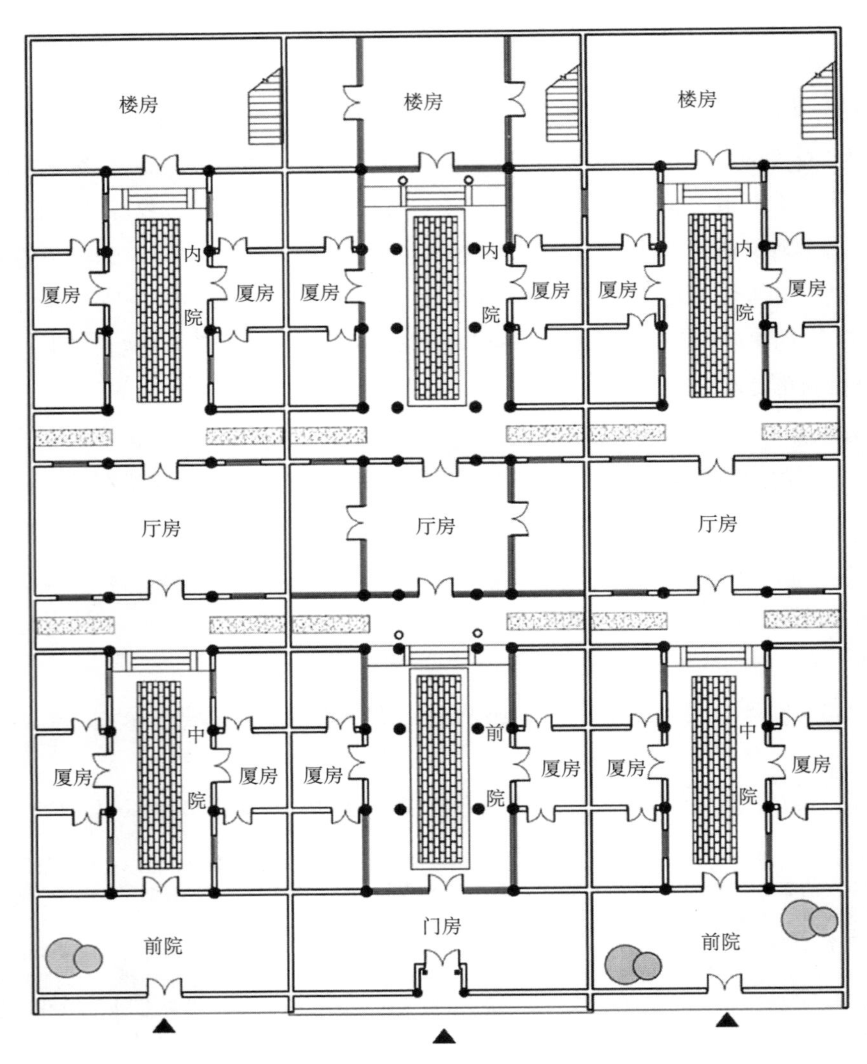

图2-4　九间三院（凤翔周家大院，中间部分为实测，两边为复原）

第二种类型。从空间组织来看，就是左、中、右三院全部建房，中间一院称为中院，两边的分别称东院和西院。有的只建中间，西院的前部作马房和草料房，中部和后部作其他作坊。东院的前部作厨房和佣工住房，后部为花园。三院可以通连在一起，只开一个大门，也可分别开设3个大门。每个院落通常在门房后面有厦房4间或6间，最后为3间楼房，俗称上房或正房。这种建筑在地平面上厅房要比门房高出一级，后面的楼房是主房，它在整个院落中居于主导地位，自然要比厅房高出一级，以象征"步步登高"或"连升三级"。所以，在门前一般都要铺上数排又平又光、棱角分明的长石条，以便升堂入室时拾级而上。这种串联几个大院形成的建筑群体，毋庸置疑是乡村殷实大户几世同堂、家长制的产物。

第三种类型。就是单一纵向空间的院落串联，按照尊卑有序的伦理制度安排各个房间，突出了空间的序列感（图2-5）。

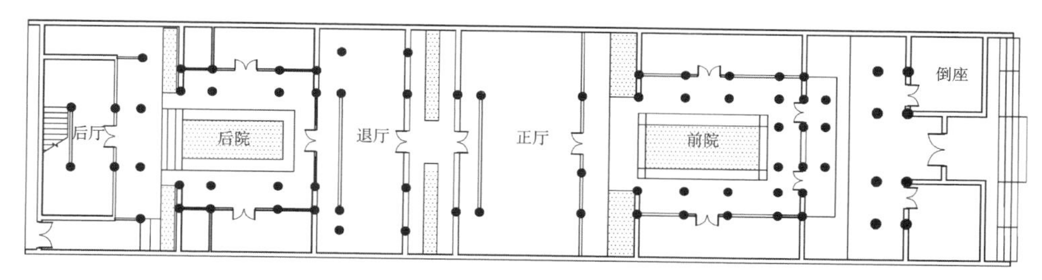

图2-5 三原孟店周宅

2）关中四合院

（1）四合院的功能组成

四合院是陕西关中地区传统村落建筑最常见的一种布局，主要以大房、倒座和厢房[1]构成。大房位于中轴线上，基座高，尺度大，是全宅的中心，供长辈居住和作为祭祖、会客、庆寿、举行婚丧仪式等家庭庆典的活动用房。门房和厦房基座略低，尺度也较小。正房是四合院的核心，这也决定了它在材料和装饰上的优越性。正房屋顶为硬山两面坡，且分水横向硬脊有脊饰，两端又有各种造型生动的"脊兽"。正房向院子一面不砌墙，而是在楹柱间各装4扇格手门。门房作客房之用，上部阁楼用于贮存。厦房供晚辈居住，东厦略高于西厦，哥东弟西，以示长幼之分。灶房多设在右边厦房第一间。但因地区不同，差异也较大，在渭南孝义镇一带，常把灶房设在左边，厦房、水井设在右边（图2-6）。

---

[1] 关中大房也称正房或主房，倒座也称门房，厢房也称厦房。

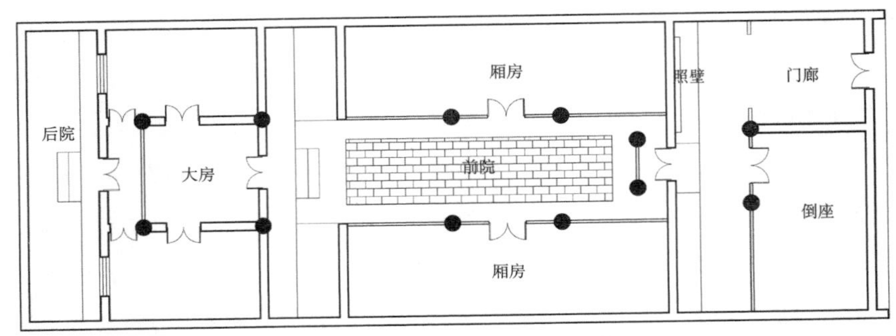

(a) “巽”字位设门（西安安宅）

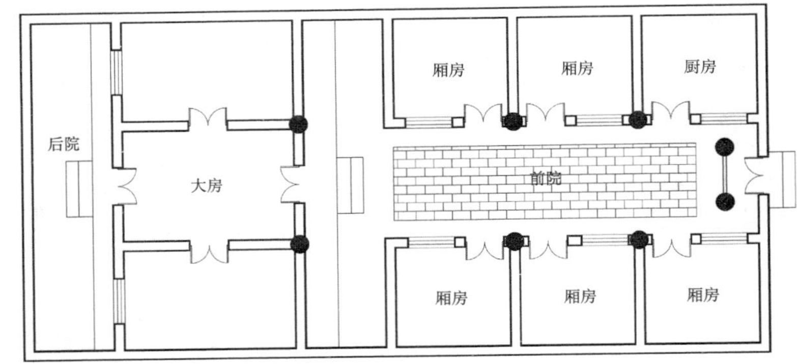

(b) 居中设门（韩城薛宅）

图2-6 关中四合院典型平面

（资料来源：王军. 西北民居［M］. 北京：中国建筑工业出版社. 2009：106.）

（2）四合院的正房特征

关于关中四合院的正房即大房，夏时明堂称为“世室”，据《周礼·考工记》载：“夏后氏世室，堂修二七，广四修一，五十三四步四三尺，九阶，两旁两夹窗，白盛门，堂三之二，室三之一”。对“世室”的解释通常为“大房子”。

例如杨鸿勋先生在其《宫殿考古通论》中提出，“夏后氏”的“世室”脱胎于氏族社会的“大房子”，基本形制是前堂后室，即“前朝后寝”寓于一幢建筑之中。其名称“所谓后室”，“世”就是“大”的意思，“后室”就是“大房间”，也可说是“大房子”。它与厦房的最大区别是有高屋脊，两面流水。

关中地区的大房从房屋结构来分析，一般分为大房半人字形屋架和大房驮梁屋架两种（图2-7、图2-8）。大房半人字形屋架由脊檩、腰檩、檐檩、平梁（大担子）、坡梁、拉筋、斜撑、立柱构成，大房驮梁屋架由脊檩、腰檩、檐檩、柱子、平梁（大担子）、小平梁（小担子）和立柱构成。

大房又有三川房与四川房之分，从屋顶分前檐两道椽。后檐三道椽，两根明柱，称三川房；前檐两道椽，4根明柱，称四川房。大房以梁、柱承载屋顶重量，房高屋宽，用料较多，用36根大木料，72根小木料，陇县乡村称它为“三十六天罡，七十二地煞”❶。

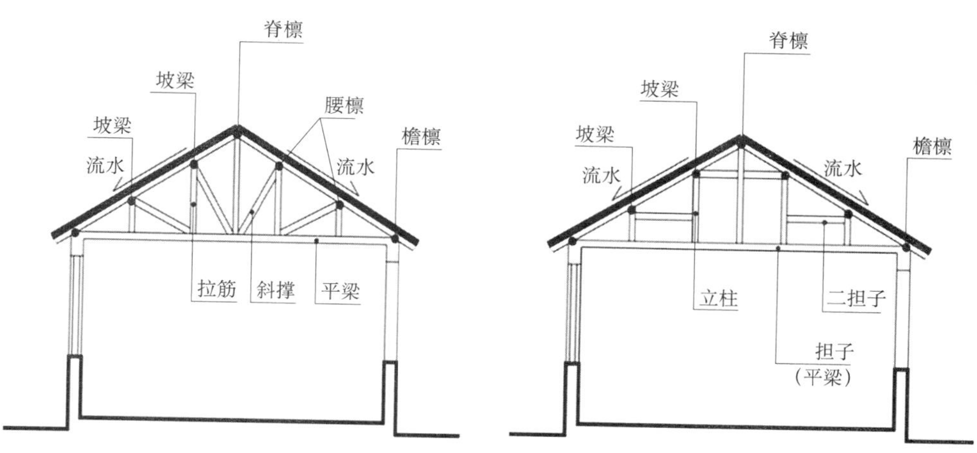

图2-7 正房人字形屋架

图2-8 正房驮梁屋架

根据笔者的田野调查，韩城地区的正房，在房屋前坡檐下使用两排腰檐和两行立柱，使前檐伸出2～3m，称为歇檐，遮住下面的走廊，廊上柱子明露。由于歇檐对室内光线有影响，传统建筑采取安装满间门窗的思路。所谓满间门窗，就是将整个堂屋的正面都装上门窗，一般为6扇，其高度和宽度各达丈余，上抵椽下的横档，下与门槛齐平，上半部分是丁字拐、万字拐等花格窗，下半部分镶嵌精致的木板格子，请能工巧匠刻上花草、鸟兽、人物等浮雕。平时只开中间两扇门，过事（如喜庆大事）时将6扇门全部打开，不仅室内明亮，而且通风条件好（图2-9）。而在宝鸡地区陇县一带的正房一般都是3间，大户人家为5间。硬山双面屋顶，抬梁式木构架，开间大。门面材料为木门木窗，一般是4栏门窗。从使用功能看，3间正房的中间一间作客厅，五开间正房中间3间均为客厅面积，

图2-9 韩城党家村的正房立面

❶ “三十六天罡，七十二地煞”在中国民间传说中，三十六天罡常与二十八宿、七十二地煞联合行动，降妖伏魔。道教认为北斗丛星中有36颗天罡星，每颗天罡星各有一个神，合称“三十六天罡”；北斗丛星中还有72颗地煞星，每颗地煞星上也有一个神，合称“七十二地煞”。

较为气派。门窗普遍只雕刻，不涂油漆（图2-10）。

图2-10 宝鸡陇县近郊村的正房材质

（3）四合院的象征观念

首先，关中四合院四面房屋的门窗均朝院内开设，背墙、山墙则忌开门窗，民俗有“财气不外泄”之意。笔者在田野调查中得知，在四合院的空间里，充满着各种文化寓意。例如，以正房为首，以门房为足，以左右厢房为双臂，把整个四合院通过“拟人化”而赋予生机。还有以正房为主，门房为宾，取意贵主配贤宾之意。关中院落“连升三级”的意思是把正房、门房和照壁合称“三脊（级）”，从照壁、经门房到厅房，一级高于一级，并以此暗喻诸子登科，连升三级。庭院的中央或设有“天心石”，它原本是建宅适用于定位、测量的定桩石，后来演变为镇宅之石。乡民节日祭祀时，通常在这里摆房点心瓜果之类的祭品。也有学者将此与古代“天圆地方”式的宇宙观相联系，认为地面上的方石与上天的苍穹相呼应。就此而言，四合院的庭院确实是既具有“中介空间”的意义，又像是一个微型的宇宙。[1]

其次，关中地区四合院的空间布局运用八卦图中的方法定位，也是民俗学的另一大特点。八卦的方位是西北为乾卦，西南为坤卦，东为震卦，东南为巽卦，北为坎卦，南为离卦，东北为艮卦，西为兑卦。而八卦中的属性乾卦与兑卦属金，离卦属火，震卦与巽卦属木，坎卦属水，艮卦与坤卦属土。以卦象而言，乾和坤代表天和地，艮和兑代表山和泽，坎和离代表水和火，震和巽代表雷和风。

再次，就是用八卦的方位和属性来解释世间万物，故而民居的空间安排也要运用八种命卦的吉祥方位来划定。第一是确定大门方位，第二是定位厨房，第三是厕所和马厩。以巽、坤相伍为邻，把门开在门房的右侧，称谓“巽字门”。厨房位置的安排也有一定之规，一般设在与门相近的东厢房内，门为主，灶为从，所谓“移门挪灶”，就说明了门与灶的主从关系。厕所设在西南或东北。房屋间数多取奇数，按阴阳学说单数为阳，双数为阴，故正房为3间，门房为5间，两侧厢房各为3间与5间。屋面以板筒瓦包沟，一律四檐八滴水，雕梁画栋，色彩斑斓，

总之，“正房为主，门房为宴，两厦为次，父上子下，哥东西弟”的布局形式既反

[1] 任军．文化视野下的中国传统庭院［M］．天津：天津大学出版社，2005：42-47.

映了传统礼制“尊卑有序”的主从关系，也是关中四合院的重要特征。

3）关中三合院

三合院即三面有房，围成一个院落，它有三种类型。

一种是前端设院，院落对面的厦房6间，后有大房3间；第二种是前端有门房3间，后有两对面的厦房6间，院落后置；第三种类型是院落前置，有对面的厦房4间，后有正房3间。因其房屋有3座，取意“三星高照”，又因为房屋总共为7间，故关中民间又称为“七星剑”。

关中三合院两侧厦房的开间不是固定的，随着家庭成员的多少而定，有的将一侧的厦房作为厨房或储藏间，有的为了照料牲畜在厦房院内一侧不设墙壁或设置短墙用以圈养牲畜。这种院落的大门设在院墙正中，院墙直接与两侧的山墙连接，特点鲜明，独具特色（图2-11）。

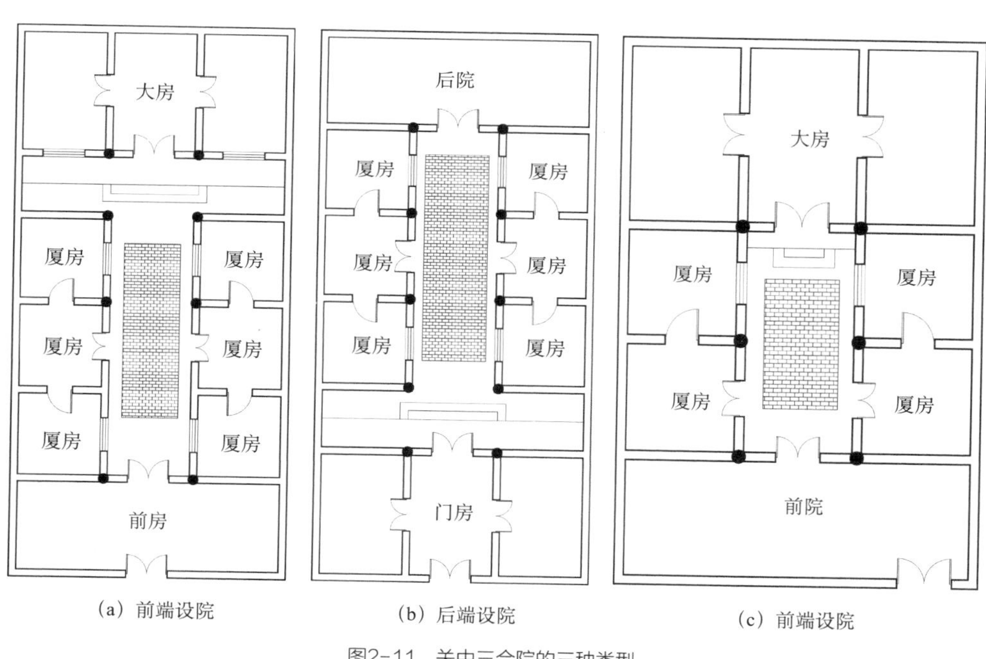

图2-11　关中三合院的三种类型

4）二合院

二合院主要由院落两侧的厦房组成。厦房是关中地区人们对合院或宅院中厢房的别称。在功能布局上，厦房位于院落中轴线的两侧。在空间上房屋呈现“一”字形态，一般建造一明两暗（中间有门，两边不开门）的3间，也有建造3间，每间都开门的。一般来说，对称是厦房构成二合院的特点，单坡坡向院内，没有屋脊或稍作装饰，这就是关中地区八大怪之一的“房子半边盖”。

厦房从构造上说，又分为“人”字形结构和“驮”梁结构两种。前者由柱子、平梁、斜撑、坡梁、脊檩、檐檩构成。后者由将军柱、柱子、平梁（大担子）、小平梁（二担子）、脊梁、腰檐、檐檩构成。[1]而厦房的具体做法即后墙板筑到7尺左右的高度后，墙上再用土坯垒至1.5尺左右；前檐用砖石砌脚基，再用土坯垒至高约1丈，门窗全在前面，两侧也是土坯砌墙，构造简单，施工方便（图2-12）。

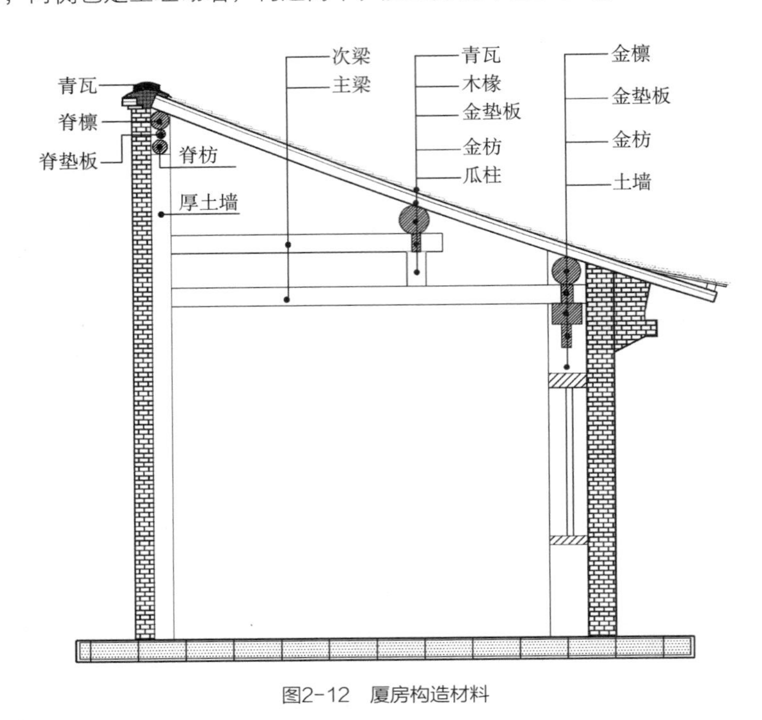

图2-12　厦房构造材料

5）辅助用房与民俗禁忌

（1）灶房。关中地区传统建筑中的灶房不单独设置，一般是在厦房里。

（2）磨房、井房、柴房。一般来说，过去的农村大户人家都建造这些专用的房屋。这些房子普遍较小，是利用大房的角落或空地修建的。建造这类小房的原则是使用便利。主要禁忌有：

磨房不在左边修建。因为民间视磨子为“白虎”。按照“左青龙，右白虎”的说法，磨房一般修建在大房的右边。

井房既要离灶房近，便于用水，还要避开灶房和大房的门正中。因为灶属火（也叫火房），井属水，水火不容。

---

❶　朱海声．陕西关中民俗信仰与传统民居的关系研究［J］．陕西：西安建筑科技大学学报（自然科学版），2012（6）：849.

柴房要离灶房近，便于灶房用柴，一般建在正房的东面。因此，关中人曾把有钱人称作财东，柴、财同音，柴火堆放的地方应该占有东方的字头。

2.2.2 传统建筑环境的空间构成

从上述关中地区的建筑类型来看，传统建筑的“单体建筑”在平面构成上都是以“柱网”或者“屋顶结构”的布置方式来表示的。在平行的纵向的柱网轴线之间的面积一般称为“间”或者“开间”，在横向上，习惯以“架”来表示。架就是檩木，因为在标准的“檩架”设计上，檩木的位置和间距都有定限，很少任意增减，可以用来表示进深的尺度。檩木之间的水平间距在宋代称为“步”或“步架”。因此，宋《营造法式》中的附图所称的“架”是指步架。清式檩架的“架”则指檩木的数量，宋式的“四步”就是清式的“五架”，以“一檩一架”作为计算标准。因此，建筑的平面大小，就可以简单地用“间”和“架”的数量完全表达出来。这也可以在民间的话语中得到验证，“我家盖了几间房屋，你家盖了几间房屋”等此话语。

1）“间”与“架”的规定性

对于“间”、“架”结构的认识，在《唐会要·舆服》中就有明确的规定：一凡王公以屋舍，不得施重拱藻井。三品以上堂舍，不得过五间九架，厦两头门屋不得过三间五架，五品以上、五品堂舍不得过五间七架。厦两头门屋不得过三间两架，仍通作乌门。六品七品以下堂舍，不得过三间五架，门屋不得过一间两架。非常参官不得造抽心舍，施悬鱼，瓦善，乳梁装饰。王公以下及庶人第宅，皆不得造楼阁临人家。庶人所造房舍不得过三间四架，不得辄施装饰。

明代时期官民第宅之制《明会典》规定：洪民二十六年定，官员造房屋，并不许歇山、转角、重檐、重拱绘画藻井。其楼房不系重檐之例，听从自便。

一品、二品，厅堂五间九架，屋脊许用瓦兽。梁栋、斗拱、檐桷用青碧绘饰。门屋三间五架，门用绿油及兽面，摆锡环。三品至五品，厅堂五间七架，屋脊用瓦兽。梁栋、檐桷用青碧绘饰。正门三间三架，门用黑油及兽面，摆锡环。六品至九品，厅堂三间七架，梁栋止用土黄刷饰。正面一间三架，黑门铁环。

一品官建房除正房以外，其余房舍许从宜盖造，比正房制度务要减少，不许过度。其门窗牖不得使用朱红油漆饰面。庶民所建房舍不得超过三间五架，以及不得使用斗拱及彩色妆饰。

可以注意到，尽管官方有自上而下的严格的规定性，但是在民间人们建房时还是下意识地把文化需求和个人价值以及愿望、梦想和人们的情感转化为物质形式，追求理想的居住环境，同样体现着对美的追求（图2-13）。

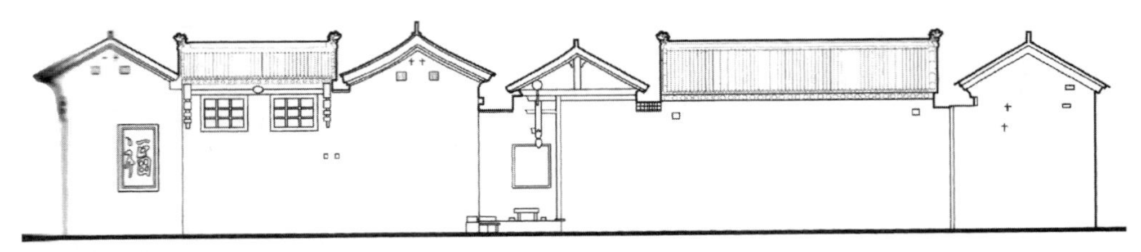

图2-13 党家村四合院建筑外立面
（资料来源：王军. 西北民居［M］. 北京：中国建筑出版社，2009：107.）

2）“虚”与“实”的共生性

老子曾说，“凿户牖以为室，当其无，有室之用，故有之以为利，无之以为用”，精辟地论述了空间与实体的辩证关系。实际上，我们看到建筑与院落本来是两个单独的概念和空间，根本不相干，然而，通过“檐廊”的半实、半虚、半开敞、半封闭的空间，处于房与院落的中间，形成一个过渡空间。与此同时，房屋对着院落的方向，基本上是门和窗户，以封闭为主兼有虚的空间，形成这种外实内虚的格局，逐渐转化到院落空间。由于中国传统建筑艺术观念是基于人的感受所得到的效果，立面构图就着重“场景”变换的节奏和气氛，着重引起人的感情上的共鸣和创造情趣。这些问题都不是仅靠单个建筑立面构图本身的“体”和“形”可以解决的，而是要通过院落的虚空来共同实现的。

从美学上看，传统建筑更是注重布置空间、处理空间。这些都说明，以虚带实，以实带虚，虚中有实，实中有虚，虚实结合的院落空间，这既是传统美学的一个重要问题，也是人们对追求美好生活的空间语言表达。

2.2.3 传统建筑结构与材料的协同性

一个成熟的建筑体系，除了地理、气候和文化影响之外，总是把艺术风格同结构技术协调起来。这种协调就是体系健康成熟的标志之一。分析这一地区的建筑特征，当然离不开这一理论的指导。

1）“墙倒屋不塌”的稳定性

关中地区传统建筑的结构主要有柱、梁、檩、枋所组成的框架作为基本的承重体系。骨架承受屋顶重量，墙体作为维护结构以及分割空间并不承重，称为“墙倒屋不塌”。大多数构架形式为抬梁式，少数构架为穿斗式。抬梁式构架以三架梁、四架梁最多。由于关中地区木材相对短缺，为了节省木料，减少大梁长度，大进深的正房或需要设置檐廊时，常常在三架梁前加一步架。在农村地区三架梁是构架的脊柱多用斜撑代替。如果椽子的用料较短或较弱则在三架梁的一边梁上设童柱，以承托云梁或腰檩，成为四架梁式，形成结构的稳定性。

同时，为了加强脊柱的稳定性，常常在两旁设柁墩（角背），或用雕花柱墩代替脊柱。正房做“露明造”，用大漆涂刷，与门窗隔断、家具等融合成一个整体，显得古朴、素雅（图2-14）。

(a) 柁墩（韩城党家村）

(b) 柁墩（西安高宅）

图2-14　雕花托墩代替脊柱

（资料来源：王军. 西北民居［M］. 北京：中国建筑出版社，2009：99.）

2）土材和木材的地方性

传统建筑的“质”即质地，就是建筑用材。墙体形式以土坯墙、夯土墙和砖墙为主要围合材料。顶面大多为硬山式，少有悬山式的坡屋顶，瓦屋面为仰瓦干搓形式。厚硕高大的土墙和密闭的外墙空间在寒冷的冬季能起到防寒的作用，内院门户的木装修灵活分隔，开启方便，起到夏季通风的效果。土和木作为关中传统建筑的用材，可以追溯到关中建筑发展的更早时期。我们可以看到这样一条清晰的轨迹：利用自然山洞到挖掘穴窑，半穴居到地面建筑，“土”和“木”一直伴随着这种乡村传统建筑的特色，从而构成木构架的传统建筑。“栋梁”二字本是建筑术语，两字的偏旁都有“木”，这说明传统建筑离不开“土木”。

传统建筑之所以运用土材和木构架体系，主要基于地理、人文、伦理、哲学等多方面的原因，即从人与建筑、与自然的和谐来构建的。

3）地理特征的适宜性

从地理方面来讲，关中地区南为秦岭，土地肥沃，生态资源较为丰富，可以就地取材，首先解决了材料的来源问题。木材材质坚硬，但容易加工，因此在当时工具简陋的情况下，木材也就成为理想的建筑材料。至于土材，不仅表现出应用自然材料的生态精神，而且这种天然材料还对人体无害，经过加工后，在很大程度上仍能反映自然的特征和满足人们返璞归真、回归自然和大自然融合的心理需求。传统建筑中土中有木，木中有土，两者互为依存，和谐相生。可以说，关中传统建筑凭借其木结构依靠内力的调整来克服外力的破坏，以其独特的人文精神来适应自然，与自然和谐与共，正如侯幼斌先生所言：“综合体现了自然环境、材料资源、技术手段的先天合理性。”[1]

4）人与自然的和谐性

另外，从五行来看，土、木分别为五行要素之一。土为大地之源，壤系五谷之根；木处于土地，入于阳光，承天之雨露，向阳而长，承地之养育，入阴而生，为阴阳和合产物，生生不息，乃自然生命力旺盛之象征。采用土木作为建筑材料，是最为合适的选择，是理性主义的必然结果。“木曰曲直”，意思是木具有生长、升华的特性；“土爰稼穑”是指土具有种植庄稼、生化万物的特性。中国传统哲学认为人为万物之灵、天地造化之首，而建筑为人所居，乃天地之气，选用土材和木材作主要建筑材料是建筑文化现象中物的体现。

实际上传统建筑取“木”、取“土”作为建筑材料，本身就是融入自然造化的一种手段。当时他们不能理解自然，只能融入自然，这也是在潜意识里形成了人与自然的和谐，达到天人合一的理想境界。“坯”在辞海中的解释是未经烧制的陶器、砖瓦。“土坯”是指未经烧制的土块，其性能与普通烧制的“砖”接近。作为“生土”建材的衍生物，土坯使用灵活多样，制作简单易行，包括建筑墙体维护结构、屋面、围墙甚至炕以及烟囱的构造等。土坯墙的围合与木构架的衔接主要形式是以木构架承重为主，抬梁式承重结构。搁檩氏屋面木梁直径通常15～39cm，间距较密，为30～90cm。木制梁架材质视家庭经济情况不同而有变化。普通人家梁、椽、檩多为杂木构成，而富裕之家建房则梁、椽、檩皆为槐木、松木、桐木等上等材料。

从整体上看，这种由土、木作为建筑材料的关中传统建筑给人以舒展、平缓而不张扬的印象，墙体高大、厚实，外观简朴，轮廓丰富封闭。屋面举折平缓而且整体素雅，常以白土、灰土或黄土饰墙面，“尚灰”的青灰色砖和茶棕色木构架以及“尚黑”的门窗为建筑的主要结构，局部装饰有石、砖和木雕艺术，巧妙地表现出建筑精美的装饰与朴素的色彩变化，传递出关中传统建筑的文化内涵。

2.2.4 传统建筑装饰的思想表达

在传统建筑上施加装饰，或者是淳朴地为了美化生活，或者是有主体思想需要表现，都是人类思想的情感表达。一种装饰手段，只有当它适合于建筑物和它本身的物质技术条件时才会有生命力，否则必然会在实践过程中被淘汰。历史上凡是纯正的传统建筑，它的装饰因素往往能同结构因素和构造因素结合，甚至是不可分割的，在文

[1] 侯幼彬．中国建筑美学［M］．北京：中国建筑工业出版社，2009：9.

化上和艺术上是一体的。这一装饰理论在关中乡土建筑装饰中，得到了明显的证明。

1）装饰式样与构造特征

关中传统建筑的装饰方面主要表现在三个方面：一是传统建筑的屋脊；二是传统建筑的雕梁画栋；三是传统建筑的门窗户牖。屋顶的装饰主要包括脊饰、脊兽以及瓦饰；墙身部分的山墙、硬山墀头、窗下墙等两部分，主要以砖雕工艺为主。而脊兽、瓦饰实为一种细泥陶塑饰件，与砖瓦同料烧制而成，具有美化屋脊丰富房屋天际线的作用。雕梁画栋主要显现在关中地区富贵人家的住宅和宗庙祠堂上。富贵人家为了显示家庭、家族的社会地位和人生理念，往往除梁枋的两端之外，在梁面中央也加以雕刻装饰，尤其是在厅堂正中“开间”靠外的梁上，由于它位于入口大门上方，所以成为“骑门梁”，这道“骑门梁”往往成为木结构两架上装饰的重点。这一点在关中地区韩城党家村传统民居的装饰上表现得非常明显。门窗户牖更是关中居住的脸面，门窗挂落、窗帘罩以及檐下斗拱、室内屏风、落地罩等，这些构件的装饰主要以木雕工艺的形式表现（图2-15）。

(a) 屋脊装饰（韩城党家村）

(b) 门窗装饰（韩城党家村）

(c) 雕梁画栋（韩城党家村）

(d) 院落装饰（韩城党家村）

图2-15 关中传统建筑的装饰

2）重点装饰与思想表达

（1）照壁。影壁又称照壁，它是建筑中的一种传统格式，多是借墙而设，或正或侧，或内或外，既具有隐蔽、遮挡之功能，也具有装饰和象征的意义。关中传统建筑的照壁是装饰的重点部位，往往以砖雕、木雕、石雕相互呼应，雕刻工艺的精湛往往显示出主人的社会与经济地位。照壁四周常有“万字拐”之类的雕饰。照壁上面的装饰题材多以青砖做成浮雕，呈现为某种风景或吉祥图案，例如“鹿鹤同春”、“封侯抱印”、“五福捧寿”等，抑或以书法题字或以砖雕镌刻出硕大的“福”、“寿”之类的文字（图2-16）。

图2-16　照壁装饰

照壁多位于人们的必经空间，在最为容易看见的地方，影壁的下面通常建一长方形的小花坛或砌石台摆放花盆。修建影壁的民俗虽在关中各地民间盛行，但尤以关中东部的潼关县最为普遍，当地民俗就有“影壁墙，石灰搪，影壁墙上落凤凰”的民谣。

（2）门楼。大门是所有关中四合院都需要重点装饰和设防的所在，大门通常多为黑色，并配以红色和绿色的门框。进门正对着的墙（厢房的山墙），经常被当作影壁，或镶嵌有祭祀“土地”的神龛。除了这种利用厢房的山墙作为影壁的情形之外，富裕人家还在门外或门内专设照壁，以遮挡或回避直冲。

周家大院多为高大的门楼，俗称“走马门楼”，其中以所谓的“垂花门楼”最为著名。走马门楼除了各种精工细雕的砖雕、木雕和石雕装饰之外，非常醒目的便是大门上方的匾额题字，这些门匾通常多为木质，题字多为白底黑字或蓝底金字，内容多寓意吉祥，其书法考究，不少是出自当地乡土文化名人的手笔（图2-17）。

(a) 大户人家门楼装饰

(b) 一般人家门楼装饰

(c) 门楼砖雕

(d) 门楼色彩“尚黑”

图2-17　门楼装饰

3）器物的思想表达

（1）柱础、门墩石、台阶、上马石、拴马桩等这类器物类型主要以石雕工艺的形式来表现，同样反映出主人的社会地位与经济地位。

柱础多以圆形、四方形、六棱形、八棱形为主，以后又演化出宫灯形、花瓶形、鼓形等多种式样。柱础有大小高矮之分，在材质上主要以花岗岩、砂岩或石灰岩为主。门墩石关中地区又称抱鼓石，通常是由四四方方的石块精心打造，或以狮子的形象出现，作为守门神之意，或雕刻花鸟禽兽、人物瑞兽、琴书古玩等体现主人的审美追求。上马石、拴马桩，顾名思义，即为上马、拴马的桩子，是一种特有的关中地区乡村的石刻艺术品。早期的拴马桩的材质主要以木材为主。后来逐渐在富户人家换成了石桩圆雕，以显示主人的经济地位。乡村大户的家境殷实，所以拴马桩所用的材料也是经过雕刻的，通常会用一整块坚固耐磨的青石作为原材料。雕刻内容形态各异、栩栩如生（图2-18～图2-20）。

图2-18　柱础

图2-19　抱鼓石

图2-20　拴马桩

（2）墀头

《说文·土部》中指出："墀，涂地也。"《广雅·释室》有："墀。涂也。"[1]墀头实际上是一种传统的构建，具有承重的作用。在关中传统建筑中，它是成对出现的，而且设置的位置较高。墀头的雕饰擅长于线脚的运用，内容丰富，组合严密，构图饱满，造型生动活泼，各种不同的造型形式可达几十种以上（图2-21）。雕刻的内容包括太极八卦、石榴寿桃、猴头大象、琴棋书画、灵草花卉等，巧妙结合，寓意吉祥，充分反

[1] 周若其，张光．韩城村寨与党家村［M］．陕西：陕西科学出版社，1988：32-33.

映了关中地区建筑历史文化的丰富内涵。

图2-21 关中传统建筑墀头

4）建筑装饰的价值判断

从以上的阐述中，可以充分地看到，建筑与装饰的一体性，除了它的艺术和文化表达外，还有身体—空间—知觉的维度。莫里斯·梅洛-庞蒂[1]（Maurice Merleau-Ponty）在《知觉现象学》一书中指出，表达的体验先于感觉给予的活动，表达的意义在于符号意义之前，象征意义在于形式之前。S·E·拉斯姆森（Steen Eiler Rasmussen）在《体验建筑》中同样讨论了建筑给人们留下的不同表达，认为建筑是由软与硬、轻与重、松与弛、体块与色彩、光线与明暗等多种表面组成的，强调建筑体验的重要性。他指出："理解建筑并不等于能从某些外部特征去确定建筑物所属的风格。只看建筑物是不够的，必须去体验建筑，你必须去观察建筑是如何为特殊目的而设计的，建筑又是如何与某个时代的全部观念和韵律一致的。"[2]

那么，这种全部观念的价值判断如何呢！

首先，我们看到，一方面，在建筑装饰中积淀了各个时代的历史遗痕，也包括经常被指责的那些封建时代的"糟粕"；另一方面，建筑装饰所构建的意义世界，又在相当程度上具有顽强的传承性，并能够为人们所认知和共享，是一种日常生活的美学，因此，它从一个侧面充分地反映了人们的价值取向和审美判断。

其次，采用妇孺皆知的物象象征符号，以非常通俗易懂的图案形式，建构和表现各种吉利和祥瑞的意义，既体现了人们的生活智慧和文化想象力，又直接展现了人们对美好生活的向往以及对现实人生所寄托的各种质朴的和夸张的心愿与欲望。正如乌丙安所指出的："吉祥图案以'俗信'的形式，通过对其所内涵的真、善、美的表达，而表现出人们对于美好的追求和对于幸福人生的向往。"[3]

---

[1] 莫里斯·梅洛-庞蒂在知觉现象学上对胡塞尔进行了继承和发展，他认为所有意识都是知觉意识，提出了知觉为先理论，认为知觉是主动的，是向真实世界即胡塞尔所谓的生活世界的原初开启。知觉为先即是经验为先，因为处在知觉覆盖下的是一个动态和建设性的空间。梅洛-庞蒂追问人类生活中本质的和关键的问题，寻求一些通向答案的新道路，并且给我们重新开启了哲学之门。参见［美］丹尼尔·托马斯·普利莫兹克梅洛-庞蒂［M］. 北京：中华书局，2003：1.

[2] ［丹］S·E·拉斯姆斯. 建筑体验［M］. 刘亚芬译. 北京：知识产权出版社，2003：23.

[3] 乌丙安. 中国民俗学［M］. 辽宁：辽宁大学出版社，1985.

2.2.5 儒家思想对传统建筑环境的影响

1）礼制思想的影响

“礼制”是为了达到社会秩序和人伦和谐的公约生活而给予社会行为的一种规范，其主要内容为正名分、别尊卑，其精神为秩序与和谐，其内核为宗法和等级制度。“礼”是自身的主体意识同产生于自己意识之外的“文化存在物”之间的沟通，它起着一种社会的规范整合作用。“礼，定社稷，序人民，利后嗣者也”（《左传》，隐公十一年）。礼者，天地秩序也；和，故百物皆化；序，故群物有别（《乐记》）。建筑学家陆元鼎认为，“礼教是宗法制度的具体体现和核心内容”。[1]礼制制约了包括古代建筑环境的方方面面，包括建筑明确的轴线布局，房屋的面宽、进深与单体建筑开间及单体建筑的等级划分等。“礼”和建筑之间关系都是作为一种国家的基本制度之一而制定出来的，建筑的制度同时就是一种政治上的制度，也就是“礼”之中的内容，为政治服务，作为完成政治的一种工具。

具体在建筑形制上，“礼”不但作为妨碍形式发展的框框，而且对建筑思想产生了一种根本性的局限。由于受到长期的影响，“礼”的意识就融合到大部分的建筑制式中，从王城到宅院，无论内容、布局、外形无一不是按照“礼制”而做出的安排，在构图和形式上以能充分安排一种礼制的精神为最高的追求目的。皇宫中的“六宫六寝”、民居中的“前堂后室”就是首先将男女活动和生产的范围做出严格清楚的区分。

周代是以“宗法制度”作为立国之本的，把别男女之礼看得十分严格。其后，在民间的建筑中“北屋为尊，两厢次之，倒坐为宾”的位置序列，完全就是一种“礼制”精神在传统建筑形制上的反映。战国之后，“礼”和“阴阳五行”之间也产生了一种结合起来的倾向。《大戴礼记》曰：“礼之象，五行也；其义，四时也。故以四举；有恩、有义、有节、有权。”《白虎通》曰：“所以作礼乐者，乐以象天，礼以发地。”因为对“礼”有了这样的解释，将阴阳五行之说的各种内容加入建筑的制式中来，不但与“礼制”没有矛盾，二者因而完全统一起来。在这种思想基础上，传统建筑的营造似乎就有了一种理论上的依据，于是，一切建筑的形制就依次而制定，技术和艺术便随之而具体反映出这些思想所要求达到的面貌。

这一传统思想一直延续到后来，唐朝就有《唐六典》、明朝就有《明会典》，对各种建筑的规模、大小、式样、色彩等方面做出了严格的规定。

“礼”的制度同样渗透于传统村落中，荀子为我国制定了一个“治田”、“养村”、“定宅”模式，具体措施是“顺州里、定廛宅、养六畜、闲树艺、劝教化、趋孝弟，以

---

[1] 陆元鼎．中国传统民居文化［M］．北京：中国建筑工业出版社，1994.

时顺修，使百姓顺命，安乐处乡，乡师之事也。”

消解“礼制”的思想，单从院落的功能来说，它具有围合、限定的入口，心理上产生了安全感；见天见地，院落接近建筑，并承担实质的使用功能。因此，院落成为传统建筑平面组织的一个重要内容。建筑设计的目的似乎十分明显地为了建立两种不同性质的空间：一种是有屋顶的四周封闭的室内空间，一种是没有房屋顶的四周同样封闭的室外空间，这两种空间分别满足人们在其中不同性质的活动和要求。

2）天人合一的思想

我国古代哲学以天、地、人为一个宇宙大系统，以追求宇宙万物的协调合一为最高理想。为了达到这一思想境界，《易传・系辞》提出“在天成象，在地成形”与“天地相似，故不违”的原则。《老子・道德经》也提出“人法地，地法天，天法道，道法自然”[1]的准则。对于古代哲学思想的具象化描述，便是以北极为中心的“天国秩序”和“宇宙模式”的发现、认同与模仿，以呈圆形的房屋表现其对“天穹曰圆”的印象，以所有房屋门都朝向中心广场，体现对“群星”北极的认同与模仿，乃至朝聚居地的东方留出通道反映其对东方主生的认同以及部落兴旺的愿望，这些实际上都是天象认知的具体反映，包括人类原始的聚落信念、生活内容、行为方式等，落实到建筑环境中，便是向心形式和中轴线的形式在建筑营造过程中的强调。

由于“天人合一”思想所强调的人的主体作用是建立在“协调”前提下的，据此演释出的三种修为标准高度概括了天、地、人三者之间的关系，以便培植人与自然天地和谐相处、尊天祭祖、克己复礼、尽心尽责的思想情感。其结果使得“天人合一”的哲学思想不再局限于指导人们的行思修为，而是给古代传统社会的政治、制度、社会和文化意识等方方面面都带来了重要影响。

综上所述，关中地区的传统建筑环境特征，不仅是单纯的房屋和空间的功能安排，而且也是地区的建筑文化和建筑的审美对象。如同罗杰・斯克鲁顿（Roger Scruton）在《建筑美学》中的评述：“建筑更为明显的特征就是它的地区性……建筑就其反映人的物质基础和思想风格而论，它是时代的一种表现，它不管人们是否轻松愉快，或者是否严肃庄重，或者他对生活的态度是否焦虑或平静。总之，建筑表达了一个时代的活力。”[2]即轴心时期以来，关中传统建筑在儒家思想影响下的一种生活方式和审美取向。

所以，我们应当承认，人们生活的目标并不是完全能够由纯粹理性来建构的，或是以马尔库塞单向度的思维来实现的，换言之，人们的部分生活目标注定是实践理性的。也就是说，传统建筑环境作为一个社会的文化遗产，是人们过去创造的种种制度、

---

[1] “人法地”即人要遵循地的规则，“地法天”即地是天的一部分，“天法道”是对道的肯定。

[2] ［英］罗杰・斯克鲁顿．建筑美学［M］．刘先觉译．北京：中国建筑工业出版社，2013：50.

信仰、价值观念和行为方式等构成的表意象征，它使历史的发展保持了某种连续性和同一性。

然而，随着现代启蒙运动的兴起，认为未经理性和经验科学所证实的传统，不能由系统的观察和逻辑所证实的观念只能是科学的对立面、社会进步的绊脚石，这一现代性思想也深深地影响了1949年后关中地区的乡村改造实践。

2.3 新中国成立初期关中地区乡村环境的改造（1949年以后）

2.3.1 国家与国家权力的概念

1）国家权力及其特征的辨析

国家权力对社会发展的支撑来源于国家自身的特征，是由国家的本质及其特征决定的。国家权力的主要特征如下：

（1）强制性与约束性

国家权力首先是一种强制性的权力，即国家的力量，对社会中人们的行为做出种种强制性的规定，让人们服从。国家权力强制性地表现在它是以服从为前提的，是一种意志的强加。国家权力在本国范围内要涉及全体居民和所有的社会组织，也就是说，国家的全体居民与所有的社会组织必须无条件地服从本国的国家权力。

（2）国家权力对社会各种资源和力量实行最大限度的控制

所谓国家权力对社会资源的最大限度控制的问题也就是国家权利的基础问题。对此，西方不少学者如汉斯·摩根索（Hans J. Morgenthau）进行过多方面的探索。他指出："国家权力的基础有两类因素：一是包括地理、人口、自然资源、经济力量和军事力量等在内的相对稳定性的具体因素；另一类是包括民族精神、国家士气、领导艺术、政府功能、社会特征等在内的不稳定性的抽象因素。"[1]

国家权力的影响力大小与对这些资源与力量的控制状况有关，一个国家权力的影响力主要取决于它对经济力量、执政力量等的控制程度。权力的实质在于对资源的控制。国家凭借它在权力结构中的核心地位，最大限度地控制着社会各种资源，从而对社会发展起着物质与精神的双重作用。因此，假如国家能够凭借其地位，有效地动员、

[1] ［美］汉斯·摩根索. 国家间的政治——寻求权利与和平的斗争［M］. 北京：北京大学出版社，2005：450.

控制社会资源与力量，尤其是以非经济因素的资源与力量，那么它对社会发展的推进作用，便是其他社会力量所难以替代的。

2）国家权力的控制功能

（1）维持现存社会秩序

秩序是任何一个社会存在的前提。但是，在社会生活中，秩序不是自然而然形成的，也不是一蹴而就的。现存社会秩序的维护，必须要有社会控制机制规范和制约人们的社会行为，把整个社会生活限制在社会秩序范围之内。社会控制是社会存在和发展的必要条件，是社会秩序的基本保障。另一方面，社会控制也是推进社会发展、促进社会进步的重要力量。

（2）国家对经济社会生活的干预

近代国家比以往任何时候都更加严格地控制着社会生活的诸多领域。在传统社会，国家权力对社会经济生活的影响是微不足道的，而今社会，国家权力对社会经济的渗透、干预日趋加深，国家已成为与市场并驾齐驱的对资源进行分配的另一种基本方式。一方面，现代国家与政府一起通过各种规范性的经济政策直接调节和引导经济发展；另一方面，通过各种规范性的社会福利政策对国民收入进行再分配。

（3）国家权力在文化领域的强势

国家权力不仅表现在政治领域，而且表现在文化意识形态领域，即国家权力在文化意识形态中常常表现为对它实行领导的绝对权，这便是国家权利的文化功能。首先，国家运用思想和文化手段塑造、影响人们的价值观念，以便能使他们认可现存的政治和社会秩序，从而自愿地服从国家的控制与管理。第二，国家运用文化意识形态的手段争取合法权益，成为国家为其政治统治赢得大众广泛支持的重要手段。

马克斯·韦伯（Max Weber）曾指出，暴力统治可以通过信仰体系获得合法性，这种信仰体系就是说服人们服从统治的理论思想体系，它为统治的合法性提供理论上的依据。

安东尼·吉登斯（Anthony Giddens）提出了控制辩证法的概念，他认为，“不论某些行动者能对他人实施多么广泛的控制，弱者总是具有使用某些资源来抵抗强者的能力。控制辩证法表明了能动性与权力之间的逻辑性……实际上，处于从属地位的人对自己在社会系统中的活动情境可能获得了相当程度的有效控制。”[1]

综上所述，我们也应当理解权力与控制的辩证关系，否则就不能够解释清楚一些“神灵再现”的迹象。任何社会领域都不存在这样一些持久的控制关系，也就是某些行

[1] 安东尼·吉登斯. 历史唯物主义的当代批判：权力、财产与国家［M］. 上海：上海译文出版社，2010：63.

动者在范围和有效性上可以对另一些行动者实施完全的控制。

根据以上对国家及国家权力的认识，特别是吉登斯关于权力与控制的辩证关系，下面将分析关中这一地区乡村环境改造和建设的过程中，这一自上而下的权力意志与传统文化之间的矛盾和冲突。

2.3.2 乡村文化记忆的萎缩

根据第二章的内容可以看出农耕社会传统建筑环境表象的地区性特征明显。换言之，地理的、气候的、经济的及民俗的因素等物化了稳定的地区文化，也就是面对社会结构的特定价值态度的生活场所，并具有了清晰的地理边界。我们注意到乡村文化的道德实践，有助于民俗的保存、社会价值观的认同。

乡村文化更是蕴含了这一地方的“人格类型”或者说人性理想，因此，也有利于文化的延续。

然而从1949年新中国成立以后关中地区乡村的实际情况来看，传统的村落文化出现了空白，因为它与新政权以唯物主义为基础的意识形态有着根本的价值冲突。主要表现在以下几个方面：

1）解构了乡村文化的记忆符号

记忆是以一系列的符号为基础的，乡村社会人们总是通过一定的符号来构建他们的家族史或营建史。新中国成立之初，由于国家权力的渗透，传统社会无论在民俗信仰、乡约规范、经济结构以及文化形态等方面均出现了不同程度的服从性。

特别是“破旧立新”、“另起炉灶”的启蒙思想，对这一地区建筑文化的破坏毋庸置疑。古宅名祠被查抄占用，曾经遍布于传统建筑的各种文化符号、楹联字画等被损毁。

例如，根据《凤翔县志》提供的资料，凤翔周家大院位于关中凤翔县城文昌巷中段东侧，为明末清初所建，距今300多年，原有建筑面积约10000m^2，坐北朝南，是一组三座相连的四合院落。保留下来的建筑面积仅为1239m^2，为砖木结构，是关中地区典型的大院类型。现有中、西两跨院落，共七座建筑，有完整的大门、中门、月亮门、太阳门。

就建筑的空间形态来分析，前庭院较普通民宅宽敞，正房厅堂为五檩飞檐，五大开间，且较高大宽阔。照壁、退壁、穿廊、回廊仍然齐全，雕梁画栋，飞檐斗栱，青石门墩上雕有麒麟望月的图案，上刻有“耕读”、“渔樵”字样。入口大门上人物花鸟、鱼虫文字，雕琢精美。

从院内建筑结构上来看，无论门柱、石础、壁砖上都镂雕着繁复花纹，图案以人物故事居多，其工艺精湛，造型意趣，风格独具。宅中文字、饰物、图案，无不寓意着主人“勤俭持家”、“廉洁清正”、“安定祥和”的生活信条。门楣的石刻有“勤俭恭恕”、“清廉一品”、“行笃敬”等文字，充分显示了主人深厚的儒学文化底蕴。

然而，由于当时的历史原因，对建筑文化的认识不够清晰，1949年解放后被政府单位接管，先后曾作为“阶级教育展览馆”、“县人大常委会办公室”等工作场所。1985年周家大院仅被列为县级文物保护单位。

直至2005年国务院42号文件《关于加强文化遗产保护的通知》❶中关于文化遗产保护的重要性——中国文化遗产保护取得了明显成效。与此同时，也应清醒地看到，当前中国文化遗产保护面临着许多问题，形势严峻，不容乐观。为了进一步加强中国文化遗产保护，继承和弘扬中华民族优秀传统文化，推动社会主义先进文化建设，国务院决定从2006年起，每年六月的第二个星期六为中国的“文化遗产日”。并且明确指出，“要保护包括具有突出普遍价值的历史文化名城（街区、村镇）与群众生活密切相关，世代相承的文化形式”。同时着重强调：“地方人民政府要认真制定保护规划，并严格执行。在城镇化过程中要切实保护好历史环境，把保护优秀的乡土建筑遗产作为城镇化发展战略的重要内容。”

42号文件的出台方才引起地方政府的重视。

2008年9月，凤翔县周家大院被陕西省政府公布为省级文物保护单位。

2009年8月凤翔县博物馆正是委托陕西省古建研究所编制了《凤翔周家大院保护维修方案》，经省文物局批准，项目的保护维修总算有了进展（图2-22）。

(a) 整饬的大门

(b) 修缮的院落

图2-22　凤翔县周家大院

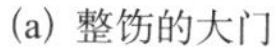

❶　国务院42号文件《关于加强文化遗产保护的通知》的主要内容包括：①充分认识保护文化遗产的重要性和紧迫性。②加强文化遗产保护的指导思想、基本方针和总体目标。③解决物质文化遗产保护面临的突出问题。④积极推进非物质文化遗产保护。⑤明确责任，切实加强对文化遗产保护工作的领导。

2）封存了乡村文化的记忆内容

《土地改革法》中明确规定“祠堂、庙宇、寺院、学校和团体在农村中的土地及其他公地”[1]都在没收之列。就是由国家没收，并分配给广大民众，将家族或村落社区生产剩余的公共部分全部平均转化为私人财产。

至此，在新的社会结构下，原有的一些建筑民俗符号没有其信仰指向，而只具备一般的使用功能。一些乡村的庙宇和祠堂，在后来的土地改革和合作化时期，变成了乡村基层政权和自治组织和办公与活动场所。

我们注意到，庙宇已经不再有香烟缭绕，祠堂也清除了祖宗的牌位，对人们进行精神支撑的功能基本丧失。实际上，这种封存乡村文化的方式造成了人们信仰上的一种空白，使人们的精神无处寄托。正像希尔斯所指出的那样：“人类必须信奉某些信仰，只要人没有退化到白痴状态或跃入心灵的最高境界，以致心灵几乎一片空白，无所宗奉就并不合乎人的本性。”[2]可见，一种信仰对人们生活的重要意义。如果没有这一宗教信仰，“整个人类社会的外观是破碎的、龟裂的，必然受到削弱和破坏，因而呈现出许多裂隙和分歧。”[3]

3）清除了乡村文化的记忆空间

众所周知，集体记忆不是依靠无数个体的独立记忆简单叠加而形成的，它必然通过复数的个体在特定的空间中，以特定的仪式与行为，不断复制与再现共同需要的内容，从而使这些内容最后变成了一个共同的意识。因此，集体记忆的形成需要特定的活动空间、仪式及行为过程，没有这些不断重复的仪式，集体的记忆就会随着时间的推移而不断淡化。

在乡村社会中，一个村落的形成与历史变迁往往夹裹着某些神话传说的神秘外衣。村落的集体记忆往往是对这种神话传说的不断复数和传播，这种活动仪式最终变成了对传说中的某一个人物的集中记忆。

也许村落的集体记忆一开始还包含了村落开创时期的许多人物与事件，但在村民文化程度不高和理解力较低、传播技术手段简单的情况下，集体记忆必须不断简化，最终就将众多的人物与复杂的事件集中在一个人的身上，最便于记忆与传播，这就是为什么大多数村落的集体记忆，最后都将开创者描绘与想象成为一个神话人物的主要原因。

然而由于科学理性的主导思想，认为这些活动具有“荒诞性”、“落后性”，甚

❶ 中共中央文献研究室．建国以来重要文献选编［M］．北京：中央文献出版社，1992：287.

❷ ［美］爱德华·希尔斯．论传统［M］．付铿，吕乐译．上海：上海世纪出版社，2009：282.

❸ ［英］J·G·弗雷泽．金枝［M］．汪培基，徐玉新，张泽石译，汪培基校．北京：商务印书馆，2013：99.

至“反动性”等加以明确禁止。这实际上是国家权力在向现代性转变过程中的“除魅”。

不论从什么角度看，传统社会的意识形态与精神体系是一套充满着“魅”的系统，是建立在非理性的基础之上的，笼罩在一层“魅”的面纱之中，要实现传统向现代化的转型，首先就必须“祛魅”。用马克斯·韦伯的话说：“我们这个时代，因为它独有的理性化和理智化，最重要的是因为世界已被除魅，它的命运便是那些终极的、最高贵的价值，已从公共生活中销声匿迹，它们或者遁入神秘生活的超验领域，或者走进了个人之间直接的私人交往的友爱之中。”❶

从这个意义上理解，传统的乡村社会秩序正是一种“鬼魅秩序”，而清除这一现象就成为国家现代性的必然。

于是我们看到，乡村社会有组织的宗教活动被取消了，一些传统庆典仪式，也因为迷信落后的性质被禁止。“帮会、赌博、烟毒等长期毒害村民的旧习俗也一律取缔之列，而学习文化、参加政治活动、移风易俗等则成为村庄公共活动的主要内容。”❷

纵观这一时期的乡村建设环境改造，从实践看，国家权力通过控制其赖以存在的物质根源，而“破旧立新”和“另起炉灶”的发展过程，在乡村的现实中产生了非常明显的效果。“村中宗族，家族所拥有的土地已收归集体所有，原有的宗族、祠堂等建筑物亦多被没收或毁弃，各宗族已没有了公共财物，原有的宗祠族规、族约和祖训不为人们承认，早已失去权威和约束力。”❸

2.3.3 除魅并非没有“神灵”再现

要回答这个问题，首先得借用马克斯·韦伯的话：“……今天，唯有在最小的团体中，在个人之间，才有着一些同先知的神灵相感通的东西在极微弱地搏动，而在过去，这样的东西曾像燎原烈火一般，燃遍巨大的共同体，将他们凝聚在一起。”❹

从历史的角度分析，根据我们得到的资料，凤翔县东南约10里处，以郃姓为主的南小里村，原有占地4000m^{2}的庙宇，塑有栩栩如生的神像，后殿后稷，手持麦穗，称麦王爷；中殿姜嫄，背子保孙，称祈子圣母；前三殿周公、太公、召公，两侧钟楼、

❶ ［德］马克斯·韦伯．学术与政治［M］．冯克利译．北京：生活·读书·新知 三联书店，1998：48.

❷ 吴毅．一个村庄政治运动的历史轨迹：学习与探索［M］．北京：中国社会科学出版社，2003：2.

❸ 曾绍阳，唐晓腾．社会变迁中的农民流动［M］．江西：江西人民出版社，2004：348.

❹ ［德］马克斯·韦伯．学术与政治［M］．冯克利译．北京：生活·读书·新知 三联书店，1998：48.

鼓楼，庙前有古朴典雅的戏楼。每逢农历四月初四，这里为麦王爷赶庙会的活动经久不衰。

史料记载，周先祖帝的元妃姜嫄，为该村郃氏之女，生子后稷名弃，从小有高远志向，喜爱种植麻、菽（豆类的总称），长大后从事农耕稼穑，优选良种，适时种植，总结出一套宝贵的经验，在民间广为推广，粮食喜获丰收，深受百姓的爱戴。此事引起帝尧的重视，推荐给执政的舜为农师（相当于现在的农业部长），为发展农业作出了重大的贡献。《诗经》“生民”和《史记》“汉高祖本纪”记载，自周建国后，为祭祀始祖建立了后稷祠。到汉朝时，高祖下令郡县建立灵星祠（后稷庙），每年用牛羊祭祀。民间在春秋时期，祭祀活动很普遍。可见，南小里村建后稷庙，祭祀麦王爷的活动已有相当长的历史，当然给当地人们的生活留下了深刻的记忆。

其次，从人性的角度分析，人类有原始心理倾向的表露，有敬重神灵和道德规范的行为。所以我们看到在20世纪70年代，尽管由于中学的扩建，整个庙宇全部拆毁了，然而在20世纪80年代初期，在原址西北角由村民自发建了一座简易的姜嫄殿，虽说规模较小，但香火不断。这是因为在整个社会中最难根除的就是在乡村的社会集体记忆中最具有潜意识的民俗特征。正因为如此，高尔基曾对原始的神做过这样的论述：“在原始人的观念中，神并非是一种抽象的概念、一种幻化的东西，而是一种用某种劳动工具武装着的十分现实的任务。神是某种手艺的能手，是人们的导师和同事。”[1]因此，最初的神，许多只不过是人们学习的楷模和榜样而已。

再次，在调研中我们看到这样的一个事实，当地农民的信仰传统而执着，他们集资筹措，在2005年重新修建了一座较大规模的姜嫄殿，并重塑了神像八尊，问题是，尽管整个庙宇空间的重建由于资金问题难以完全恢复，但这并没有把人们对神灵的祭拜从内心深处抹掉（图2-23）。

总之，笔者认为，自然的进程并不是被权力意志和个人的激情所决定的。亚当·斯密在《国富论》第三卷的历史叙述提醒我们，自然具有纠正愚昧和野蛮、敦风化俗的力量，神意在每个人的心中都植入了秩序和种子。在人类的发展过程中，并没有什么灵丹妙药可以防止社会秩序的倒转，人类的本性不是生活在一个纯粹的物理空间中，而是生活在一个符号世界中。“语言、神话、艺术和宗教则是这个符号宇宙的各部分，它们是织成符号之网的不同丝线，是人类经验的交织之网。人类在思想和经验之中取得的一切进步都使这符号之网更为精巧和牢固。”[2]

---

[1] 高占祥．论庙会文化［M］．北京：文化艺术出版社，1992：60.

[2] ［德］恩斯特·卡希尔．论人是符号的动物［M］．石磊编译．北京：中国商业出版社，2016：29.

（a）关中凤翔南小里村恢复的姜嫄殿

（b）小里村祭祀麦王爷的庙宇

（c）资金来源

（d）纪念碑

图2-23 祭祀空间与村落

2.4 城镇化进程中乡村环境的空虚化（1978年以后）

“1978年以来，我国经历了一系列重大的社会观念变迁与体制转型，逐步突破计划经济体制，转向了以经济建设为中心的社会主义市场经济体制。制度变迁逐步解放了资本、劳动力和空间，也推动了城镇化的进程。随着空间商品化与市场经济改革的不断推进，地方发展也逐渐由比较简单的工业化策略，转变为更为综合性的空间整体推进策略，大量出现的开发区、地方的招商引资策略使得我国的城镇化逐渐步入资本城镇化的进程。”[1]这一时期关中地区乡村形态同样发生了很大的变化——“空虚化”。

2.4.1 乡村空虚化的概念

“主流媒体和学术界从目前的农村劳动力流动看到的是解放和发展，尤其是农村青年一代的自我追求，看不到这是无奈的出走，而背后是城市对现代化的垄断和农村的空虚化。”[2]关于“空虚化”定义，有学者认为“空虚化”就是村庄面积盲目扩大，新住宅多向外发展，村庄内部出现大面积的空闲宅基地的一种特殊结构布局的村庄。也有学者认为“空虚化”是在城市化滞后于非农化的条件下，迅速发展的村庄建设与落后的规划管理体制的矛盾所引起的村庄，外围发展而内部衰败的空间形态的分异现象。可以看出，村落“空虚化”特征是人们关注的焦点。

2.4.2 乡村空虚化的地区特征

受城镇化进程的影响，关中地区的乡村空虚化由于距离城市的远近不同，呈现出不尽相同的地区特征：郊区、近郊、远郊和沟壑区在村落空间上存在的明显差异，基本上遵循距离衰减的规律。

本书选择关中地区三个典型区位的乡村进行比较：王莽乡尹村（近郊）、灞桥区熊家湾村（远郊）、栗沟村（沟壑）、西安城郊型村落。

1）近郊型村落的空虚化

由于近郊乡村与城市空间距离较近，乡村产业结构调整使得乡村剩余劳动力不断地向城市转移。近郊乡村空虚化现象开始出现，一些具有市场经济意识的乡村主体充分利用城市带来的便利条件，积极地在本村或沿村庄主要干道两侧开展旅游农家乐或到城市务工，使其收入水平得以提高。在居住空间上有较大的选择余地，一些农户开始“定居”城市，使得原有的乡村旧宅撂荒，多数农户开始改善原有居住条件。大量农民在村外围修建新房，村庄规模扩展，使得村庄形态呈现明显的外新内旧“异构”特征，加速了村落的空虚化（图2-24）。

2）远郊型村落的空虚化

灞桥区熊家湾村和香阳村由于公路穿行，各级乡镇工业选址和村落农宅建设均依

---

[1] 武廷海等．空间共享：新马克思主义与中国城镇化［M］．北京：商务印书馆出版，2014：71.
[2] 严海蓉．虚空的农村和空虚的主体［J］．读书，2005（7）.

靠公路两侧逐渐生长，带状延伸的空间形态最为明显，原有村落的空虚和废弃地明显增多（图2-25）。

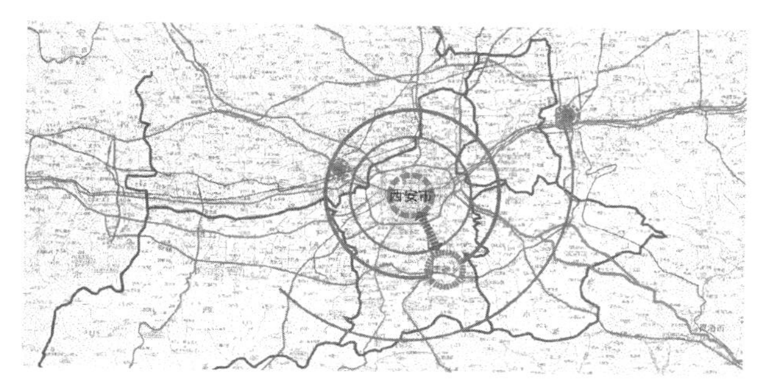

王莽乡隶属长安区，地处关中平原中部，东临蓝田县，南接宁陕、柞水县，西与户县接壤，北和雁塔、灞桥区为邻，从东、南、西三面拱卫西安。区内地势东南高、西北低，南北跨度55km，东西跨度52km。地貌多样，山、川、塬皆俱。总面积583km²。

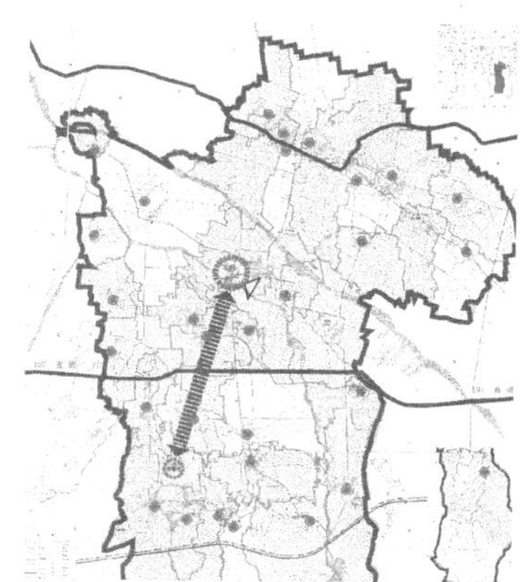

(a) 西安长安区王莽乡

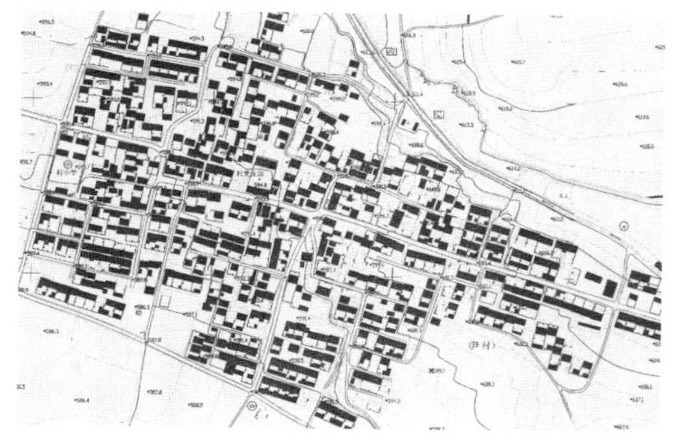

(b) 王莽乡尹村

(c) 尹村的空闲地

(d) 尹村的宅基地

(e) 尹村废弃的住宅

图2-24 近郊村落的空虚化
（资料来源：西安市规划局）

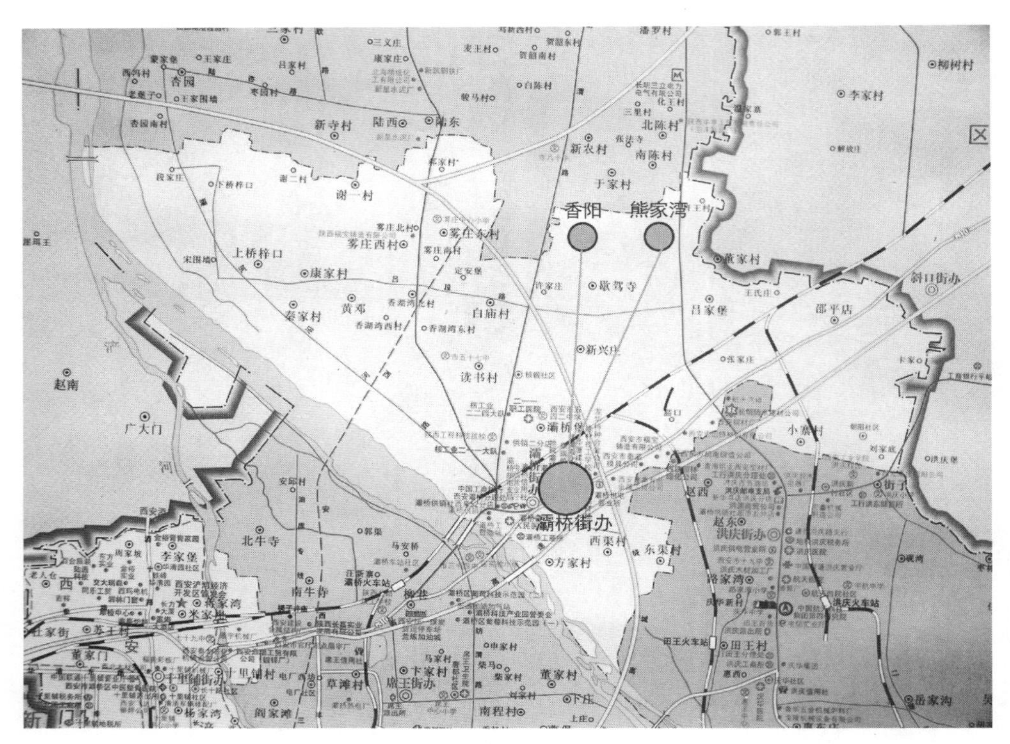

(a) 熊家湾村和香阳村与城市的关系

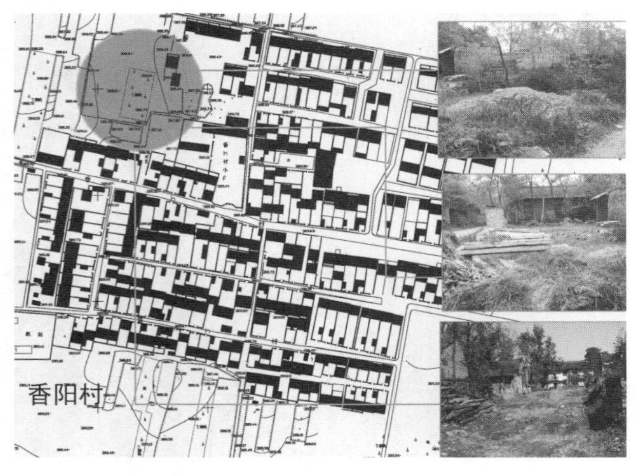

(b) 西安市灞桥区香阳村

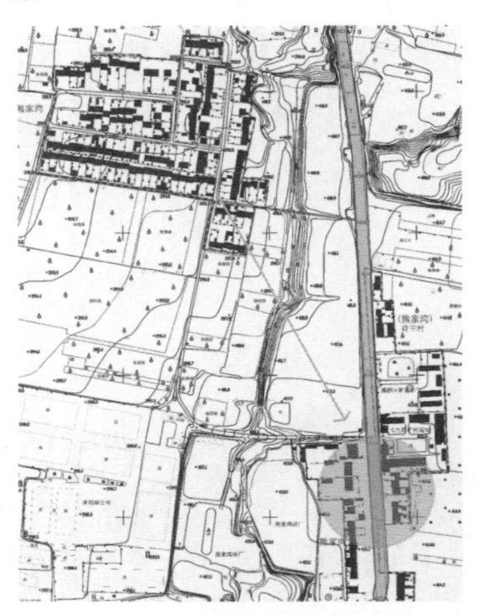

(c) 西安市灞桥区熊家湾村

图2-25　远郊村落的空虚化

（资料来源：西安市规划局）

3）沟壑型村落的空虚化

从历史的角度看，关中传统沟寨的村落，主要利用沟、岭、涧、泉的地理优势而逐步形成的。建寨本来是少数民族建房立村的习俗，汉代以后一些地方屯兵养马建寨，落户者就以“寨”或“屯”为名来建立村落。沟寨型村落的民居较分散，民间常借走亲赶会来相聚，其民舍房室因地因气候因俗制宜，建筑类型主要有瓦房和石板房，周围由石墙、树枝围成作为防护，主要避野兽以及雪灾之用。房屋厚重古朴，民风朴素。

20世纪80年代以来，由于沟寨村落大都交通不便，信息闭塞，难以接纳城市经济对其有效辐射，由此带来市场信息不灵、技术人才匮乏、生产资金短缺等境况，使得沟寨村落处于地区弱势。例如洪庆街办的栗沟村和野鸡胡村，其基础设施非常薄弱，再加上生产结构单一，主要从事农业或种植业，受自然环境影响较大，农民大多以传统农业为主。我们注意到，由于外出务工带来的收益远高于农业的单一收入，促使外出务工现象明显，造成村落庭院的闲置问题突出（图2-26）。

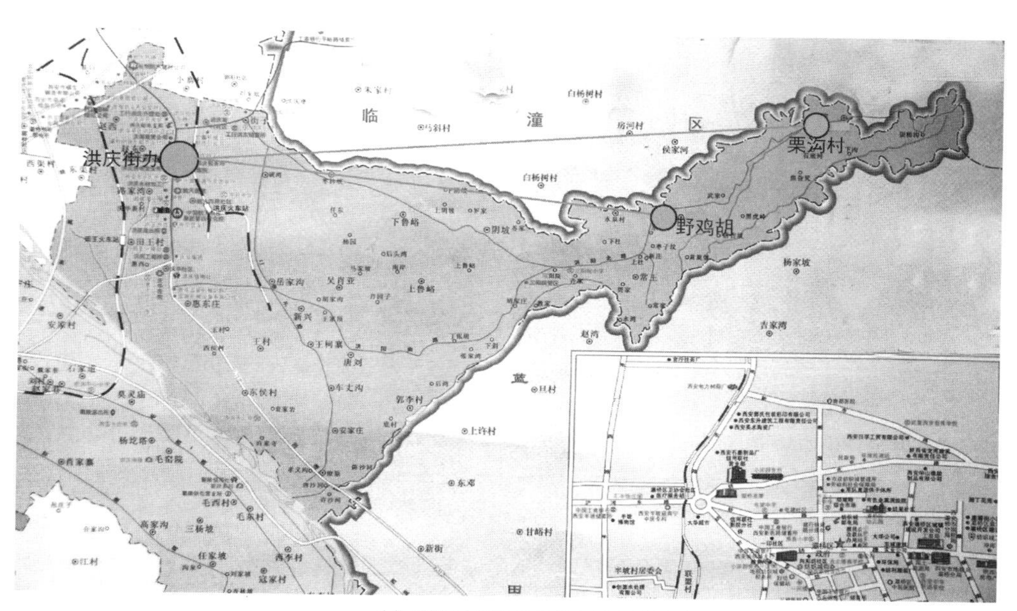

(a) 栗沟村和野鸡胡村与城市的关系

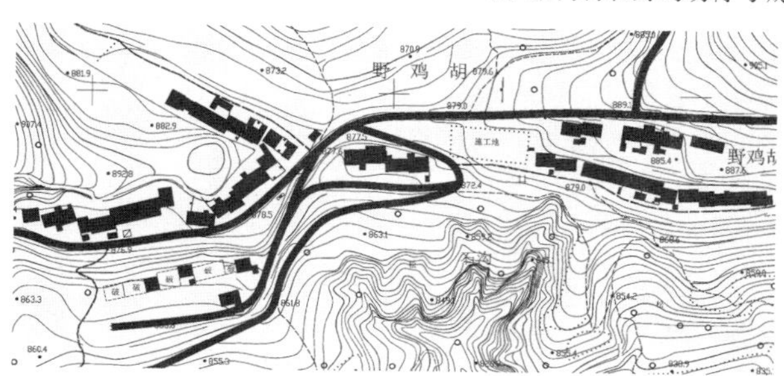

(b) 野鸡胡村散点式的房屋布局

(c) 栗沟村废弃的土坯房

图2-26 沟寨村落的空虚化
（资料来源：西安市规划局）

4）郊区型村落的建成形态

随着人口规模的不断扩张，城市在向立体化空间发展的同时也伴随着城市边缘的不断膨胀。城市不断向郊区拓展，导致人口向郊区集聚，城郊型的乡村空间发生了显著的变化。郊区原有的村落空间模式已经不能完全满足新增人口的需求，郊区乡村开始向“高密度”、“立体化”的城市居住空间类型演变。

实际上，地方政府的政策导向也是形成城郊型乡村空间分异的主要原因。1998年国务院发布文件，要建立与市场相适应住房供应制度。住房供应体系由三部分构成，为高收入群体提供商品房，实行市场价；为中低收入群体提供经济适用房，实行政府指导价；为最低收入群体提供廉租住房，由政府给予补助，并在企事业单位设立住房公积金制度。这也进一步加剧了城郊型乡村的空间异化，郊区型村落形态逐渐被高层住宅区所代替（图2-27、表2-1）。

图2-27　城郊型村落的空间异化

乡村的空间特征与城市区位的关系　　表2-1

类型	居住密度	空间分布形态	受城镇化影响强度	分异程度	空虚化程度
近郊型	中	中间型	中	中	中
远郊型	低	平面型	低	弱	高
沟壑型	散	点状、带状	闭塞	同构	萎缩
郊区型	高	立体型	高	异构	低

2.4.3　乡村空虚化的表象解读

1）乡村空间结构的松弛化

城镇化进程的发展伴随着城镇数量和规模的不断扩张，相应的城乡建设用地也有十分惊人的增长。例如，1984～1994年10间年关中地区主要城镇用地增长了3倍，城市人均用地规模也呈现扩大态势，这是和同时期农村改革先于城市改革，中小城市构成城市化主体相对应的。

从土地用途来看，小城镇范围内工业和生活用地的增长成为20世纪80年代城乡建设用地扩展的主要形式。由于乡镇企业的地区所有制的特点，其选址往往在本地区用地范围内，并因此与农民建房成为一种集合体，导致镇域建设用地的扩张始终以分散的就地建设方式进行。

进入20世纪90年代后，由于地方各级政府认识到土地集约利用、环境综合治理的重要性，城镇用地转向以相对集中的开发区的形式增长。城镇建设用地的迅速扩张使关中乡村空间结构发生了结构性的松弛，并由此带来耕地面积的锐减，在乡镇周边的区域这一趋势更加明显。

2）无“主体”的乡村环境

本书认为乡村空虚化的本质是在城镇化进程中，社会资源配置的单一性引起的。社会资源的聚集倾向城市，主流文化以城市生活为导向，加上地方政府在征地拆迁中的“权威性”、“诱惑性”和“武断性”，加速了乡村传统文化资源的枯竭和萎缩。而农民外出打工，是进一步造成了乡村无主体的根本原因。很明显，这也就是我们在乡村调研时看到的“乡村景观”（图2-28）。

(a) 文化设施废弃

(b) 宅基地撂荒

图2-28 没有“人”的村庄

3）无“器物”的乡村环境

“文化是指那一群传统器物，货品、技术、思想、习惯及价值而言的，这一概念包容着及调节着一切社会科学。”[1]人类学家马林诺斯基（Bronislaw Malinowski）认为器物

[1] 张畯，刘晓乾．黄土地的变迁——以西北边陲种田乡为例［M］．甘肃：甘肃人民出版社，2011：91.

的传播是一种文化传播，器物的传播史是文化传播史的重要方面。通过对器物身上潜隐的文化信息的解读，可以用来追索和见证历史。在这个意义上，器物是以物质形态保存下来的人类文化记忆。一般来说，人们将文化划分为器物文化、制度文化和意识文化三大类型。人类文明的肇始和器物的使用密不可分。可以肯定地说，器物文化是乡村文化的一个主要方面。

（1）关于器物的理论分析

任何现存器物中都呈现着过去的概念。关于器物的有灵论观点，人类学家爱德华·泰勒（Edward B. Jylor）在《原始文化》中有十分详细和精微的考察，他还进一步说明了乡村器物文化的重要性。他断定："日常经验的事实变为神话的最初和主要原因是万物有灵的信仰，而这种信仰达到了把自然拟人化的最高点。当个人在其周围世界的最细微的详情中看到个人生活和意志表现时，人类智慧的这种绝非偶然或非假设的活动，跟原始的智力状态是不断地联系着的。"[1]他认为惯常可见的实在物体内往往存在着看不见的无形的东西——灵魂，这是一种信仰。泰勒进一步指出"万物有灵论既构成了蒙昧人的哲学基础，同样也构成了文明民族的哲学基础。虽然乍一看它好像是宗教的最低限度的枯燥无味的定义，我们在实际上发现它是十分丰富的，因为凡是有根的地方，通常都有支脉产生。"[2]诚然，农具是劳动者智慧和农业生产发展水平的代表。农具的有用性代表着典型的乡村器物文化，农具的制造和使用，透露出一个历史时期的生活习惯与审美标准，在每一代中间，每一种器物都进一步延传了这种物品形象的体现物，因此，体现了乡村文化的处世哲学。

（2）乡村器物的特征及其有用性

事实上，在我国古代《管子·轻重乙篇》中有关器物类型有这样的描述："一农之事，必有一耜、一铫、一镰、一鎒、一椎、一铚，然后成为农。一车必有一斤、一锯、一釭、一钻 、一凿、一銶、一轲，然后成为车。"长期以来，关中地区生产中一直沿袭使用着传统的耕耘工具，如犁头、长耙、板锄、二叉镢、平铲、种楼等，都折射出了乡村生活文化的变迁史（图2-29）。

简言之，乡村器物的有用性，关键是器物背后的知识和技能的重要性，失去了器物就意味着传统的知识和技能的消失。所以有必要对关中地区常见的器物类型加以简要阐述：

石碾是关中农村20世纪70年代之前磨面的主要工具，由人力或畜力推动。电力磨

[1] ［英］爱德华·泰勒．原始文化［M］．连树声译，谢继胜等校．上海：上海文艺出版社，1992：285.

[2] ［英］爱德华·泰勒．原始文化［M］．连树声译，谢继胜等校．上海：上海文艺出版社，1992：414.

面机引入之后废弃。

风箱在手摇鼓风机和电动鼓风机引入之前是关中农村生产、生活的主要使用工具。

犁俗称犁头、地犁，是人畜合力使用的主要耕翻工具。多以坚硬的木材为原料，由犁源、铁犁、犁头构成。犁源也叫犁身，是地犁的主体，形如弯弓。

镢头用来挖掘工具，类似单头镐。农村主要用于开垦土地，形状有阔狭之分，适用于不同的田间山野之间。

（a）石碾

（b）车轮

（c）竹筐及长耙

（d）犁

（e）醋缸

（f）手工纺织机

图2-29　关中乡村器物类型

长耙是专用于平整土地，粉碎土块。木制，形如两端封口的“非”字。用两根长约2m的方木条，两端用长约50cm的方木条凿铆相连为一体，再在长木方的下侧，间隔约15cm，凿铆装上木齿或铁齿即成。

斧头就其溯源来说很早，原始人类即知拾利石为劈器。而最早之铜斧，见于商代，不仅用与武事，而且其中一些雕刻嵌镂，极为精美，以为仪仗之用。周代用斧风气不如商代。到了双锋剑出，与刀并用后，斧就更少人使用了，只作为砍迤工具，或为乐舞仪仗及斩杀之器。斧虽不作为主要兵器使用，但各代均有使斧者，尤其生活在关中地区的农民，斧头是刨地平田的主要工具。

总之，这些技术器物伴随着关中地区的农耕文化，延续了两千多年的历史，对社会文化的发展进步起到了积极的作用。例如大秦帝国农业的发展，从某种意义上来说，也是生产工具的进步，使得各地的农业发展较快，粮食的丰收，才支撑了秦国庞大的国家机器的运转。

（3）现代性对器物文化的影响

然而，随着时代的变迁，承载着农耕文化的这些农家器物正在悄无声息地被现代化的生产生活器具所取代。这一点对于当地农民甚至是不易察觉的，由于新器具的使用方便、效率高，或者时代审美眼光的变化，有条件的农民很快接受新的事物，没有条件的也得跟上技术的进步和发展。

举例来说，从关中地区近30年加工面粉工具的变迁看，从人力石磨、活畜力石磨，到小型电动磨面机，再到大型磨面机，电力机器代替了人力和畜力工具，这是一个不可逆转的趋势，也是农民乐于接受的事情。技术的力量以它不可阻挡的威力深入乡村社会，把那些落后的生产工具、笨拙的家用器物一一替换，使其一步一步退出乡村的视线、农业的现场，让这些沾染了人的“灵气”的“老物件”离开人的体温。人与器物的关系由此冷淡。

值得思考的问题是，这些器物是特定生产力条件下的产物，就当时来讲是最先进的生产工具，人们依赖这些生产工具作用于自然环境最大化地生产出能量。它们也是一定社会生活风貌中最时髦、实用的器物，它们的演进史潜隐着社会发展的密码，反映着人类在各个时期的生存状态和文明程度。

当然，这些乡村的农具和器物也是文化的直接载体，是带有时代印记的，是沉淀了乡村社区日常生活文化内涵的，是民间艺术、宗教和意识形态的构成要素，曾经在一定程度上决定着人们的思想和行为模式。正如马维·哈里斯（Mavi Harris）所言：“生活在不同世界内的人们，建造不同的蔽身之处，身着不同的服饰，执行不同的婚姻制度，敬仰不同的精灵和神，操不同的方言。”[1]

总之，对某一地方的认定和地区间的区别是在这些“细小”的事物上。而解读关中乡村的空虚化，就不能离开这些曾经或现在依然与农民日常生产生活紧密相连的工具和器物，就不能不对它的文化价值加以重新判断，因为，这些农具和器物的变迁，连同进城务工的农民，是乡村社会文化变迁的一个缩影。

4）关于乡村器物的价值判断

我们看到，当农具和器物不可逆转地退出乡村社会空间时，与这些物件有关的生活结构也正在离人们远去，此时有必要重新认识它们的价值，留下乡村的集体记忆。正如梁思成先生关于保护古建筑的意见中指出传统建筑的“修旧如旧”，我们社会也需要一种“逆时代”的力量，帮助现代和未来多保留一份记忆。当城市在保护老街、老建筑的时候，乡村也应当重视自己的乡土物质和非物质文化遗产。事实上，乡村器物有待重新认识、追溯、注释、呈现和留存。通过这些消失或即将消失的老物件的影像，在这些静静无言的农具与器物上，我们能够隐约听到历史的回音，因此，重视器物的当地性和延传性给我们提出的一个值得关注的课题。关于现代性和器物之间的联系已经被爱德华·希尔斯在《论传统》中着重指出。希尔斯提出了这样的论点：“一器物是否会得到保养，是否会成为延传之物，取决于人们是否会相信它们具有古老而美观的事物所具有的价值，从而成为这种信仰之传统的对象。这些古老事物由于其双重的不平凡而获得了神圣性。”[2]

从理论的角度分析，人们对时代的划分有时是以使用什么样的生产工具为标准的，例如，石器时代、青铜器时代、铁器时代、机器时代、电器时代等，甚至直接以工具的特性代表不同的文化，如青铜器文化。所以，工具及使用工具创造出来的物质产品是文化不可缺少的要素。生产工具决定了生产力大发展水平和相应的生产关系，包括物质关系和思想关系的总和。生产工具的变革或替换、变换导致与生产工具相应的生产关系，包括全部经济、社会、宗教和习俗等方面的解体，材料和技术的更替，也会引起相应文化体系的改变。梅特罗在“斧头革命”一文中，阐述了铁斧的使用如何在简化和便利技术活动的同时，导致了土著文明的真正解体，进而表明采用更完善的工具会导致社会组织的崩溃和群体的解体。

然而，值得思考的是，关中地区乡村器物的散失和遗弃，出现了哪些问题？因为我们的研究无非是发现问题和解决问题，而发现问题又是解决问题的前提，而有无提

---

[1] ［美］马维·哈里斯．人·文化·生境［M］．许苏明编译．山西：山西人民出版社，1989：371.

[2] ［美］爱德华·希尔斯．论传统［M］．付铿，吕乐译．上海：上海世纪出版集团，2009：79.

出质疑的眼光与能力又是发现问题的前提。所以，我继续下面的讨论。

5）儒商们[1]与所谓的“文化重建”

（1）一种质疑的保护方式

目前，舆论界所谓的“文化重建”的实践过程值得关注，因为它抽取了塑造乡村空间环境的“本色”。例如，为了抢救关中乡村环境文物，“儒商”们不惮劳苦地到乡村各地搜集文物，小到各种饰物匾牌、农具、器物，大到整栋老房的建筑材料，然后用高价收购，拆卸搬运回来，集中修建关中民居博物馆，认为这是为关中人民做了功德无量的大事，几乎没有人怀疑这是对关中文化原生态的结构性破坏。

而笔者认为，一个文化器物之所以具有传统的含义，恰恰是因为它生长在相对原生态的村落里，一个文化物件之所以具有历史意义，恰恰是在一个具有清晰历史脉络的环境孕育中，其源流和特质才能得到认定。如果单独被强行拔出其生存环境，顶多是一件博物馆意义上的单件文物。当所有“文物”被拼凑汇集起来，最终完成一个“文化重建”的工程时，“文化破坏”的程度实际上就被加深了一层，传统的部分不但得不到保护，反而像重新遭受一次破坏（图2-30）。

(a) 收集的拴马桩散布在路边

(b) 收集的拴马桩用以装饰

(c) 收集的抱鼓石据为己有

(d) 收集的樨头组装的门楼

图2-30 “分离就是破坏”

[1] 关于“儒商”，本书是指那些打着保护民间文化的旗号，在乡村搜集传统器物的“好事者”。

（2）真实性保护的理论及其原则

从本质上来说，我们认为这不叫乡村的“文化重建”，而叫“文化搬家”。正如加特梅尔·德康西（Quatremre de Quincy）所言：“艺术品和文物不能脱离环绕着它的地理的、历史的、审美的和社会的环境，分离就是破坏。”❶

芒福德同样指出这种“搬家”造成了对传统文化破坏的结果，他以巴黎乡村的壁画为例，认为在遥远村庄里的壁画被搬离原处，运往巴黎，这样做的结果是：“势必使原来放壁画的地方留下了一个空缺，同时使当地居民失去了一件具有当地社会价值和经济价值的珍品，而对巴黎说来，却不能提供这幅壁画原来位置的真实情况。”❷

回到希尔斯的《论传统》，他认为：“如果没有知识和技能的传统，磨损和毁坏的器物就不可能有后一种器物来替补。当人们不再需要某些制造物，或对他们的需求量大幅度减少时，制造和使用它们的有关知识也就因此失传了。”❸这也提醒我们，“儒商”们在民间搜集的不应该是耕犁、磨石、二轮运货马车、石础、拴马桩……而是对它们背后的知识和技能的整理、挖掘和出版，否则，这些物质器物只是一堆死物而已。

我们也应当看到在《威尼斯宪章》❹第七条中明确的宗旨，古迹不能与其所见证的历史和其产生的环境分离。除非出于保护古迹之需要，或因国家或国际之极为重要利益而证明有其必要，否则不得全部或局部搬迁该古迹。

显然，我们的问题是传统文化不只是属于过去，它可以不断地近代化，并与现代相契合。我们批判性地分析乡村空虚化以及所造成的器物类型的遗弃和分离，强调爱德华·泰勒“万物有灵论”的理论，以及器物的原地性，不是不要发展、不要建设、不是要回到“古代”。实际上，建设本身没有错，更不是乡村建设基本原则的失败，而是开发思想的失败。

我们质疑当前关中地区所谓的乡村“文化重建”，不应是对传统物件的“展览性的保护”，而是要对乡村的传统整体环境怀有一种“软心肠”。即在当代城镇化的发展进程中，善待这些传统的农耕文明遗物，乃至让这些器物原地“再生”和“延续”，并构成现代乡村整体文化空间的一部分。

综上所述，没有“万物存在”，谈何乡村文化，没有“万物有灵”的心灵感应，乡村建设只能是一种无家可归的状态，而所谓的“乡愁”、“牵挂”、“良知”等皆无任何

---

❶ 陶立璠，樱井龙彦．非物质文化遗产学论集［M］．北京：学苑出版社，2006：17.

❷ ［美］刘易斯·芒福德．城市发展史［M］．宋俊岭，倪文彦译．北京：中国工业出版社，2013：575.

❸ ［美］爱德华·希尔斯．论传统［M］．付铿，吕乐译．北京：上海：上海世纪出版社，2009：88.

❹ 《国际古迹保护与修复宪章》简称《威尼斯宪章》。1965年5月第二届历史古迹建筑师及技法国际会议拟定于威尼斯，主要内容包括定义、宗旨、修复、发掘和出版等内容。

意义。

2.4.4 乡村空虚化的原因分析

1）宅基地划拨的随意性

关中地区乡村宅基地权利在土地征用时得不到保障是乡村空虚化的内部原因。主要表现在以下四个方面：第一，宅基地审批不够严格和完善，在一定程度上助长了村里先富起来的村民建房的积极性和随意性；第二，农宅建设管理不力，乡村整体规划建设的意识不强，宅基地划定随意性较高，随着乡村公路的开通，公路沿线新建房屋明显多了起来；第三，农宅建房制度不健全，建筑新房者不愿意拆除或改造旧宅，使位于村落中心的旧宅被废弃；即使是仍在使用中的传统房屋，也大多数是给老年人居住，终将因为老人的离世而成为“废宅”；第四，对迁出户的原有房屋缺乏相应的制度限定，例如，“城里一套房，乡下一院墙”，这在关中地区乡村较为普遍，而且乡村人口的迁移，进一步加剧了空虚化的程度。

2）关中地区乡村人口迁移的理论分析

就目前关于引起和影响乡村人口迁移的原因来看，主要有以下几个方面：一是原居住地的因素，二是迁入地因素，三是中间障碍因素，四是迁移者个人的因素。人口的流动大多是这些因素共同作用的结果。英国学者李（Everentts Lee）提出了系统的“推拉”理论。李将推力因素（push factors，包括社会的、经济的、自然的等等）视为促使移民离开原住地的负因素，将拉力因素（pull factors，包括社会的、经济的、自然的等等）视为吸引要求改善生活的移民迁入新居民地的正因素，并认为人口迁移行为是这些因素共同作用的结果。

随着人均国民收入水平的提高，劳动力首先由第一产业向第二产业转移。当人均国民收入水平进一步提高时，劳动力便向第三产业转移。劳动力在产业间的分布状况是，第一产业将减少，第二、第三产业将增加，实际上也是城镇化过程中农村人口减少，城市人口逐渐增加的过程。

由此可见，农村空心化是城乡系统间要素流动及乡村系统要素结构演变的综合反映，如果把收入、投资、非农就业等看作离心力，把乡土观念、邻里关系等作为向心力，那么在空虚化形成初期，城市对乡村系统具有的拉力与乡村系统的自我推动力构成了乡村系统的离心力，远大于乡村系统拉力与城市系统推力所构成的向心力。

在空虚化成长期，离心力保持绝对优势，乡村空心化加快发展。当某些外部约束因素对乡村系统开始产生作用时，离心力与向心力逐渐达到均衡，乡村空虚化趋于稳定时期。当制度约束与规划引领作用得以发挥时，乡村系统的向心力超过离心力，促使乡村空虚化进入“衰退期”，甚至转向“实心化”状态。

如图所示，y=f（x），当f∧（x）>0时，这一时期空虚化率为正，空虚化处于成长期、兴盛期；当f∧（x）=0时，这一时期空虚化速率为零，空虚化发展处于稳定时期；当f∧（x）<0时，这一时期空虚化速率为负，空虚化进入衰退期（图2-31）。

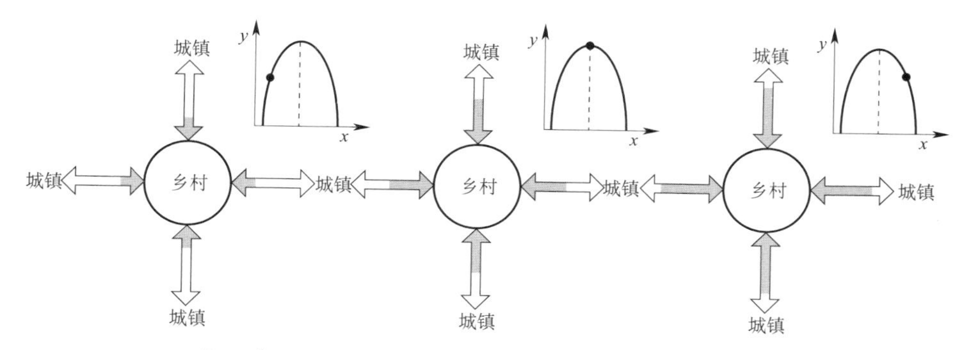

注：y代表乡村空虚化发展态势，x代表离心力与向心力的关系

图2-31　关中不同阶段乡村空虚化与离心力、向心力的关系

（资料来源：刘彦随.中国新农村建设地理论［M］.北京：科学出版社，2011：77.）

3）从社会学的角度解释空虚化

塞缪尔·亨廷顿分析认为，“传统社会内农民是一种恒久的保守势力，他们禁锢在现状之中。而现代化给农民在两个方面带来冲击：一方面，使农民劳动和福利的客观条件恶化；另一方面，导致农民的渴望上升。因为随着时间的推移，启蒙传到了农村，农民不仅意识到自己正在受苦，也认识到能够想办法来改变自己的苦境，他觉得自己的命运是能够得到改善的。”[1]这种改善的一般思路就是人们从乡村来到城市，脱离他们生存的根基，从传统的血缘关系、地缘关系转移到陌生人之间的相互作用。由此可见，从传统社会向现代社会的转型，既加剧了乡村的空虚化，也提高了农民摆脱乡村，成为城市人的欲望。亨廷顿的这些论述以20世纪70年代的观察为基础，已经关注到农民与城镇化的时空问题，给我们解释当下农村的空虚化以重要启示。

同样地，米格代尔（Joel Migdal）分析指出：“在传统社会向现代社会转型的过程中，农民更倾向于沿袭旧有的传统而不是选择拥抱新的开放社会。因为在农民的眼里，存在着两个世界：一个是外部世界，一个是相对封闭的农村内部社会。对于农民来说，外部的开放世界充满着极大的风险，非常不安全。在那里存在着贪官的腐败与掠夺，存在着奸商的狡诈与盘剥，每当农民与外部的开放世界发生联系，这种事情就会反复发生。种种经验告诉农民，只有躲开外部社会才能获得安全，农民便一步步边缘化，

[1] ［美］塞缪尔·亨廷顿.变化社会中的政治秩序［M］.王冠华，刘为等译.上海：上海世纪出版社，2008：244-245.

以躲避不能预测的不知哪天便会突如其来的种种危险。因为外部社会奉行一种对农民不公平的制度，而旧制度对农民则提供了更多的保护。因此，农民的'保守'、农民的边缘化不过是农民自我保护心态的一种外部表现。"[1]米格代尔对第三世界农民的洞察同样给予我们启示，但是这种判断能否套用到当下的乡村建设中，我们则必须保持一种清醒的态度。

通过以上分析，可以看到关中地区乡村空虚化的主要原因主要包括以下几个方面：一是宅基地制度的不完善而造成的混乱建设；二是乡村人口的迁移形成的主体人口的缺失；三是农民进城，变为城市人的欲望进一步加快了村落的衰落；四是传统社会的现代转型过程中，没有综合城乡发展的平衡协调思考，而是城镇化的发展逐渐步入资本城镇化的进程。正如武廷海所说："在资本城镇化的过程中，城镇化的外在现象和内在机理都呈现出明显的时代特征，即各类中国'新城'的迅速崛起……与资本逻辑相伴生的资本过度积累引发一系列城镇化危机。"[2]

2.5 本章小结

本章对关中地区乡村环境发展进行了回顾性的阐述。首先分析了关中地区乡村环境的地理构成，重点梳理和归纳了关中地区乡村传统建筑的类型及其特点，探讨了新中国成立初期关中地区乡村的传统建筑环境改造的情况，最后是对1979年以来关中地区乡村环境的空虚化进行的表象解读和原因分析。

目前，关中地区城镇化的进程正在不断加快，面对乡村建设环境出现的一系列新的问题和困惑，本书第三章将做重点剖析和研究。

---

[1] ［美］米格代尔．农民、政治与革命［M］．李玉琪译．北京：中央编译出版社，1996：38.

[2] 武廷海，张能，徐斌．共享空间：新马克思主义与中国城镇化［M］．北京：商务印书馆，2014：89.

3 当代关中地区乡村建设环境的问题与困惑

3.1 城镇化理论及空间表象

3.1.1 城镇化相关理论

西方国家由于工业化开始相对较早，因此有关城镇化的研究也比较早。有关本书的理论研究，梳理起来，主要有以下几个方面的内容。

1）区位理论

约翰·海因里希·冯·杜能（Johann Heinrich von Thünen）提出区位理论，其代表作《孤立国同农业和国民经济的关系》是第一部关于区位理论的名著。主要内容不仅讨论了农业、林业、牧业的布局，而且考虑了工业的布局，特别是为配置城市郊区的产业、合理使用土地并使之更好地为城市服务，以及为促进城乡一体化方面提供了有价值的构思。

2）结构理论

刘易斯（W. A. Lewis）的“二元结构论”是经济发展理论中影响较大的理论，也是结构理论的渊源。刘易斯的“二元结构论”把整个经济分为传统的农业经济和现代工业部门，并假设农业劳动力无限供给。刘易斯的“二元结构理论”后经由费景汉（John C. H. Fei）、古斯塔夫·拉尼斯（Gustav Ranis）等学者发展，成为体系较为完整的农业城镇化的结构理论。费景汉和拉尼斯在《经济发展的一种理论》一文中提出，广大发展中国家在经济上存在现代部门与传统部门，传统农业部门能够为工业部门提供扩张所需的廉价劳动力和必需的劳动剩余。结构理论主要强调了农村城镇化过程中产业转移的带动作用、农民的经济理性和农村劳动力的渐进性。

3）生态学理论

生态学派的理论主要包括英国社会活动家霍华德的田园城市论和美国建筑学家伊里尔·沙里宁（Eliel Saarinen）的有机疏散论。霍华德主要强调城市和乡村的平衡问题，特别是在田园城市中关于“社会城市”（social cities）的概念，指出了一种全新的城乡结构形态的设想。芒福德对此有高度的评价，认为霍华德直觉地抓住了未来小巧化城市的可能潜在的形式。这种未来城市将把城市和乡村两者的要素统一到一个多孔的可渗透的区域综合体，它是多中心的，但是能作为一个整体运行。他在《城市发展史》第十六章郊区及其前途一节中对田园城市进行了详细阐述，并认为霍华德为更加广阔的地区内建立井然有序的城镇化提出了一个纲要。

沙里宁作为一个城市理论者，他的有机疏散理论主要体现在其出版的著名的《城市：它的发展、衰败与未来》（The City：Its Growth，Its Decay，Its Future）一书中。沙里宁认为城市与自然界的所有生物一样，都是有机的集合体。

因此，城市建设所遵循的基本原则也应该是与此相一致的，或者说，城市发展的原则是可以从自然界的生物演化中推导出来的。他得出的结论是有机秩序的原则是自然的基本规律，所以这条原则也应当作为人类建筑的基本原则。

4）人居环境理论

著名的城市学家刘易斯·芒福德从保护人居系统中的自然环境出发，提出城乡整体发展的重要性。在城与乡的关系问题上，他明确指出：“把城市与乡村和区域的关系看作是城市自己生存所不可缺少的一部分，这一点对任何较大规模的城市改善计划是极其重要的[1]……土地的扩张、工业的扩张、人口的扩张，而这些扩张的运动发展速度之快使人们对其组织和抑制十分困难，即使大家已认识到我们需要更为稳定的生命经济（life economy）……当前向郊区无计划的蔓延发展以及随之而来的大都市的拥堵和枯萎取代了区域设计和城市秩序，真是可耻。”[2]在此他进一步强调霍华德的思想，认为向郊区发展这种临时性的过渡方式不可取，而是要寻找一种城市与乡村稳定持久的结合而不是脆弱的连接。

我们注意到在《城市发展史》这部内容广博且极富哲理性的著作中，虽无只言片语论及中国，但却暗合了我国当下城镇化发展意识。

5）区域规划理论

彼得·霍尔（Peter Hall）作为地理学家和规划大师，他认为人们对后现代城市的

---

❶ ［美］刘易斯·芒福德.城市发展史［M］.宋俊岭，倪文彦译.北京：中国建筑工业出版社，2005：526.

❷ ［美］刘易斯·芒福德.城市发展史［M］.宋俊岭，倪文彦译.北京：中国建筑工业出版社，2005：536.

理解更多依赖定性和定量融合的改良状态，缺少具有深度的理论支撑。在《城市与区域规划》中提出“必须对负面性的发展（negative growth）实施控制，尤其是在城市扩展的边界地区，应基于承载人口增长的土地容量而确定一个大城市边缘的界限，进而一个可供选择的做法是保护乡村环境（countryside preserve）”。[1]

通过以上对西方城镇化理论的分析和对比，可以看出，我们现有的城镇化的概念仅仅是一种“空间生产”的模式，主要体现在城镇化的速度、规模和经济利益方面，对其结果的预见性很少关注，对未来达到的前景迷茫。

因此，我们要分析的恰恰是未来问题的结果以修正我们现行的城镇化决策。

3.1.2　城镇化空间表象

针对当前的“三农问题”，国家政策提出“建设社会主义新农村”的设想，包括国家不断增加对农村的财政支持力度，完善各种农村基本福利和保障制度，“千方百计”提高农民收入，实现城乡免费义务教育，建立城乡基本养老保险制度，基本实现全民医保等。这是出于社会公正公平以及扶持弱势群体的良好动机的规划。乡村中存在的诸多问题，都已提到日程上来，包括乡村建设、人居环境治理，乡村的“四清、四改”项目的落实等等。这些显然是很必要的，并且是有可能引发根本性的乡村环境改变的。

但是，从城镇化的表象可以看到，目前在新城建设热潮中，城市面貌日新月异，城市规模突飞猛进，“造城运动”成为社会对于“城镇化”现象的一种通俗表达。一方面是城市自身空间的扩大生产造成的对周边自然环境的破坏；另一方面，是城市向乡村“征地”过程中，在相当程度上是一个“强买强卖”的过程，城乡利益博弈最为剧烈，城乡矛盾表现最为突出。关中地区城镇化引起的空间表象主要有环境问题、社会问题、经济问题、建设问题等。

3.2　环境问题

3.2.1　渭河流域的生态恶化

由于城镇化的发展，自然环境卷入城镇化的“建设性破坏”中去，无节制的工业

[1] ［英］彼得·霍尔，马可·图德－琼斯．城市和区域规划［M］．邹德慈，李浩，陈长青译．北京：中国建筑工业出版社，2014：269.

空间生产，使城乡的生态环境遭受了不同程度的侵害。水、空气、土壤等污染严重。首当其冲的便是水污染的问题。关中地区河流众多，其中大的河流包括渭河、泾河、浐河、灞河等（表3-1）。历史上，这些河流一直与关中地区的城市营建、村落环境、文化内涵保持着和谐的"人地"关系，即"一方水土养育一方人"。

2006年关中主要河流情况 表3-1

名称	长度（km）	流域面积（km^2）	多年径流量（10^8m^3）	流经区域
渭河	553	30184	49	宝鸡、咸阳、西安、渭南
泾河	278	19712	4.27	宝鸡、咸阳、渭南
嘉陵江	113	2424	52	宝鸡
汉江	42	7048	260	宝鸡
洛河	350.5	14098	11	铜川、渭南

然而，20世纪90年代，由于城镇化的发展，渭河流域工业以及居民生活用水逐年增加，工业废水的倾倒等问题严重污染了渭河，再加上农田化肥的大量投入，农药肥料等物质直接或间接排入河道，变更了渭河水质的物理、化学或生物性质，以致影响了渭水的正常状况（表3-2）。

渭河进入关中地区水质情况列表 表3-2

渭河流经区域	化学需求量（mg/L）	氨氧含量（mg）	水质分类
天水麦积水	25	0.15	Ⅱ
宝鸡峡水库	31	0.680	Ⅴ
宝鸡高新大厦	38	0.473	Ⅴ
蔡家坡渭河	28	0.672	Ⅲ
杨凌渭河大桥	19	0.496	Ⅱ
咸阳2#桥	15	0.466	Ⅲ
潼关入黄口	28	0.766	Ⅱ

注：Ⅰ类水质：水质良好，地下水只需消毒处理，地表水经简易净化处理（如过滤）、消毒后即可供生活饮用；Ⅱ类水质：水质受轻度污染，经常规净化处理，其水质即可供生活饮用；Ⅲ类水质：适用于集中式生活饮用水源地二级保护区、一般鱼类保护区及游泳区；Ⅳ类水质：适用于一般工业保护区及人体非直接接触的娱乐用水区；Ⅴ类水质：适用于农业用水区及一般景观要求用水。

进入21世纪的今天，城镇化的进一步加速和扩张，明显存在着城市空间大规模生产与自然资源短缺并存的现象。渭河再也无法承载，几乎丧失了作为一条河流的大部分功能。地方政府在渭河上游河流建设了小型水电站，对渭河层层拦截，从甘肃天水牛辈村到宝鸡峡，在30km的水路上修建了三个小型水电站，最终在关中地区建设第一大水电站——宝鸡峡塬上总干渠的魏家堡水电站。

由于渭河上游水的拦截过量，造成渭河流域关中地区宝鸡段下游长期没水和河床枯竭的尴尬局面。这些小型水电站正常运作时截水发电，洪水期又开闸泄洪，大量的泥沙冲击下游渭河平原，更加剧了下游生态的严重破坏。排沙又造成河道的淤积，形成恶性循环。另外，沿渭河流域市、县、乡镇等城市空间的扩张，工业布局、工厂建设无序且规模小、效益差、污染严重。特别是氮肥厂的生产，水气、灰尘的排放等加剧了渭河的污染，渭河两岸土地被工业污染造成下游农民的饮水十分困难。

必须指出的是，随着渭河沿线城市建设景观的要求，渭河流域各城镇“拦水造景”各自为政。例如，宝鸡除了宝鸡峡水利工程外，结合宝鸡市城市规划的要求，在城市景观的打造上修建了泾渭湖，咸阳市建成了咸阳湖，西安修建了浐灞湖，一条完整的自然生态的河流被城市的扩张分割为如此的“人工湖泊”。

面对当前城镇化进程，渭河的环境污染、干涸以及两边植被的破坏，农田灌溉困难，农民生活饮水问题等，城乡的可持续发展不得不引起我们的深思！另外，关中地区秦岭北麓由于关中环线的建成，沿线各县、乡、镇乃至村庄将进入快速建设，秦岭北麓的生态环境同样面临着冲击。

3.2.2　自然生态环境的破坏

本书以周至辖区内秦岭北麓为例，该地区面积2608km^2，包括了洪积扇平原、台塬、低山、中山、高山等不同地貌，涉及乡镇12个（图3-1），除厚畛子镇处于海拔较高的中山区外，其余11个镇均在海拔高度1500m以下的三类地区，分布于平原区、台塬区、低山区。周至县秦岭北部乡镇人口规模大多在0.3万～5万之间，对各规模等级乡镇在不同地貌区的分布进行分析，可以看出乡镇规模因地貌区的不同而有明显差异，人口规模3万人以上的5个乡镇全部分布在洪积扇平原区，其中人口规模最大达到5万以上；0.5万～3万人口规模的3个乡全部分布在台塬区；而分布在秦岭中低山区的乡镇人口规模全部在0.5万人以下。

从地貌变化看，乡镇规模沿秦岭中山区、低山区、台塬区、平原区总体呈逐渐增大趋势。

从人口密度来看，人口密度最大的乡镇位于平原区，而秦岭低山区人口密度远远低于平原区和台塬区。这种以自然环境为主的乡镇、村落形态由于城镇化的发展，也在发生着明显的变化。

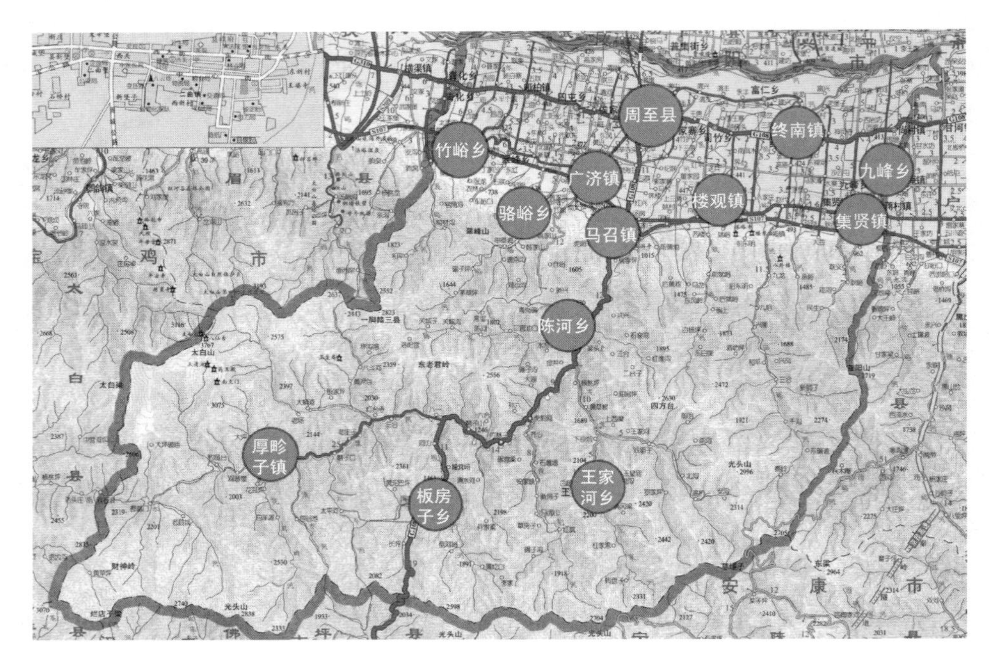

图3-1　周至县秦岭北麓生态分区及乡镇分布

（资料来源：西安市规划局）

1）乡村发展对生态环境的侵蚀

由于秦岭北麓洪积扇平原地区人口相对密集，经济发展较快，乡村建设空间扩展使耕地面积减少，植被受到破坏。一些村、镇的建设向南发展已经建在25°起坡区内。位于山区的村镇向河谷两侧扩展建设造成了对山体、河道生态环境的破坏。地方政府引导将山区的一些分散村落外迁至平原区时，在具体安置方面存在“重安置、轻发展”的思路。例如，在乡镇周边另辟新地安置，不仅占用耕地资源，也使原有乡镇空间形态不完整，特别是农民的经济来源得不到保障，大量的、随意的农家乐便呈现在秦岭北麓的关中环形一线。

2）“农家乐”的兴起对生态环境的干扰

目前，市区人口假日休闲需求增长迅速，带动了秦岭北麓旅游业发展，出现了大量“农家乐”旅游餐饮服务项目。农家乐多沿关中环线两侧带状化发展，很多农户离开原来的村镇住所，在公路旁另辟新地兴建农家乐。由于基础设施不完善及缺乏规范化管理，生活垃圾随意丢弃，生活污水直接排入河道，或顺着环山路两侧的排水沟排入河流，对周边景观和环境造成负面影响。大量外来人口和车辆的进入，也给区域生态环境带来一定压力。

3）房地产开发中的教训

部分村镇周边房地产开发兴盛，占用大量耕地。虽然近年来地方政府发布了关于制止违法建设、控制秦岭北麓房地产开发的相关规定，但仍存在很多违法乱建的行为，对于秦岭北麓生态环境破坏明显。由于缺乏对该区域空间内乡、镇、村建设的整体规划引导，乡镇建设盲目扩展，不合理的土地利用与开发，干扰、破坏秦岭北麓的自然生态，造成了水土资源的流失和生态系统的破坏，制约了村镇的可持续发展。

如果我们把秦岭北麓的自然山水、农田景观、自然房舍等作为天然图画的“图底”（figure-ground）的话，那么，随着城镇化的推进，亟须重视城与乡的图底关系。否则，其将直接影响秦岭北麓地区乃至整个关中地区的生态安全。

3.3 社会问题

3.3.1 乡村人口的流动

在城镇化的推进中，特别是从20世纪80年代开始，随着关中农村产业结构的变化，关中地区乡村劳动力就业结构发生了显著的变化，从事农、林、牧、渔业的劳动力比重逐年稳步下降，从事其他事业的劳动力比重上升。截至2004年，关中地区只有68.92%的农村劳动力从事第一产业，比1990年下降了12.32个百分点。农村第二、三产业成为劳动力的重要渠道（表3-3）。

随着西部大开发战略的深化，关中地区城镇群的发展进一步促进了地区城镇化的过程。一方面，各地乡镇工业进入结构调整阶段，对农村剩余劳动力的总体吸纳能力已日趋下降，以撤乡建镇为主要特征的城镇数量型扩张也趋于饱和；另一方面，西安国际化大都市兴起，其经济和规模开始扩张，对乡村人口产生极大的吸引力。两方面因素的综合作用，导致乡村人口的地域性流动性增加，表现在跨镇迁移进一步增大。根据资料分析，关中陇海线由于城镇和工业的发展而成为人口移动的迁入地，使得这一线形区域城镇[1]人口密度有所提高。

---

[1] 宝鸡市沿陇海线分布的乡镇包括：晁峪乡、高家镇、硖石乡、石鼓镇、陈仓镇、马家镇、千进镇，咸阳市沿陇海线乡镇包括：汤坊乡、庄头镇、普寨乡、渭渡镇；渭南市沿陇海线乡镇包括：赤水镇、华州镇、柳枝镇、敷水镇、高桥乡、秦东镇。

1990～2004年关中地区乡村劳动力情况 **表3-3**

年份	农村劳动力	农林牧渔业		工业		建筑业		运输业		商饮业	
		劳动力（万人）	比重（%）	劳动力	比重（%）	劳动力（万人）	比重（%）	劳动力（万人）	比重（%）	劳动力（万人）	比重（%）
1990	714.39	580.17	81.21	40.01	5.60	30.26	4.24	15.60	2.18	13.31	1.86
1991	743.68	598.15	80.43	45.40	6.10	31.51	4.24	16.51	2.22	13.20	1.77
1992	758.92	606.96	79.98	44.76	5.90	34.66	4.57	17.08	2.25	15.03	1.98
1993	769.96	611.96	79.48	43.90	5.70	38.94	5.06	19.20	2.49	18.34	2.38
1994	782.38	611.71	78.19	46.95	6.00	43.65	5.58	20.70	2.65	19.99	2.56
1996	801.43	615.15	76.76	48.90	6.10	47.60	5.94	21.77	2.72	23.20	2.89
1997	812.54	619.39	76.23	48.74	6.00	49.03	6.03	23.44	2.88	24.79	3.05
1998	820.55	619.65	75.52	47.27	5.76	52.59	6.41	23.96	2.92	26.16	3.19
1999	831.59	622.13	74.81	48.68	5.85	54.68	6.58	24.18	2.91	28.81	3.46
2000	816.33	603.07	73.88	46.36	5.68	55.08	6.75	24.88	3.05	30.98	3.80
2001	812.96	596.29	73.35	46.31	5.70	56.92	7.00	25.16	3.09	30.88	3.80
2002	824.51	598.53	72.59	46.39	5.63	59.99	7.28	25.33	3.07	31.61	3.83
2003	844.54	604.48	71.58	47.15	5.58	63.25	7.49	26.96	3.19	31.06	3.68
2004	853.00	587.86	68.92	51.49	6.04	64.98	7.62	26.14	3.06	41.31	4.84

（资料来源：1991～2005年陕西省统计年鉴）

可以西安市为例进一步说明人口迁移的趋势：1964年西安市区人口为162.84万人，郊地县总人口为222.48万人；1982年市区人口增长至219.66万人，郊区六县总人口为308.15万人；1986年初人口为264.9万人，其中非农人口为188.5万人，郊区六县总人口为320.9万人，其中非农人口28.5万人。研究表明，20世纪90年代以来，各空间单元人口均呈增长态势，市区非农人口急剧增长，且具有波动性。2001年西安市区非人口递增率是1993年的1.52倍，城三区非农人口增长平移，郊区非农增长最快，而郊区六县非农人口增长起伏较大，主要是由于人口迁徙所致（表3-4）。

西安市各空间单元历年非农人口递增率（单位：%）　　表3-4

年份	郊区六县	市区	郊区四区	城三区
1993	0.618474	2.066209	2.146676	2.031598
1994	7.488621	2.391504	4.058527	1.673648
1995	7.316299	2.20467	3.39665	1.675731
1996	2.842778	2.056451	3.104931	1.586541
1997	2.411483	2.382611	3.948201	1.670453
1998	1.459237	6.275138	2.57098	1.1585
1999	1.383369	1.582811	3.906479	0.594066
2000	3.369235	3.367546	73000631	1.824138
2001	1.031095	2.529795	4.565625	1.634729
均值	3.102288	2.761581	3.855413	1.541045
标准差	2.443292	1.322026	1.324732	0.398798

注：郊区六县（区）指长安、临潼、蓝田、户县、周至和高陵，郊区四区指灞桥、雁塔、未央、闫良，城三区指新城、碑林和莲湖区，市区包括城三区和郊区四区。

（资料来源：2001～2006年陕西省统计年鉴）

从上表中可以看出各空间单元历年非农人口递增率。结论是：20世纪90年代以来各空间单元非农人口一直处于递增状态，递增速度最大的区域为城市边缘区和郊区，城中心的递增率趋缓，由市中心到郊县递增率年际变化率逐渐增大，其中人口迁移起到至关重要的作用。即西安市仍处于集中城市化阶段，郊区化的趋势非常明显。

通过对各郊区县城市化人口分析可知，西安市郊区县非农人口的增长空间范围较为集中，主要集中于各其城所在城镇或极少数的重要城镇。由于农业人口的迁移，改变了传统农业的生产模式，大资本的渗入导致传统农业的转型。

3.3.2　传统农业的转型

近年来关中地区由于陇海铁路的牵动和城市建设的加快，除西安外，还兴起了宝鸡、咸阳、渭南等城市和蔡家坡、潼关、华阴等一批工业城镇。在大力发展城镇基础设施的同时，中小城镇的扩张大有蔓延的趋势，势必造成周边乡、村、镇空间结构发生变化。

特别是乡村的旅游发展模式，并没有权衡周边的环境、历史资源以及各自的文化内涵，而是一味地“招商引资”，结果大片的农田“整装待发”，要么建造房屋邀约城市人体验乡村生活，要么“山花烂漫”，栽种玫瑰、梨花、郁金香来吸引游客。

花儿谢了，游客走了，房子空了，土地黄了，农民怎么办?

笔者认为，这已经脱离的正常的建设尺度，脱离了乡村发展的自然性和规律性。

以礼泉白村的村庄建设发展为例，为了吸引投资，在村庄的东部规划出大面积的开发用地，不仅浪费了耕地面积，而且由于新建的所谓休闲别墅区常年空置，造成村庄空间异化的景象（图3-2）。

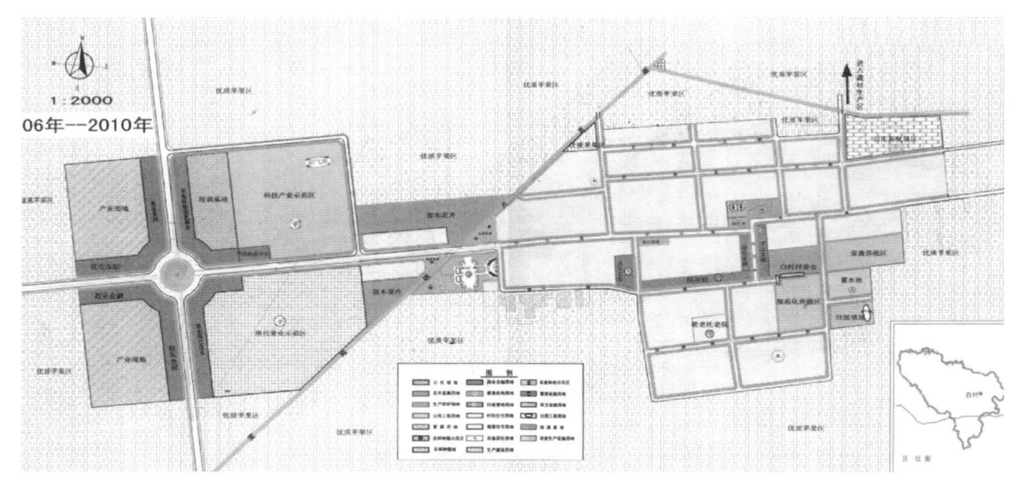

(a) 礼泉白村总平面图

(b) 白村的农家乐

(c) 白村的大广场

图3-2　礼泉白村传统农业转型

同样地，我们还注意到，由于农业产业化的需要，大面积的农田被开发利用，村庄的征地建设更为严重，特别是关中环线秦岭北麓一带征地建造的所谓的农业旅游观光示范园、赵公明财神庙、曲江楼观台景区、游乐场地以及连片的农家乐等，大规模的仿古建筑、建设开发和娱乐场地，产生出同样的、标准化的、失去自然属性的人为环境。这样没有区域规划的郊区化发展，必然意味着耗费更多的时间、土地和资源，产生更多的污染。

以上表明，这种用企业化大生产、大资本淘汰家庭式小生产的思路，我们必须谨慎对待，因为这面临的首要问题便是农民的“失家”、“失地”和“失业”。北京大学潘维教授曾经非常尖锐地指出，让资本下乡，集中土地，并号称这是代表农民的愿望和农业的方向。但这只是菲律宾道路，是印度道路，是拉美道路，是资本之上的主义（图3-3）。

图3-3 资本下乡与乡村建设

（资料来源：程雪阳．重新理解“城市的土地属于国家所有”［N］．南方周末，2013-7-18：E31.）

同样地，三农问题专家中国人民大学农业与农村发展学院温铁军教授指出：“中国本属于典型的东亚小农经济，却生搬硬套欧美的公司化服务体系。越照搬，农业成本越高，三农问题越严重。”❶他进一步指出：“没有看到世界上哪个发达国家的现代化农业是成功的；没有看到哪个发展中国家的城市化是成功的；城市化未必就是人类所必需追求的方向，所以现在欧美发达国家出现了逆城市化发展趋势。”❷

❶ 张晓山，赵江涛，钱良举．全球化与新农村建设［M］．北京：社会科学文献出版社，2007：321.

❷ 张晓山，赵江涛，钱良举．全球化与新农村建设［M］．北京：社会科学文献出版社，2007：321-322.

3.4 经济问题

3.4.1 基础设施建设薄弱

乡村宅基地使用权保障性的提高，明显地刺激了农民建房投资的增长，这一点已经为1978年以后的乡村建设所证实。1957～1977年的20年间，全国乡村建房总量为15亿m²；1978、1979两年，全国乡村建房约4亿m²；1980年一年农村建房超过5亿m²；1981年超过6亿m²，此后稳定在每年5亿m²左右。

在此期间，乡村人均住宅建筑面积不断得到提高，农房建设投资也不断增长。但是，对宅基地集体所有权的保障并没有使其与宅基地使用权相应地提高，因而乡村基础设施投入不足。随着乡村建设投资的快速增长，进一步显示出基础公用设施投资的不足（图3-4）。

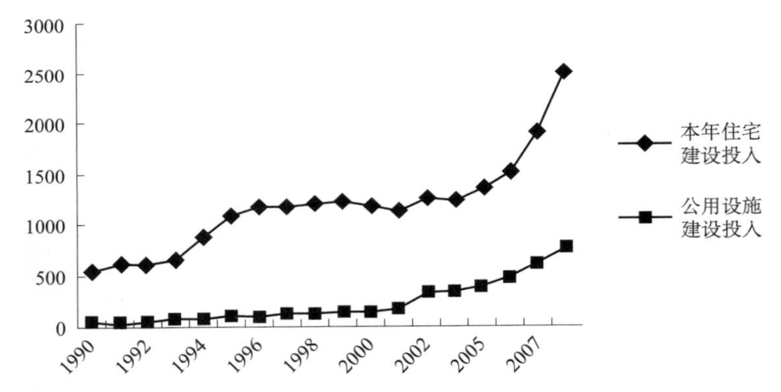

图3-4 农村住宅建设投资与基础公用设施建设投入比较（单位：亿元）
（数据来源：住房和城乡建设部计划财务与外事司.中国城乡建设统计年鉴2008年［M］.中国计划出版社，2009.）

理论上乡村基础设施建设属集体经济组织事业，但是地方政府的建设投资未能形成有效的融资机制，启动和补贴资金不落实，各级财政投资严重不足。

作者在关中地区对43个乡村的调查中得知：仅有40%的乡村与周围乡村之间通有水泥路，有65%的村落不通公共汽车，42%的乡村没有自来水，95%的乡村没有垃圾站场。同时，72%的乡村没有技术员，80%的村庄没有幼儿园，95%的乡村没有图书馆，村庄的公共服务设施可以用脏、乱、差来描述（图3-5）。

显然，造成乡村基础设施投资不足的主要原因，一是资金投入不够，二是制度失衡。乡村宅基地历史地形成集体所有、农户私有使用的所有权与使用权分离的制度。但不同于承包地受农房的私有属性影响，宅基地使用权私有性更强。这种长期使用权实际上与所有权在确保地权保障度的效果是一致的，因而农民本身是愿意投资投劳修筑村内道路等基础公用设施的，但集体缺乏为私人使用的宅基地配套基础公用设施的激励政策。

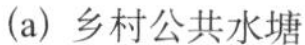

(a) 乡村公共水塘

(b) 乡村公共道路

(c) 乡村文化娱乐设施

(d) 文化娱乐设施

图3-5 关中地区乡村基础设施现状

3.4.2 文化设施投入不足

另外，根据《2005年度零点中国服务公众评价指数报告》的调查："公共图书馆在农村的普及率仅为5.9%，90.3%的农村居民表示当地没有任何可借阅览图书或音像的公共图书馆。"[1]高海建在"西部地区农村受众媒介接触行为调查——以陕西关中为例"研究指出，关中地区农民获得信息主要依靠电视，而从广播和报纸获得信息的影响力在加速萎缩。造成这种状况的一个重要原因是20世纪80年代以后，电视作为传媒进入乡村，拥有了电视机的农民在传统的休闲方式中增加了收看电视节目的活动，日渐成为乡村最广泛、最经常化接触的一种传播媒介，这种媒介也因此成为乡村中最普遍的一

[1] 秦颖．中国公共服务：欢笑之外的五种苦笑［J］．市场研究，2006（5）．

种休闲方式，逐步代替了传统意义上的文化习俗活动。可以看出，由于文化设施投入的单一，造成村民休闲活动的“简单化”和“顺从化”。更进一步地分析，本书认为就是城市“大文化”对乡村“小文化”的“侵蚀”和“磨损”，最后的结局将是乡村社会文化的影响力消失殆尽（表3-5）。

关中地区农村受众接触媒介平均时间（分钟） **表3-5**

频率	媒介		
	报纸（%）	广播（%）	电视（%）
从不看（听）	54.1	37.5	0.5
很少看（听）	20.2	24.9	3.1
有时看（听）	14.2	20.5	5.8
经常看（听）	6.4	10.8	19.9
几乎每天看（听）	5.1	6.3	70.7

（数据来源：高海建. 西部地区农村受众媒介接触行为调查——以陕西关中地区为例［J］. 今传媒，2009（6））

以上从较为宏观的角度阐述了关中地区乡村建设的问题和困惑，下面从微观的角度进一步分析城镇化进程中关中地区乡村发展的建设问题。

3.5 建设问题

3.5.1 农民自建房的模仿性

模仿固然是人的天性，但是模仿未必解决一切实质问题。

就关中地区村庄新建房屋而言，依托城镇建设的新村，“攀龙附凤”风气严重，由于城镇建设和地方企业发展带动了乡村建设，传统的庭院养殖正趋于没落。反映在农宅形态上就是鸡圈、猪圈、羊舍等附属建筑正逐步消失，住宅向“单一居住功能”发展。而且随着楼房标准的提高，早期的厨、厕单独布局在户外的方式也逐渐转向入户配套设置，住宅形态趋向整齐划一。我们调研发现大多数农宅建设没有图纸，即使政府规划部门提供了图例引导和政策支持，但是建筑类型简化的图例并没有真实地反映出农民日常生活的情境，反而导致了整个村落建设的表象化、符号化，导致乡村建设的千篇一律和无差别性。如果从村落形态的角度思考，这种自上而下的行为实际上削弱了传统村落的美学价值。

3.5.2 规划设计的“去村化”

众所周知，传统的乡村营建过程具有自筹资金、自行建设、自我管理、自我拥有、自家使用的特点。在漫长的历史作用下，这些传统村落演化成一个个极其复杂的“生命”系统，在外表“随意”、“无序”的意象下，内部却隐藏着高度的秩序感与社会性。特别是人与人之间通过宗教信仰、家庭与宗族结构、社会组织、生活方式、民俗信仰等各种纽带被紧密地联系在一起，构成一幅具有活力的生活场景，充分体现了传统村落的社会文化影响力。诚如阿摩斯·拉普卜特所言：“农人在建宅的时候，不做作，不矫饰，不虚荣。他们会直接地表达生活方式，坦诚地回应气候和技术的问题，巧妙地依循模型修正的建造方式，谦卑地处置人与自然以及地景之间的关系。尤其是最后一方面，影响到宅形与地形的协调，以及场所的确立，并反过来影响到建成形式本身。”[1]

1）乡村的现代化

然而，目前关中地区的乡村建设可以分为两类：其一是政府主导的社会主义新农村建设，基本模式是迁村并点、旅游开发以及异地重建等实际上具有“去村化”特征，使乡村建设失去了精神层面的价值。例如，长安区的关中古镇（图3-6）、咸阳的袁家村等（图3-7），以及在经济实力雄厚的乡村的新农村规划（图3-8）。其二是上文谈到的农民的自建房，主要以模仿建设为主。

图3-6 乡村符号化

图3-7 乡村旅游

[1] ［美］阿摩斯·拉普卜特．宅形与文化［M］．常青等译．北京：中国建筑工业出版社，2012：76.

图3-8 乡村的“去村化”

我们应当关注，这种统一规划实施的乡村模式，虽然解决了农民自建式房屋的某些弊端，但同时在功能结构、形式造型、传统文化、经济节能、可持续发展等方面产生了以下问题。

（1）功能不完善。从建筑功能角度分析，统一规划使得功能结构都未能满足使用者的要求，产生人与土地的割裂，居住与生产过程的割裂现象。

（2）造型简单化。从造型分析，统一规划的建筑多追求形式统一和符号的简单再现，造成千村一律的规划布局，有些新村的规划建设有着明显仿古痕迹，且施工粗制滥造，文化饰品的装饰并没有真正理解传统地区文化符号的含义，牵强附会，生搬硬套。

（3）熟人社会的解体。从传统文化的角度来看，统一标准化建设使得传统空间布局缺失，文化元素消逝。例如，传统村落中的以祠堂寺庙、社火空间、村落水系等为中心的公共空间或建筑的天井、院落等传统交往空间在统一规划设计下都部分缺失，传统家庭邻里空间结构被新规划格局重新分配，原有的“熟人社会”的网络空间消失，传统的习俗观念、社会空间结构等社会性因素不能得到很好的延续。这些均造成了农民的归属性减弱、民间村落空间的消逝等。

（4）尺度感缺乏。在营建新村公共空间建设时出现了较多的区位向心力弱、空间围合感差、农民不愿介入的消极空间。究其原因，作者认为在乡村规划的尺度扩大化的同时，以城市公共空间规划建设的惯用方式应用于乡村公共空间的重整和营建，使得这类乡村规划的道路宽度、文化广场、村委会门前广场等功能划分单一，缺乏主体性的参与，忽略了传统空间的尺度和亲和力。

2）乡村未来的联想

很显然，新农村规划建设中，设计人员过分依赖城市规划的理论，并没有真正了解农民所想，没有真正认识农民的急迫要求。农民不是作为主动者去积极提高乡村生活质量，而是被动适应市场经济的需求。

造成这一现象的原因，第一是政府主导的规划是一种政策项目，是一种自上而下的物质空间的生产，是一种“现代化”的发展，并非乡村真实问题的解决方案，再加上农民普遍文化教育水平较低、观念保守，往往被动地接受乡村规划的观点。第二是规划设计师一方面运用方格网的道路形式破坏了亲切的尺度以及与土地的关系。新的乡村视觉元素不再如传统村落那样，传达个体与组群以及组群与土地的关系，而且新的模式也使得社会结构松散，给个体的生活和劳作带来不便，群体间的紧密联系遭到了破坏，在传统的村落结构中逐级划分的有序空间萎缩了，简化为道路和院落两级空间模式。另一方面将现代建筑的理念应用于乡村，并没有理解乡村传统环境的意义和地区传统建筑的营建特征，所有对新材料和形式的重视，不是为了对农民舒适生活水平的提高等，而是对“现代化”这层意义的一些宣告。

从本质上来看，乡村虽然失去了客观存在的价值，但是我们认为乡村的人类学价值继续存在着。

目前的新农村建设仅仅属于“联想”的范畴。

3.5.3　建筑环境脱离场所性

实际上，在传统建筑中，营建活动非常谨慎地考虑了各自的功能，而这些功能由不同的建筑类型来满足。所以，这些构成了生命形式的存在意义，总是和适当的经过文化组织的环境和谐共生。然而，在我们关注当下的乡村建设、房屋建造及村落的环境整治方面时情况并不乐观。

1）外立面白瓷片的滥用

众所周知，关中地区传统建筑环境体现的是地方材料的运用和营建过程的真实性，而非使用空间本身。例如，从它的建造过程可以看出，传统建筑木构结构的支撑体系并未被饰面所包裹：抬梁式就是在屋基上立柱，柱上架梁，梁上放短柱，其上再放梁，梁的两端并承檩，这样层叠而上，在最上层的梁中央放脊瓜柱以承脊檩。这种土木结构的建筑，墙壁中的柱或屋顶下的大梁小椽，并不藏匿起来，而是真实地表露自己。在“墙倒屋不塌”的俗语中，一方面概括了传统建筑这种框架结构的最重要的特征，另一方面它的材质表达同样忠实地存在于人们的感官中和视觉中。正如阿摩斯·拉普卜特指出的，“建筑物和聚落是对于生活和现实世界轻重缓急的视觉表达。小到一屋、一宅，大到一村、一镇，都体现了特定社会共有的目标和生活价值观念。”传统的建筑形式，“很少体现个体的欲求，而是整个群落对于理想环境的目标和追求。”[1]

同时，由于大量自发性建设的村落以当地材料作为建材，在色彩方面取得了与环

[1] ［美］阿摩斯·拉普卜特．宅形与文化［M］．常青等译．北京：中国建筑工业出版社，2012：46.

境和谐搭配的关系。因此，这些特征构成了传统建筑真正的环境主体，建筑设计不仅是空间的构成，更是触觉和视觉的体验，而设计师的任务就是要创造一个有着地方性的、有意义特征的场所（图3-9）。

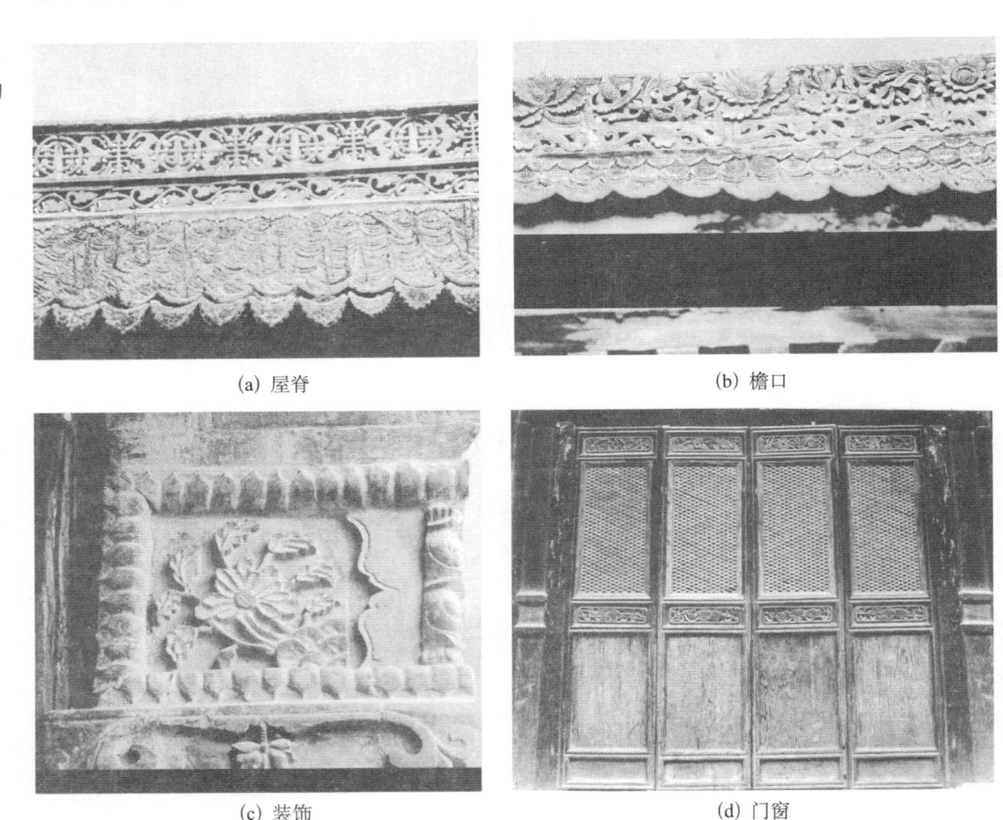

图3-9 传统建筑建造与装饰的特征

(a) 屋脊　(b) 檐口　(c) 装饰　(d) 门窗

然而，“白色瓷片”作为乡村建筑房屋面层的运用，已经包裹了建筑立面的全部——台阶、勒脚、墙身、屋面乃至屋面檐口等等。可以看出，它的使用模糊了传统建筑环境的特性。问题的关键在于通过对于具体材料和建造方式的隐匿，以一种单一并且抽象的材料——白色瓷片——达成了建筑纯粹形式的表现，通过对于地方材料表现的抑制，它更为彻底地把“功能”奉为建筑的主角，使建筑成为“功能”和“白色”的组合，成为一种抽象的表达形式。

有必要指出的是，就传统建造和现代建造而言，这一研究的意义并非在于建筑设计本身，而在于这两种建造方式各自揭示了什么，又隐匿了什么！实际上，在当代农宅的建筑设计中，这种建造与装饰的分离，表面看上去是简单饰品的去除，而更深的影响是乡村存在的意义失去了场所性（图3-10）。

我们强调建筑环境具有决定性的并非空间本身，而是意义，“一个有意义的环境形成了一个有意义的、存在的、必需的本质部分。”[1]由于意义的存在是一个观念的问题，因此，不能仅仅通过空间生产的设计方法来进行乡村建设。

(a) 新的四合院

(b) 沿街建筑

(c) 建筑与环境

(d) 瓷片装饰

图3-10 现代农宅建造与装饰的分离性

2）白色与传统文化的冲突

白色在关中地区的乡土文化中是一种禁忌的色彩。一般来说，主要运用到丧葬习俗上。在建筑上的应用只是家里有了丧事，才在门上粘贴对联，告知亲朋好友前来吊唁。所以，白色是和悲伤、死亡、灾难、贫穷等词汇联系在一起的，这和西方文化有着明显的差异。

3）建筑“白色化”的理论分析

实际上，目前白墙作为普遍的乡村建筑的外部特征，其实涉及现代建筑思想中一个重要的观念——装饰。这种“国际式”的白墙凸显的是本身的轮廓和比例，它强调的是“理念在知觉中的呈现”，表现了一种机器的美学，即理性、高效、非个人化，是对自然属性的克服。

---

[1] ［挪］克里斯蒂安·诺伯特－舒尔茨．西方建筑的意义［M］．李路珂，欧阳恬之译，王贵祥校．北京：中国建筑工业出版社，2005：229.

如果撇开现代“现代农宅”这一单一、具体的概念，就它的体块构成和白色饰面而言，从建筑理论的角度分析，它也许暗含了现代建筑“白色化”这一特征。

（1）白色建筑及其理论渊源

“白墙”作为现代建筑的一个形式符号，受到西方现代化的影响，主要起源于欧洲探求新建筑中的新艺术运动。

奥地利建筑师阿道夫·洛斯（Adolf Loos）是一位在建筑理论上有独到见解的人，他也是新建筑运动的拥护者，并宣称只有在形体中而不是在装饰中寻找美，是全人类正在为之奋斗的目标。洛斯在1908年的论文“装饰与罪恶”（Ornament and Crime）中宣称，建筑的外表应该表现出一种“理性的克制”，强调建筑物作为立方体的组合同墙面和窗子的比例关系，减少装饰带来的张扬和喧哗，这在洛斯的建筑中表现为仅有白墙和门窗组成的间接的外观。在洛斯看来，文明人创造装饰是一种退化的标记，“我不认为创造新的装饰是一种新的力量，更不要说文明人这样做，它是一种退化的标记。现代物品是没有装饰的，文明进步与从实用品中去除装饰是同义词。”[1]因此，可以说洛斯是新建筑运动的杰出代表。

受阿道夫·洛斯建筑思想的影响，勒·柯布西耶在其1923年的《走向新建筑》（Towards on Architecture）中，更是将建筑实体抽象为面、线与体块，指出“人体穿越墙体时，墙的完美比例”才是现代建筑应当被感知的对象。显然，柯布西耶的美学延续着西方形式观念中古代哲学家毕达哥拉斯（Pythagoras）学派[2]的传统，柯布西耶认为艺术产生于从自然法则中推导出来的数学计算，因此，建筑的本质就在于纯粹的形态之间的数学上的关系。他认为，建筑审美是绝对的几何比例在感知中的显现，因此建筑上的装饰和色彩越强烈，那些建筑轮廓线组成的几何线形就越模糊。而相对于物质性的肌理，纯白的表面可以抽离建筑机体的物质属性，将其转化为更加纯粹的视觉形式。

所以，我们看到柯布西耶在20世纪20年代的经典作品大量采用白色外表。关于白色建筑的宣言，他更是直接：“建筑跟各种‘风格’没有任何关系。建筑是那些在光线下组合起来的物体的精妙、恰当和出色的表达。建筑是纯粹的精神创造。”[3]让“每一位公民都要卸下帷幕和锦缎，撕去墙纸，抹掉图案，涂上一道洁白的雷宝灵（雷宝灵是

---

❶ 汪坦，陈志华．现代西方艺术美学文选·建筑美学［M］．辽宁：辽宁教育出版社，1989：90.

❷ 朱光潜，西方美学史［M］．江苏：江苏人民出版社，2015：4-6. 毕达哥拉斯学派盛行于公元前6世纪。其成员大多是数学家，认为万物最基本的元素是数，数的原则统治者宇宙的一切。这一学派把音乐和谐的道理推广到建筑、雕刻等其他艺术，探求什么样的数量比例才会产生美的效果，得出了一些经验性的规范。毕达哥拉斯学派还注意到艺术对人的影响，认为艺术可以改变人的性情和性格，进而产生教育的作用。

❸ ［法］勒·柯布西耶．走向新建筑［M］．杨至德译．江苏：江苏科技出版社，2014：41，181.

一个墙面涂料的品牌，在当时的法国很有声望，应用也最为普遍），他的家变得干净了，再也没有灰尘，没有阴暗的角落，所有的东西以它本来的面目呈现。”[1]

然而，白色外表作为现代建筑的一个重要特征，在当时已经成为普遍的事实，它不仅仅是个人风格的体现，而是一个时代的共同意识。无论是因为认同这一现象背后的哲学理论，还是仅仅作为既有的风格进行模仿，要理解现代建筑的白墙之谜，终归会回溯到洛斯和柯布西耶的这些观念上去。

实际上，早期现代建筑对于白墙的“迷恋”，已经不再仅仅是一种视觉想象的偏好，而是超越了经济性、技术性的考虑，成为社会公正与公平的象征。正像陈志华教授在《走向新建筑》中的序言，现代建筑的基本精神是民主和科学，《走向新建筑》就是建筑中民主行业科学的宣言。现代建筑跨越了不同阶段与阶层的藩篱，创造出一种能够体现新型社会之特征和内涵的建筑——“白建筑”。

（2）对当下问题的解释

尽管我们不能说今天乡村的“白色化”建筑是受到现代建筑潮流的影响，但是随着现代化、城镇化、信息化的传播，文化崇尚创新的现代理念改变了人们的传统观念，农民的信仰与祭祀文化淡漠了。人们在房屋建设上，至少模仿了现代城市建筑的墙面色彩。而这种对城市生活表皮的模仿恰恰丧失了对传统建筑文化的集体记忆，失去了对村落文化的自信。

作者在此试图将拉普卜特、诺伯舒兹（Norberg Schulz）与洛斯、柯布西耶的建筑理论就当下的问题进行比较分析，旨在回答这样一个问题，目前关中地区关于乡村建设与发展，从建筑理论的角度出发，我们应该采取什么样的设计规划理念？因为，目前出现的研究方法和结论大多数是描述性的而非分析性的。

4）缺乏技术指导使传统建筑失去原真性

近年来，人们由于生活水平的提高，认识到精神文化的重要性，开始保护和修复一些村落环境中的宗教建筑。但是，在对这些宗教建筑的保护修复过程中，由于缺乏技术指导、方法不当、选材不精，往往导致拆旧建新、粗糙施工、替换改造等现象，造成祠堂、庙宇等宗教建筑的比例、尺度失真，保护修复的建筑和构件出现木构件开裂、油漆彩花脱落等现象，导致保护修缮后宗教建筑如同仿制品，失去历史的原真性（图3-11）。

关于古迹建筑的修复，《威尼斯宪章》第九条中明确指出，修复过程是一个高度专业化的工作，其目的旨在保存和展示古迹的美学与历史价值，并以尊重原始材料和确

---

[1] 史永高．白墙的表面属性和建造内涵［J］．建筑师，2006（12）：124.

凿文献为依据，一旦出现臆测，必须立即予以停止。此时此刻，关于建筑的修复和原真性的保护，我们还需要广泛地普及这方面的知识。

(a) 新建的土地庙

(b) 简易的木构架

(c) 新建的三元宫

图3-11 模仿的传统建筑

5）“机械化”导致乡村技术支撑断裂

自然环境和乡村村落的相互关系是以知识、价值、理念和信念作为媒介的，其中包括了某种机制、原则以及环境适应过程的理解，正是这些因素为下一代提供了学习的经验。在乡村知识传授和学习中，学徒制是传承乡村营建的主体。

“师徒制这种古老的教育方式不仅允许地域性的社会化运作，也是自发地允许技术知识的酝酿和转变。一方面，在一个有名气的工匠师傅的指导下，年轻的学徒能够学到技术、仪式、经济和政治方面的技艺，从而变成一个公众认可的工匠。”❶正是对工匠师傅专家的身份及其地位的承认，其知识和教育方式最终定义了乡村传统。“另一方面，在营建的过程中，通过观察师傅的行为，学徒不仅发展出一种职业感和社会认同性，同时也学会了对传统的创造性的变革。”❷

这种创造性和变革的介入不仅会得到奖赏和尊敬，而且保证了当地建成环境意义的保留和延续，在保留了与历史和场所对话的同时，也保证了这一过程的动态性。关于师傅和徒弟的传承问题，希尔斯在《论传统》中有这样的表述：“经验技术中的模型总是具体的，人们从不对它做抽象的描写，也不将它置于理论的背景下。一个手艺人通过观察和师傅的指导，学会了如何利用这一模型，并通过观察和动手制作学会了如何制造它。”❸

然而，在现实的乡村建设中，由于传统村落缺乏保护修缮的专业人才，更难以成立起保护修缮的队伍，导致对文保单位、历史建筑的保护修缮工程缺乏深入细致的研究工作，施工方案草率，工艺做法粗糙，严重破坏了传统建筑的环境。

此外，传统村落的新建房屋也需要考虑与传统村落的协调性。这些新建的建筑体量、比例尺度、装饰、装修等直接影响着村落的整体特色。因此，需要有对地方传统建筑作法熟悉的人才队伍进行施工建设，才能保证乡村建设与传统建筑环境支撑体系不断裂。

3.5.4 乡村应答脱离地区性

1）建设定位造成乡村文脉断裂

废弃旧村落，另行选址规划建设新农村是完整保留传统建筑环境，改善农民生活最简单、最直接的方式。但是在新村的规划建设中，往往忽视对传统村落的保护性延续。对传统村落的风水选址和堪舆布局理论的忽视，对自然气候、地形地貌、建筑规模、空间形态、结构类型、室内外装饰及宗教信仰等空间支撑元素的忽视，最终导致原有村落的历史文化传承断裂，新农村建设缺乏历史延续性，原有村落逐渐空虚化进而衰败破坏（图3-12）。

在新村规划的功能定位中，缺乏对传统村落的个性、特色、风土人情以及信仰差异的深入研究，缺乏对村落历史资源进行挖掘和梳理，而是笼统地定位为“依托历史文脉、传统建筑资源以及周边自然环境”而发展农家乐、乡村旅游业甚至房地产开发，

---

❶ 杨立峰等．浅谈中国传统建筑营造的社会机制［J］．新建筑，2007（6）．
❷ 杨立峰等．浅谈中国传统建筑营造的社会机制［J］．新建筑，2007（6）．
❸ ［英］爱德华·希尔斯．论传统［M］．付铿，吕乐译．上海：上海世纪出版社，2009：88.

进而带动农民增收的模式。这种雷同的规划定位导致传统村落发展的相似性和模糊性，传统村落因过度商业化扰乱原有生产、生活方式及礼仪制度，失去历史氛围而造成传统村落文脉的断裂。我们看到，“原有村落的灶神、门神以及家神在这类新建的房屋中失去了立足之地，它们不过是一些根据实际需要和商业精神而建设的屋宇，与血缘和感情无关。只要还留有火灶并且成为一个家庭实际与真正的中心，从而拥有一种虔诚的意义，那么房屋和乡村之间的古老关系就不会全部消失。”[1]

(a) 传统村落的肌理

(b) 农村的现代化

图3-12 村落文脉的断裂

2）环境整治造成乡村肌理断裂

传统街巷是构成村落整体空间的骨架，是传统村落肌理的重要组成部分。由于在环境的整合过程中，缺乏对原有街巷空间的开合特征及比例尺度的研究，盲目地增设街头绿化小品甚至改变街巷尺度，使很多历史村落失去了沧桑古朴的氛围。此外，传统村落的道路大多年久失修，更换铺地材料成为必然。但如果忽视更换方式、铺地材料、铺设方式与传统村落的协调，一味地用水泥路面硬化道路，也必然会给街巷空间

---

[1] ［德］奥斯瓦尔德·斯宾格勒．西方的没落［M］．江月译．湖南：湖南文艺出版社，2011：82.

带来冲突。

3）“景观化”引起乡村环境断裂

乡村绿化应选用产在当地或起源于当地、最能够适应当地的生存条件的植物。在传统村落中乡村绿化应该是自然环境的重要组成部分，与传统村落共生共融，营造村落传统氛围，烘托村落传统特色，延续地域的生机与活力。正如陈从周先生指出的：“农村绿化看上去虽然比较简单，然在‘因地制宜’、‘就地取材’、‘因材致用’这三个基本原则指导下，能使环境丰富多彩，居住部分与自然组合在一起，成为一个人工相配合的绿化地带。”❶

例如渭河南岸的猕猴桃和渭河北岸的苹果树、关中东府的石榴、关中西府的柿子树等都与当地气候条件紧密联系。而且，关中传统村落多伴随农业的发展而出现，因此自然环境就构成了大多数传统村落特有的外围环境。由于目前的新农村建设多将重点放在环境整治、建筑、街巷的保护方面，往往忽视乡村自然绿化的保护和有效利用。单纯地引入外来常用景观植物进行绿化设计，虽然美化了街巷，但绿化形式和植被种类均与其他地区雷同，传统村落的自然文化没有得到有效的延续，从而造成地区生态环境支撑的断裂。

3.5.5　乡村异地新建的调查

“皮之不存，毛将焉附。”（《左传·僖公十四年》）没有传统文化支撑的异地重建，“旧貌”也就换了“新颜”。

举例来说，某县位于关中东部，南依秦岭，北邻渭河，辖10个镇4乡，242个行政村，15个社区，面积1127km^2，总人口34万，是关中东部的开发重点县。笔者经过深入调查发现，随着近几年家庭农业结构调整力度的加大和劳务输出的增加，农民的收入有了较大幅度的增长，许多农民正在积极筹划建造新房。

然而，全县农村村庄、民宅的规划管理却严重滞后，不仅许多老宅基地占去了大量土地，新批建庄基地也存在无序建设的问题。为此，地方政府为新农村建设规划的定位是：实用性与艺术性相统一；历史元素与前瞻性相协调；基础设施与公共设施相结合，体现地方文化特色的建设原则。虽然这一定位从政策、规范、原则的角度出发，旨在改善乡村环境，愿望良好。但是，关键问题却在于未能理解当地村民所使用的场景构成。殊不知，传统的村落环境，保持了人与地之间不离不弃的生存理念，得自于村落中世世代代积淀下来的对“塬上之感”的情谊。

---

❶ 陈从周．园林谈丛［M］．上海：上海人民出版社，2016：232.

造成这一乡村建设“现代化”的主要原因，我们认为主要有以下几个方面。第一，现有的乡村建设规划理论严重滞后于建设实践的发展，乡村建设普遍缺乏对区域产业、就业能力及其资源与环境客观的科学评估、论证和区域规划。普遍存在“重建房，轻环境”，“重安身，轻安心”，物质在前，文化滞后。第二，缺乏社会的积极关注和有力支持，这里既有思维方式的问题，也有价值取向的问题。第三，缺乏政策的有效指导和有效管理。最终，结果是传统乡村空间“空虚化”，转移到“新村空虚化”。由于农民在当地没有就业的渠道，因此，建了新房又不得不进城打工，造成有房无人居住的尴尬局面。对农民本身而言，本书的观点是，人们拥有新房的“愿望”与其说是实际需要还不如说是一个心理上的“满足感”。

可以这样说，目前在乡村规划建设中，设计人员普遍缺乏对乡村文化特性的认识和对乡村作用机制和认同机制的把握。因此，在新村建设上，对“家”的设计是美学上的、空间上的，而不是历史的、民俗的、文化的自觉，最后的结局是既没有了乡村的自然美，也失去了乡村建设的逻辑性。正如刘易斯·芒福德所言：“在许多方面，我们跨越了新的门槛。然而居住却落在了后面，它依附着不再令人满意的梦境，炫耀着病态的古老品味……甚至许多由公共实体和私人建造者盖建的新住宅也仅仅是除了超过陈腐形式后的一种纸糊的现代性。”[1]所以我们看到的新村环境“死一般的沉寂”。[2]

相形之下，在传统村落环境中（详见第4章，第4.2小节），乡村建筑空间场所的创造者，同时又是建筑空间场所的使用者，使得场所与人的行为活动之间形成了良好的互动关系，较好地满足了人们的认同机制。如果从规划理论的角度分析，可以看出村落环境的图底关系清晰，“连接理论”[3]有序，场所边界明确，乡村空间就是稳定的社会组织的表达。因此，应当充分认识到，目前传统的村落环境虽然存在布局零乱、无序蔓延的问题，但从本质上来说是根据社会关系组织起来的乡村有机整体。这种有机整体就是：“一是传统所具有的合法性地位，二是血缘在社会结构化过程中所发挥的根本作用。不论是否在血缘系统或者祖先崇拜中正式定形，血缘关系都深嵌于时间中，把个体与逝去的先祖联系在一起。”[4]从而形成了村落稳定的社会结构。

总之，乡村的典型特征体现在社会活动与有机自然的彼此关联上，乡村的生活空间就是沿着土地的自然轮廓建立起来的，乡村的异地新建并没有解决好以上的问题，

---

[1] ［美］刘易斯·芒福德．城市文化［M］．宋俊岭等译，郑时龄校．北京：中国建筑工业出版社，2012：495.

[2] ［美］阿摩斯·拉普卜特．宅形与文化［M］．常青等译．北京：中国建筑工业出版社，2012：76.

[3] ［美］罗杰·特兰西克．寻找失落空间［M］．朱子瑜等译，朱子瑜等校．北京：中国建筑工业出版社，2013：106-112.

[4] ［英］安东尼·吉登斯．历史唯物主义的当代批判权力、财产与国家［M］．郭忠华译．上海：上海译文出版社，2010：94.

充其量是临时性的家园。

通过以上分析可以看出，对于乡村的建设中那种不顾乡村地理情境、地域的文化特征，把复杂的乡村社会改造成过分简单化的几何空间的做法，忽视历史和人们真正需要的规划思想和建设理念，必须进行批判性的反思和修正。

3.6 本章小结

本章对关中地区当前乡村建设和发展过程中出现的环境问题、社会问题、经济问题以及建设问题等进行了剖析，并对当前城镇化的进程和方向提出了质疑。

特别是把乡村建设这一与乡村经济、乡村资源、土地制度、生活模式、民俗信仰、建造方式等之间具有复杂关联的“乡村有机体”过滤为审美层面的“形体组合”与“空间生产”时，我们必须给予高度关注。因此，有必要探索一种支撑机制，在乡村的建设与发展中传承传统建筑文化的精髓，构建城乡可持续性发展的方向和模式。

4 当代关中地区传统建筑环境支撑的相关机制分析

4.1 自然环境制约下传统村落环境支撑的演变机制

4.1.1 氏族部落的支撑空间雏形

奥地利建筑师伯纳德·鲁道夫斯基（Bernard Rudoufsky）作为乡土理论的奠定者之一，在《没有建筑师的建筑》（Architecture without Architects）里，试图冲破我们对建筑艺术的狭隘观念。他指出，“我们对此领域知之甚少，甚至连个正式的名字都没有。为了获取一个通用的标记，我们根据可能的实际情况，称之为‘乡土（vernacular）建筑’、‘无名（anonymous）建筑’、‘自生（spontaneous）建筑’、‘本土（indigenous）建筑’或‘农村（rural）建筑’。”[1]由此可见，建筑与其环境之间存在着必然的联系，从建筑的起源和历史来看，聚落的空间关系总是离不开单体建筑的存在。

我们的问题是，原始村落与房屋之间的支撑机制如何呢？根据考古学的发现，原始房屋作为一个建筑单位，基本上是一组或者多组围绕着一个中心空间（院落）而组织构成的建筑群。这个原则一直采用了几千年，构成了一种主要的原始村落形态。下面从半坡遗址、姜寨遗址和宝鸡北首岭遗址来分析原始聚落与建筑的支撑机制。

1）半坡的原始屋与聚落的关系

聚落既是一种空间系统，也是一种复杂的经济、文化现象和发展过程。因此，聚落形态的形成是在特定地理环境和社会经济背景中，人类活动与自然相互作用的综合结果。

半坡遗址作为一个原始的聚落形态，位于关中地区浐河东岸的二级台阶上，高于

[1] ［奥］伯纳德·鲁道夫斯基．没有建筑师的建筑［M］．高军译，邹德侬审校．天津：天津大学出版社，2011：1.

河床约9m，距浐河间有800m的第一级台阶。遗址东边是白鹿原，南边是终南山，北边是渭河平原。6000年前，这里的气候温暖湿润，相当于现在长江中下游地区的亚热带气候。白鹿原和终南山遍布原始森林，终年树木茂密葱茏；渭河平原地势平坦，土地肥沃，是人们从事农耕生产的理想场所；浐河宽阔，河水丰盈而清澈。半坡人就是在这样一个依山傍水的优越自然环境中定居了下来。

（1）半坡的原始屋

半坡早期的原始屋一半在地下，一半高出地面，是半地穴式的房屋，方形和圆形都有。方形房屋有一个防雨门蓬。房屋中心有圆形火塘，是主人用来照明、取暖和烧烤食物的。墙壁是方形土坑的坑壁，四壁立有木椽倾斜伸向房屋中间悬壁交结，构成大叉手屋架。房屋中央或偏旁立有木柱用来支撑屋顶交接的木椽。利用树木枝干做骨架、植物茎叶缠绕做面层，外敷以泥土，构成四面坡状的屋顶，形成遮阴避雨防风御寒的围护结构。这种只能在中间直起腰的原始房屋，表明木“构杆件”架设空间的技术手段在半坡已经出现。防雨门蓬也已经具备了后来“前堂后室”的建筑风格雏形（图4-1）。

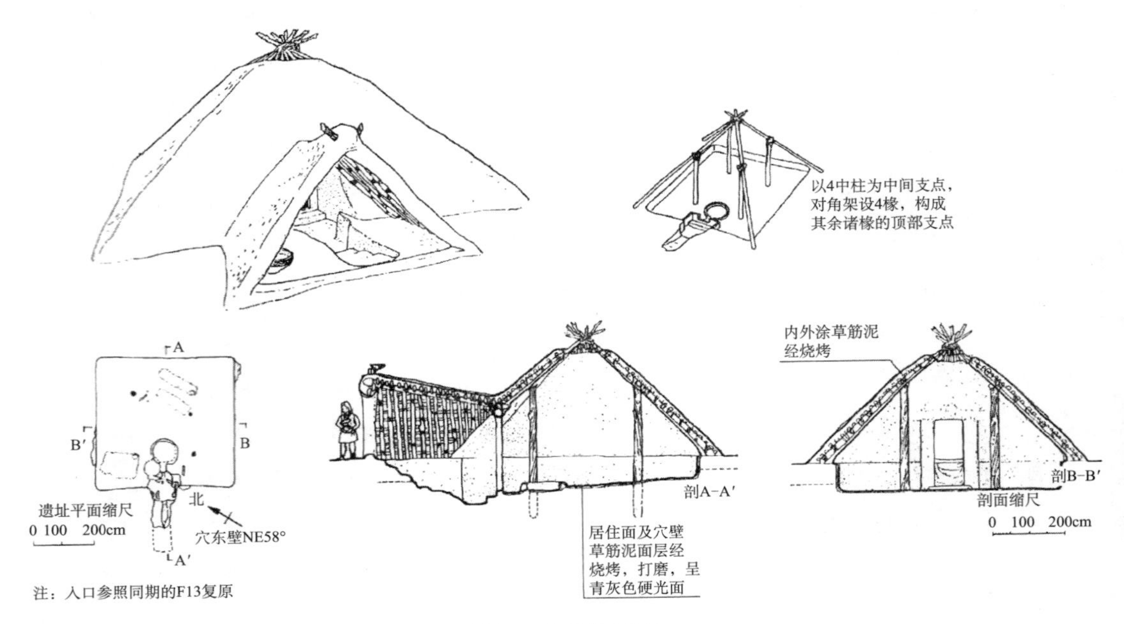

图4-1　半坡的原始屋

（资料来源：刘叙杰.中国古代建筑史［M］.北京：中国建筑工业出版社，2009：68.）

后来的原始房屋更像一个蒙古包。这时的半穴居已经很浅，地面经过了防潮处理，有的还在地面铺设木板，再涂上泥土，用火烧烤。圆形房屋进门即是门道，两侧有很高的隔墙，墙内形成“隐奥”空间，满足人们居住安全的习惯和防风防寒的要求，这颇有后来房屋“一明两暗”的布局。房屋中心有火坑。为了通风、采光和排烟的需要，屋面部分开有“天窗”。

随着技术的进步，晚期的原始房屋基本上建在地面以上，而且有了“柱础”。大多数房屋内部空间用木骨泥墙分隔成几个空间，从而形成分室建筑，表明半坡人已经学会合理划分房屋的空间。例如，最为典型的一幢房屋，呈长方形，由12根大木柱支撑，列为整齐的3排，每排4根，柱子深入地下1.3m，非常坚固。中间的柱子较高，从两旁向中间的柱子上搭设椽木，形成“人”字形两面坡状的屋顶形式，标志着早期建筑“墙倒屋不塌”式的古典木构框架结构体系已趋形成。

（2）半坡聚落

半坡聚落以一条大围沟为界分成三部分。大围沟东面是制陶区，有6座陶窑，现在仍保留着一座横穴式陶窑，北面是集体墓地。围沟内是人们日常生活居住的地方，称居住区，面积约3万m^2，北部约1/5的面积已经发掘。从已发掘的情况看，有一条宽、深各1.8m的小沟穿过居住区的中心，将聚落分成两部分，小沟只存在于半坡早期，且沟内未发现排水痕迹，估计应为分界沟。可能当时的聚落由两个氏族或一个氏族中两个大的家庭组成，它们以小沟为界，相互区分。但是到了半坡晚期小沟消失了，这也许暗示着氏族组织又有了新的变化。

考古发掘出的房屋分布很有规律。聚落中心是一座面积约160m^2的大房子，大房子前面有很大的一片中心广场，周围是一些十几到二十多m^2的中、小型房屋，门都朝向中心广场方向的“大房子”，单体房屋面向中央的“向心式”排列，体现了团结向心的氏族公社组织原则。已发掘的北部46座房屋，入口基本呈西南向，既面向中心大房，又可在冬季避开寒冷的北风而背风向阳，夏季避开午后两点左右强烈阳光照射到室内。

（3）聚落的总平面图

聚落周围的空地上，散落着200多个地窖，里面存放的都是集体财产，氏族的粮食、生产工具和生活用具等都贮存在这些公共仓库里。而且在东北部的壕沟边和中西部的小沟旁，有两座栅栏围起来饲养家畜的围栏。

围绕半坡遗址的居住区，有一条大壕沟，它宽7～8m，深5～6m，底径1～3m，全长约300m。壕沟内沿高处外沿约1m多，靠居住区一边沟壁坡度较大，外壁则接近陡直，这显然是挖沟时有意识形成的。原始人类自觉地修建防御工事，就是从挖掘围沟开始的。

从围沟的发展来看，早期的围沟无论宽、深和规模都比较小，不足以起到防御的作用，可能仅仅作为聚落的界限或标记。

这种在生产力水平十分低下的情况下出现的防御工事，随着社会的发展，形式上也发生了变化。到了父系氏族时期，夯筑技术已经出现，聚落周围的壕沟渐渐被高大的夯土城垣所取代。因为人们发现，高耸的城墙和深挖的壕沟一样，都可以起到防御作用，并且防御功能更强。

随着社会不断的发展变化，围沟所代表的防御意识和防御功能也不断地向高级演化。人们由于修筑城墙就地挖土，形成了壕沟、城墙一体化的防御设施，同时，又在壕沟内注入水或引入河水，形成护城河，从而形成了更为完善的防御体系。

考察6000年前的半坡仰韶文化的建筑遗址，考古学家有过这样的调查报告："在聚落布局方面，以这一文化类型了解得比较清楚：一般可以分为居住区、烧陶窑场和公共墓地等部分，并各有一定的区域。居住区由单个的房屋组成，房屋的排列都有一定的秩序性，在小型住宅群的中心有一所供氏族成员活动的大房子，各个小屋的门朝向这座中心建筑。半坡遗址居住区构成了一个不规则的圆形，里面密集地排列着许多房子，居住区的周围有一条宽、深各约5~6m的防御沟围绕着，沟的北边有公共墓地，东边是烧制陶器的窑场。"❶

从人居的角度来看，由遗址发现的大量的水鹿、竹鹿骨骼推测，6000年前的当地水量较现在充沛，或多为沼泽，同时处于土壤肥沃的黄土地带，这便构成了关中地区早期农业定居的理想环境。

2）姜寨的原始屋与聚落的关系

（1）姜寨的原始屋

姜寨遗址（公元前4600～前4000年）地处现今关中临潼区北临河东岸台阶上仰韶文化时期。姜寨一期遗存同时存在大约100多座房屋，被分成5个大的建筑群，每组建筑群中心有一座"大房子"。5个群落的房屋围出一个约1400m²的广场，构成一个共同活动的神圣空间，各群房间的门都向着中心广场，形成典型的向心布局。5组房屋分别代表5个氏族，它们共同构成一个部落，体现了同一部落中每个氏族是团结内聚、统一而不可分割的。

可见这已经是一个相当有序的总体布局。

（2）姜寨的聚落

这种相当有序的总体布局（图4-2），是在以共产制经济为基础的集体生活条件下产生的。因为当时的人们认为，以血缘关系为纽带联系起来的氏族应该是一个团结的不可分离的整体。它应该有一个凝聚每位成员的核心标识物和最高统领，全体氏族成员要无条件地服从于氏族整体的利益，服从于统一的领导。

---

❶ 中国科学院考古研究所．新中国的考古收获［M］．北京：北京文物出版社，1961：9.

就聚落形态而言，空间构成中的“中心广场”和“大房子”等作为原始聚落的符号，代表着氏族最重要的权利和地位，无名的建筑师把它们放在聚落的中间，让每座房屋的门都朝向这里，就使得每个过着婚姻生活的小家庭和家族群体都与这个社会活动的中心有着极强的血缘上和精神上的联系。聚落形态所体现的“大房子”对“小房子”的支配作用以及“小房子”对“大房子”的服从态度最方便、最形象，也最直接。

图4-2 原始屋与聚落的关系溯源
（资料来源：张希玲.半坡遗址［M］.陕西：陕西旅游出版社，2002：21.）

从建筑管理学的角度，我们可以说，“大房子”是最早出现的具有聚落管理、聚会和集体福利性质的公共建筑。因此这种具有极强的象征性的村落和房屋之间的空间关系，昭示出原始社会人们权利和地位的差异，由此而产生的观念意识，根深蒂固地存在于人们的意识中，千百年来被后人继承和发展。就连关中四合院建筑也不例外，院落空间组织中最重要的“大房子”，也已经被符号化了，一定位于四合院中轴线的显要位置，是家长居住和祭祀祖先的地方。

3）宝鸡北首岭的原始屋与聚落的关系

进一步分析，可以看出：“宝鸡北首岭的聚落，同样按圆形排列，中间是广场，南北长100m，东西宽60m左右，广场周围有许多房址，大部分都围绕着中心广场修建，门都开向广场，从而形成聚落以北和以西的房屋与聚落以南和以东的房屋遥相对望的情况。”❶

我们不要忘记以上三个聚落中关于“大房子”的描述，可以说这种最原始的“大

❶ 马洪路.远古之旅中国原始文化的交融［M］.陕西：陕西人民出版社，1989：139-140.

房子”代表了其后各个时期乡村形态的特征。“大房子”、向心性、广场等公共空间的组织形式如此重要，其在巫术、宗教、神话和后来村落的实际职能中都留下了印记，即使今天的村落风俗中仍然沿袭着这一古老的乡村形式。

至于在半坡聚落的总平面图中提及的地窖、生产工具、生活用具、公共仓库以及防御的深沟等不但维持了原始文化的延续，而且也直接影响到了古代城市的布局。这里我们同样不应当忽视芒福德在《城市发展史》中关于这一问题的深刻而详尽的论述：“城市的建筑构造和象征形式，很多都以原始形态早已出现在新石器时代的农业村庄中了：从更晚一些时期的证据中还可以推断，连城墙也可能是从古代村庄用以防御野兽侵袭的栅栏或土岗演变而来的……村庄的秩序和稳定性，连同它母亲般的保护作用和安全感，以及它同各种自然力的统一性，后来都流传到了城市。”[1]

总之，以“大房子”为主体的居住区是原始聚落最核心的部分，其余房屋的排列呈圆形向心分布，这显然是有目的的。它体现了无名建筑师的一种建筑思想意识，是聚落的社会性质、组织性质与权力地位的折射，也是部落内成员间团结和内聚力极强的标志。

4）从原始聚落看建筑环境的支撑机制

（1）原始聚落的空间支撑雏形

从两者的支撑关系来看，原始房屋在自发建造的过程中，不同空间的层次、自然特征是比较明显的。建筑单体的形式反映了原始人的意愿，其形态、结构、功能是可控的。而与之对应的原始聚落，其形态、结构、功能由组成群落的大量单体聚集后涌现出的共性特征为主体，不受特定规划指令的约束，并非当代规划、建设、管理体制中层层嵌套的一环，具有“自然而然”的特征。

可以看出，不管是原始的半坡遗址、姜寨遗址还是宝鸡北首岭的部落，原始房屋、原始聚落和整体环境的关系已经表现出这样的支撑机制。正如拉普卜特所说的：“人总是生活在聚落之中，房屋只是生活场所的一部分。房屋、聚落和地景彼此都是同一文化体系和世界观的产物，因此是同一系统中不同的组成部分。”[2]这也表明了原始村落自然支撑的本质特征。

显然，从原始聚落的形态特征与原始房屋的支撑机制可以得出这样一个简单的结论：建筑类型的简单对应原始聚落环境的形态，反映了原始房屋与聚落之间自然支撑的关系（图4-3）。

---

[1] ［美］刘易斯·芒福德．城市发展史［M］．宋俊岭，倪文彦译．北京：中国建筑工业出版社，2005：12-14.

[2] ［美］阿摩斯·拉普卜特．宅形与文化［M］．北京：中国建筑工业出版社，2012：68，72.

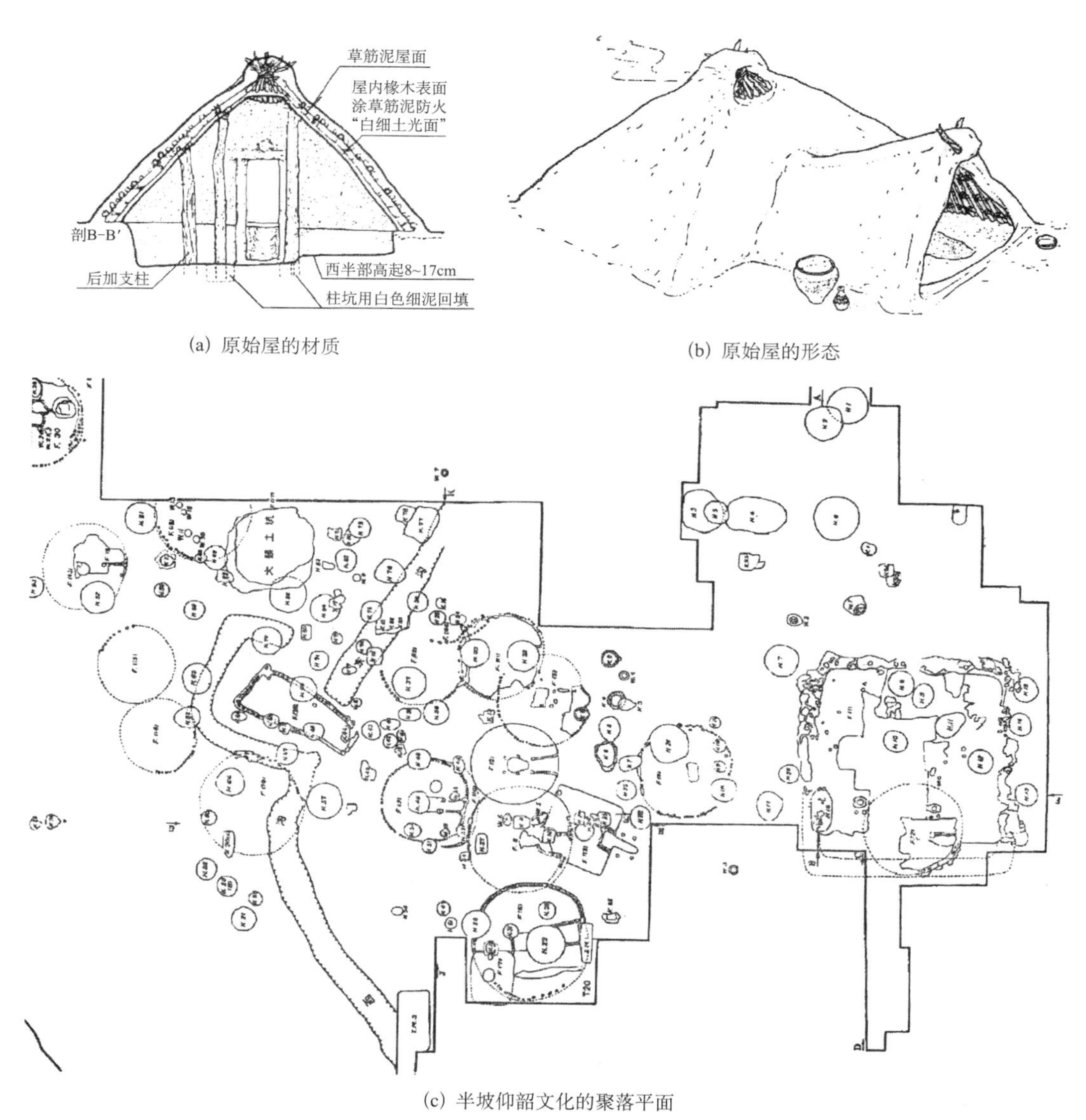

(a) 原始屋的材质

(b) 原始屋的形态

(c) 半坡仰韶文化的聚落平面

图4-3 原始聚落与原始房屋的对仗关系

（资料来源：刘叙杰.中国古代建筑史［M］.北京：中国建筑工业出版社，2009：86.）

（2）自然支撑的真实性

回到自然支撑的讨论上，从建筑发展的角度来看，作为早期的原始建筑，18世纪的劳吉尔神父（Abbe M. A. Laugier）在其名著《论建筑》中指出，他反对欧洲流行的追求豪华装饰的建筑之风，主张返回纯朴的“原始屋”的基本构架。其在第一章叙述道：“初民，在树叶搭建起来的庇护物种，还不懂得如何在四周潮湿的环境中保护自己。他匍匐进入附近的洞穴，惊奇地发现洞穴里是干燥的，他开始为自己的发现欢欣。但不久，黑暗和污秽的空气又包围了他，他不能再忍受下去。他离开了，决心用自己的才智和对自然的蔑视改变自己的处境。他渴望着给自己建造一个住所来保护而不是埋葬自己。森林的落枝是适合目标的良好材料，他选择了四根结实的枝干，向上举起并安置在方形的四角上，在其上放四根水平树枝，再在两边搭四根棍并使它们两两在顶端相交。他在这样形成的屋面铺上树叶遮风避雨，于是，就有了房子”[1]（图4-4）。

图4-4 原始屋的真实性

（资料来源：张钦楠. 中国古代建筑师［M］. 北京：生活·读书·新知三联书店，2008：10.）

有意义的是：劳吉尔描绘了一种建筑始源，并认为是一种艺术，建筑只有返回最基本的真实性，真理和美才得以满足。从这个森林隐喻中我们看到，人受自然的启发，受需要的驱动逃往后又放弃洞穴和森林，最终建立起一个小屋并完善它。

我们注意到原始质朴的茅舍包含了一切建筑元素的胚胎：垂直方向的树枝使我们想起柱子，水平环绕的树干又使我们想起柱顶檐口，相交的顶部又给我们山墙的启示。所以，对自然的还原势必导致这样的认识：建筑因素是从自然因素推导出来的，形成了一条打不断的链条并按照固定的原则相互作用。

同样地，德国建筑理论家戈特弗里德·森佩尔（Gottfried Semper）在《建筑四要素》中也谈到了建筑自然属性的价值，也就是真实性的价值。森佩尔在强调建筑使用地方材料时写道：“无论在古代还是现代，建筑形式的积累都主要受到建筑材料的影响。如果将建造看作建筑的本质，我们在将其从虚假的装饰中解放出来的同时，又为其增加了另一种束缚。建筑，像其伟大的导师——自然——一样，应该按照自然决定的法则来选择和使用材料。如果我们能为建筑具体化

[1] 张钦楠. 中国古代建筑师［M］. 北京：生活·读书·新知三联书店，2008：9-12.

找到最适宜的材料，建筑的理想表达形式自然可以通过作为自然象征的材料外观来获得美感并表现含义。但我仍然强迫自己回到人类社会最原始的状态，以便得到那些我真正希望得到的东西。我应该将此事做得尽可能简洁。”❶

从18世纪以后两位建筑理论家对建筑起源的描述同样可以看出，建筑的起源与自然环境的密切联系，不仅反映了一个地方建筑的特征，而且表明了建筑环境的真实性。

5）原始聚落空间支撑雏形的特质

（1）本能与自发

原始先民以自然经济为基础的生活方式，将天时、地利、人和作为生产与定居所遵循的首要原则。择地建家首先是选取土地肥沃、水源丰厚、森林茂盛，及具备良好地形地貌之地，满足“可耕”、“可居”、“可食”的物质生活条件。即使在极端的气候条件与贫乏的物质条件下，也顺应自然的约束，本能地选择较有利的地势与气候场所，并建立起对灾害与外来侵袭的初级防御功能。

显然，原始房屋由于处在相对封闭的聚落体系、稳定的经济与社会模式中，营建过程中以对原型的模仿为主，自发地形成居住环境，变异成分相对较少，使得原始的聚落形态能够在相当长的时期内保持自身发展的整体性与简单建筑形体的同质关系。这种自然支撑的同质关系，反映在原始文化上，正像奥斯瓦尔德·斯宾格勒（Oswald Spengler）在他的名著《西方的没落》一书中所说的那样：“居所的原始形式在各个地方都是感情与生长的产物，而绝不是知识的产物，就和螺壳、蜂房与鸟巢一样。居所具有一种天生的自明性，而且原始的风俗和存在的形式、婚姻关系、家庭生活的形式以及部落的礼法形式的所有特征都在那里得到反映……在任何情况下，人的心灵和房屋的心灵是一样的。”❷他认为，农民的房间格局从来不像教堂那样是由建筑师设计出来的。农民的住所和所有艺术历史发展的速度相比，就像农民本身一样是永恒的。它处于罗伯特·雷德菲尔德在《农民生活与文化》中所讨论的关于大传统的文化之外，属于小传统的范畴。

但是，小传统自有存在的价值和意义。难怪鲁道夫斯基在他的《没有建筑师的建筑》中鲜明地指出，“无名的（anonymous）建筑”、“农村的（rural）建筑”同样发挥着建筑的双重职能，并对编年史家给我们展示一个所谓正规建筑的华丽场景以及一种以武断的方式介绍建筑艺术提出了质疑。

所以，今天我们对6000年前聚落中的坛坛罐罐如数家珍，却对60年前的村落的文

❶ ［德］戈特弗里德·森佩尔．建筑四要素［M］．罗德胤等译．北京：中国建筑工业出版社，2010：102.

❷ ［德］奥斯瓦尔德·斯宾格勒．西方的没落［M］．江月译．湖南：湖南文艺出版社，2011：97-98.

化器物不屑一顾，将它们的地理环境或文化环境忘得一干二净，实际上60年前村落形态延续了6000年前的技术！

（2）技术的原始性

从本能与自发的阐释可以看出，由于技术大多数是适应原始材料和自然条件的低技术，使用的范围有限，因此，原始建筑的技术性特征表现得十分强烈而明确。例如，建筑方位的选择与日照的关系；在营造过程中采用的木骨泥墙；房屋基础选用栽柱暗础；为了组织屋顶雨水，檐口采用擎檐柱；为了探求防潮的处理，土墙材料选用“红烧土”等。

应当看到，当时由于物质条件所限，还不大可能在建筑造型上做出更多的突破，但是它们朴实无华的形象，乃是出自最简单的建筑构造、材料和当时的生活要求。而在原始社会应用最普遍的茅顶、土墙等建筑材料，仍然沿用到今天。刘易斯·芒福德对此有精辟的论述，新石器建房的“一些方法、材料和形式，我们至今还在受用。现代城市本身，虽有各种钢铁和玻璃材料，但是本质上还是些土生土长的石器时代的构造。”[1]这说明房屋的建造虽然是简单的形式，但往往是最富有生命力的。

这种生命力所具有的人的生物本能、直觉和行为，我们可以借用鲁道夫斯基在《没有建筑师的建筑》中的研究作为聚落支撑空间雏形的小结：“*作为无名建造者哲学思想及设计技能的载体，为工业化时代的人们提供了最为丰富的而尚待开发的建筑灵感之源。由此衍生的建筑智慧超越了经济与美学方面的思考，触及了更加艰难并且日益令人烦恼的课题——我们如何生存而且可以继续生存下去，如何在狭义和广义两种层面上，维持与邻里之间的和谐相处。*”[2]要回答这个建筑智慧的问题，需要继续往下讨论。

4.1.2 基于民俗信仰的传统村落分析

1）村落风水

中国人具有“天人合一”的传统观念，自古以来，实现“天、地、人”的和谐统一是中国传统村落追求的理想境界，这种追求在村落环境上大多由风水术来体现。风水理论中，风水也称相地，它是用直观的方法来体会了解环境面貌，以地形、地貌的形态及组合特征来判断村落环境的适宜度，它脱胎于中国传统哲学与生活经验，是我国传统社会处理人、建筑、环境相互关系的基本理论。

---

❶ ［美］刘易斯·芒福德．城市发展史［M］．宋俊玲，倪文彦译．北京：中国建筑工业出版社，2005：16.

❷ ［美］伯纳德·鲁道夫斯基．没有建筑师的建筑［M］．高军译，邹德侬审校．天津：天津大学出版社，2011：7.

（1）风水的概要

风水学首先注重“形势”，要求村落在空间格局上与外在自然地形相契合，强调天人合一的环境整体观念。其次，风水学同样注重“理气”，即在时间序列上要求村落环境与阴阳五行、干支生肖的运行并行不悖。据此，按风水理论选择乡村基址的吉地一般须具备“以山为依托，背山面水”的特征。背山可“藏风聚气，而水可使气界水而止”。可见，藏风聚气的理想模式，为乡村的整体环境孕育了生机和活力。再次，风水理论中体现追求自然的环境景观效果，主要表现为“喝形”。所谓“喝形”，就是给山川以形态命名，呼唤出美的地貌特征或心理趋吉意象。具体而言，就是“先看水形，再看地形”，综合构成景观意象，其内涵极其丰富。《汉书·艺文志》就有：“形法者，大举九州之势以主城部、室舍形”。所谓“形”，是指结穴（即“生气”所聚处）之山的形状，“势与形顺者吉，势与形逆者凶”。风水术的这个特点，使得在风水术支配下进行的传统村落实践，大多数取得了良好的自然景观，能取得村落与自然环境良好的融合。正如李约瑟所言：“风水包含着显著的美学成分，遍布中国的农田、居室、乡村之美不可胜收，皆可借此以得说明。”[1]

至于宅基与风水，同样有不同的仪式和活动。清人范宜宾对风水的解释是：“无水则风到而气散，有水则气止而风无，故风水二字为地学之最，而其中以得水之地为上等，以藏风之地为次等。”[2]故而传统的风水认为理想的村落环境是“左有流水谓之青龙，右有长道谓之白虎，前有池塘谓之朱雀，后有丘陵谓之玄武。”[3]试分析，建筑左有流水，提供了引水和灌溉之利；右有长道，提供了行路和运输之便；前有一汪池水，可以植莲养鸭；后有丘陵，阻挡了北来的寒风，较高的地势免除了洪涝之虑。这样的自然地理环境依山傍水，既能保障生活饮食，又能保障生命安全。

可见，传统风水学追求的不仅是人们心理上的满足，而且反映了人们对避凶趋吉的环境心理追求，这也是农民的一种生活信仰，他们往往抱着“宁可信其有，不可信其无”的生活态度来塑造他们的价值观。在笔者看来，雷德菲尔德在这个问题上的讨论还是正确的，他说，“农民们的的确确有着他们自己的一套价值观。”[4]就连村落的形态也是遵循着这一观念。

（2）村落形态与风水

分析关中地区村落形态与风水的关系，除上述以外，还特别强调村落的方位和秩

[1] 侯幼彬．中国建筑美学［M］．北京：中国建筑工业出版社，2009：205.
[2] 杨景震．中国民俗大系 陕西民俗［M］．甘肃：甘肃人民出版社，2003：111.
[3] 杨景震．中国民俗大系 陕西民俗［M］．甘肃：甘肃人民出版社，2003：111.
[4] ［美］罗伯特·雷德菲尔德．农民社会于文化［M］．王莹译．北京：中国社会科学出版社，2013：144.

序。例如，在村落和建筑基底的定位上，信仰风水。请阴阳先生以罗盘定南北子午线，户户房屋、家家房舍都遵循以“十”字为中轴，以“井”字形相隔，求其平衡、协调、统一。具体的奠基法是，以村落中心路为骨架，从“十”字形中轴向两边排，诸户相依，墙连墙，房基连房基，如“井”字形相隔；到每户家舍，也以中线“十”字为轴，左右分建厢房，两边厢房以“井”字形相隔成小间。所以南北正线以及十字界限起到至关重要的作用。

尽管如此，但就路网格局而言，风水认为，道路不能太直、路直如矢，认为道路正对准村口，有损于村落的风水，因而村落形态的道路多弯曲。有些传统村落还在村口置有“泰山石敢当”的石碑，用以镇压村落的风水，保佑村内人畜平安。关于村落道路的弯曲与笔直，阿莫斯·拉普卜特有这样的分析：“传统村落的形式富于活力和魅力，比起建筑师创造出来的乏味苍白的形式，这种差异不仅仅是体现在视觉上。传统村落的布局、相地和选材，即使外行人看来都会不由自主地被感动。这在很大程度上是因为形式的合理、坦率、有力以及和地景之间的融合……房屋强烈的几何形式契入环境之中，几乎找不出一条生硬的直线。”[1]

我们注意到，阿摩斯·拉普卜特在分析传统的风土建筑的时候，并没有涉及中国风水学的术语，但是在强调建筑与自然以及地景之间关系的时候，显然与中国传统建筑环境中的风水的观念不谋而合。

从生态学的角度来看，这是正确的。因为这些村落与风水的关系在一定程度上影响了关中地区传统村落的形态特征，并且一直延续了下来，这也说明它存在的合理性。这与现代西方生态哲学所依据的关于自然的自组织进化论、生态整体论、人类价值论和自然价值论、人与自然重返和谐的理想，有着许多相同的地方和深刻的一致性（图4-5）。

通过以上分析可以看出，尽管风水学中夹杂有诸多附会的成分，但传统村落中关于“风水”的意义给予农民精神上的力量，强化了村落的凝聚力、农民的认同感以及非言语的表达方式，从而更充分地显现了传统文化的强大功力，揭示了传统建筑环境在营造乡村空间及精神润泽等方面的村落文化内涵。这种富有“风水”意味的村落形态、视觉特征更激起了我们对传统村落空间形态的关注度（详见第6章定向性支撑的内容）。

从以上所分析的三个村落中关于“喝形”、“聚气”、“契合”的情形无疑给我们这样一个建筑智慧的启迪：村落形态的多样化，保证了村落空间的独特性，建造者在考

---

[1] ［美］阿摩斯·拉普卜特．宅形与文化［M］．常青等译．北京：中国建筑工业出版社，2012：76-77.

虑了自然条件、社会条件、民俗信仰的基础上，必然得出了独特的回答。而就村落形态本身的符号化、象征性的特征而言，正像藤井明在《聚落探访》中所说的那样："特殊的聚落形态所散发的强烈的能量，能够使形态作为表象特征深深地映在人们的脑海里。"❶

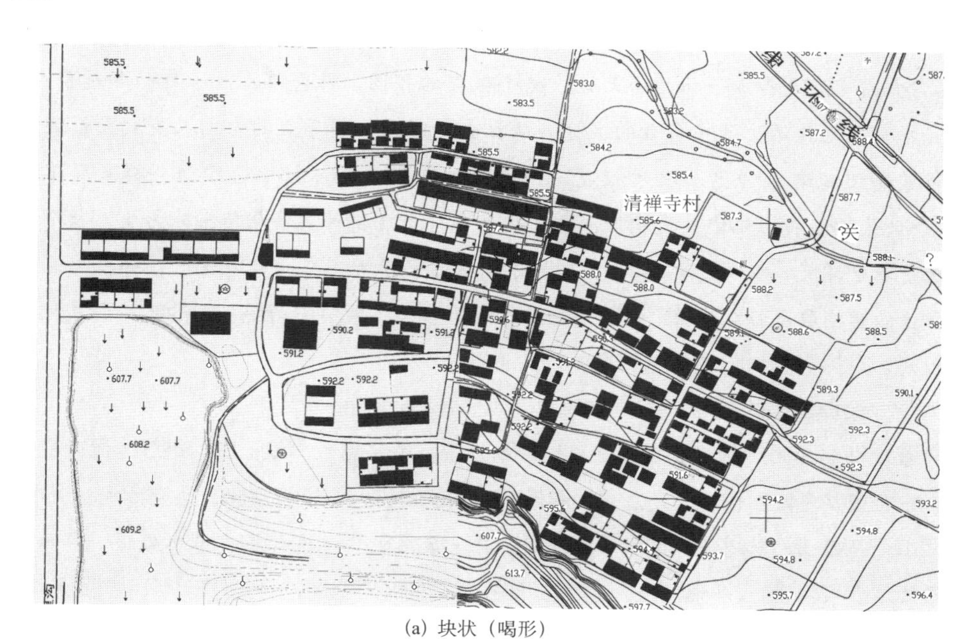

(a) 块状（喝形）

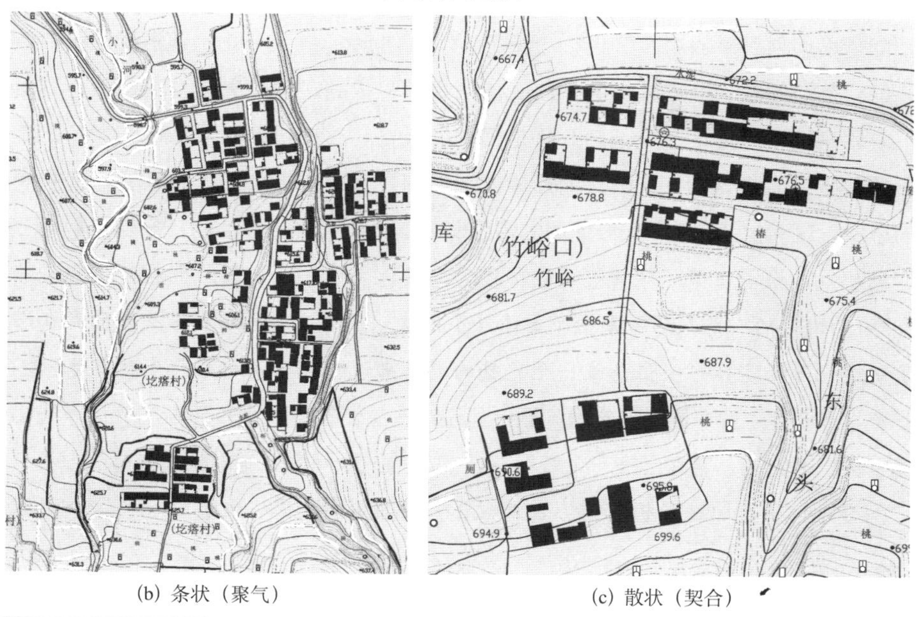

(b) 条状（聚气）　　(c) 散状（契合）

图4-5 关中地区村落的形态特征

❶ ［日］藤井明.聚落探访［M］.宁晶译，王昀校.北京：中国建筑工业出版社，2003：46.

2）村落结构

（1）村落结构的概念

村落结构是指在一个社区长期存在而且起十分重要作用的人际关系网络，是风俗、习惯、组织、规章制度等长期存在着的一种总的特征。

这种总的特征是在沿用中习惯形成的。美国学者费正清（John King Fairbank）认为："中国家庭是自成一体的小天地，是个微型的邦国。社会单元是家庭而不是个人，家庭才是当地政治生活中负责的成分。从社会角度看，村子里的中国人直到最近还是按家族制组织起来的，其次才组成同一地区的邻里社会。村子通常由一群家庭单位（各个世袭）组成，他们世代相传，永久居住在那里靠耕种某些相传土地为生。每个农家既是社会单元，又是经济单元。其成员靠耕种家庭所拥有的田地生活，并根据其家庭成员的资格取得社会地位。"❶正是在这种意义上，了解关中传统乡村的结构形式和组织形式，是探究乡村传统村落支撑体系的关键。

（2）聚族而居的结构特征

聚族而居作为一种传统在关中乡村得到延续。最早见于文献记载的是殷末周族初兴时，古公亶父复修后稷、公刘之业，避薰育戎狄的侵害，率所有宗族、亲族奔豳、沮水，过梁山，在岐山、扶风、凤翔一带，开始"营筑城郭室屋"，并贬弃"戎狄之俗"，"而邑别居之"。❷可以看出，一些贵族宗亲就聚居在营筑的城郭室屋，一些身份低下的"士"和奴隶，则被安插群居于乡野的"邑"，并分得土地农具养家以及供养贵族。

即使发展到后来的"井田制"，这种聚居风俗也没有多大变化，逐日形成关中各地聚居的村落。宗族、亲族繁衍的户族，按一家一户排列，构成房舍鳞次栉比，有出有入，前后有门，所形成的庄基，几乎是相同的规格。后世村落以姓氏称谓为多，其风俗正是同姓宗族或异姓宗亲聚居而形成的。遇到异姓客户迁居，还要征及同宗族间乡民的意愿。这种村落宗族、亲族聚居的传统聚落，被顽强地、稳定地、长久地继承下来。

这也足以证明雷德菲尔德在《农民社会与文化》中对这一聚族而居生活方式的判词："它的内部的人与人的关系由于血缘这个因素以及彼此共同的利害关系的存在而变成了制度化了的实体……但是就一个完整的村落来说，它会是一个扎实的实体，不易被整垮。"❸就异姓客户的迁徙定居问题，他说这些生活在界限比较清晰的社会系统之间夹缝里冒出来的人，早晚会被一个就已存在的老的关系网络或是同化或是降服。

同样地，马克思在分析东方专制制度的特点时指出："从远古以来，这个国家的

---

❶［美］费正清．美国于中国［M］．北京：商务出版社，1987：17-20.

❷ 汉·司马迁．史记周本纪第四［M］．上海：上海古籍出版社，1998：26.

❸［美］罗伯特·雷德菲尔德．农民社会与文化［M］．王莹译．北京：中国社会科学院，2013：74.

居民就生活在这种简单的地方自治的形式下，村庄的边界很少变动。虽然村舍本身又是受到战争、饥饿和疾病的损害，甚至变得荒无人烟，但是同一个名称、同一条边界、同一种利益，甚至于同一个家族都世世代代保存下来。居民对于王田的覆灭和分裂漠不关心，只要村舍仍然完整无损，他们不在乎村受哪一个君主统治，因为他们内部经济仍旧没有改变。”❶正是由于血缘关系的原因，再次证明村落得以产生并长期延续的理由。

3）村落组织

（1）宗法和宗族的概念

林耀华认为，“宗族与宗法不同，宗法是指我国自周以来一种极精密宏大而足以表现并巩固家族观念的法则，是父系社会最发达的一种形式。宗族的宗是指祖先，族指族属，合称是为同一祖先传衍下来，而聚居于一个地域，并以父系相承的血缘团体。”❷吕思勉教授在《中国制度史》中指出：“宗指的是亲族之中奉一人为主，族指凡血缘有关系之人。”❸

从历史的角度分析，乡村组织的形成与发展既是社会生活的需要，也是社会生活的反映，同样乡村的空间关系与社会关系也存在密切的关联，社会组织的整体性和分离性是空间互动和分离的根本原因（图4-6）。

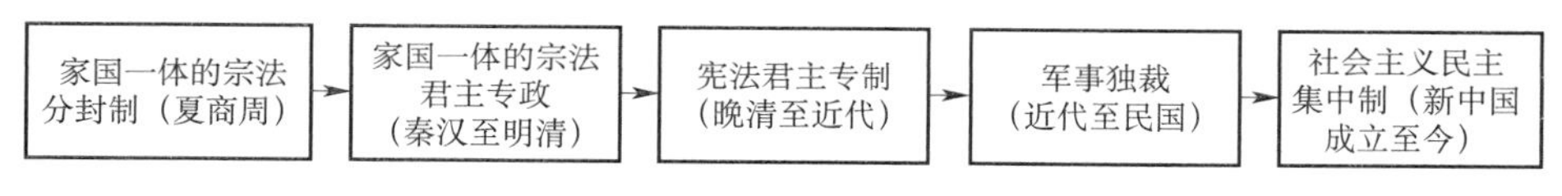

图4-6 传统乡村组织形式的演变

在中国乡村，绵延数千年的宗法制度形成以血缘为基础的严格的家族与宗教关系网络，并以此构成基本的乡村组织单位。我们注意到：“工业化后，静态的农耕文明发生了巨大的变化，血缘网络逐步被地缘、业缘所取代，具有乡村特征的以亲属关系为基础的社会控制模式被更为正式的社会控制手段取代了，建立了新型的社会群体。”❹

（2）关中村落的宗族组织

同样地，宗族本身也是如此：在所有的村落中，包括各主要宗族以及与宗族结亲的异性亲族、同姓亲族在内，组成村落中的社会网络，家国一体，世俗宗法不能例外。从考古民俗可以了解到，每个村落主宰的大家族，都有管理组织，即全族推举族长多

---

❶ 马克思·恩格斯全集［M］. 北京：人民出版社，1972：271.
❷ 林耀华 . 义序的宗教研究［M］. 上海：上海教育出版社，1985：371.
❸ 吕思勉 . 中国制度史［M］. 北京：三联出版社，2000：71-73.
❹ ［加］戴维·理 . 城市社会空间结构［M］. 王兴中译 . 西安：西安地图出版社，1992：209-219.

人，族下按房室再设房长。族长分管公田、祖田、山林以及义仓、义学，并有知事协助。族长是大宗族家长，掌握组织及纠风的决策权，大宗族长以下，所设房长或家长，多系每户的长辈老人，参与族中大事的商榷，在家中有经济主宰权。

关中农村的宗法制度和家长制度由周代开始，影响至今3000年。

就村落日常事务的管理而言，族长的权力主要表现在以下几个方面：第一，族长通过主持祭祀活动这一同宗宗族成员敬宗收族等仪式，成为宗族成员认可的精神权威；第二，通过主持族人的日常生活，例如婚丧嫁娶、分家分田、财产继承、调解纠纷等，成为整个宗族社会群众的事物掌控者；第三，通过主持制定宗族法规，并对不守家法、违背教训者，施以轻重处罚进而有了强制性的力量。

总之，在这些职权中，直接关系到乡村社会秩序的主要是族长的执法权威和对外交涉的权威。而事实上，国家在许多时期对这些权威和权力采取了积极提倡的政策。如清咸丰年间就规定：“凡聚族而居，丁口众多者，准择族中有品望者一人立为族正，该族良莠，责令察举。”[1]

的确，历史上的村落组织，体现了官与民之间的一种妥协。随着近代启蒙运动的兴起，科技化、法律化、货币化、制度化、世俗化等现代化的内涵要求大于道德的诉求，反而距离宗族组织旨在改良风俗和维风范俗的理想甚远。

从本质上说，村落组织的内涵反映了深层次的政治及社会、文化意义。它有利于乡村的道德实践，有助于风俗的保存、社会道德的认可，同样也有利于传统的延续。

我们在这里层层解析这种村落组织的管理模式，回头看，实际上体现了他们的价值取向和对村落社会秩序的遵循。难怪雷德菲尔德在他的《农民社会与文化》中强调了他的这一观点：“农民们的的确确有着他们自己的一套价值观。”[2]

（3）村落中祠庙与祭神的道德实践

祠堂与庙宇在乡村建筑环境中有着崇高的地位，绝不亚于乡村的传统民房建筑。前者是精神空间的物质化形态，后者是世俗的日常生活空间。从这一层面来说，两者代表着不同形制的空间对农民文化的制衡。

关于这种现象，在费孝通先生的《乡土中国》一书中，将中国的乡村社会称为一个“礼制”的社会。这种“礼制”调节功能的不断强化，使制度化的“法制”调节意义与功能在乡村社会存在的空间越来越小，最终乡村社会演变成了一个“无法”的社会，一种“无讼”的状态。这种“无法”的社会与“无讼”的状态之所以存在，并不

---

[1] 郑天挺．清代的幕府［J］．天津：天津人民出版社，1982：43.

[2] ［美］罗比特·雷德菲尔德．农民社会与文化［M］．王莹译．北京：中国社会科学出版社，2015：144.

是因为外在的力量阻碍乡村社会推进法律规范，阻碍乡民以诉讼的方式解决他们之间的矛盾、冲突、纠纷，而是乡民认为他们的日常生活所遇到的人际纠纷、社会的整合完全没有必要通过强制的法律，通过“红脸”的诉讼来完成，他们用“礼制”足以应对乡村社会与隔绝状态下的生产、生活与交往问题。

费孝通认为，法律是靠国家的政治权力来推进的，而“礼”是“社会公认式的行为规范”，❶它不需要诸如国家这样有形的权力机构来维持，只需要经过教化就可以养成一种人们主动服从与传统的习惯，而维持“礼”这种规范的是传统，“礼（即）是传统”。❷所谓传统就是社会所累积起来的经验，是经过自然选择所保存的一套被证明“合于生存条件的生活方式”。❸它经由文化的涵化和儒化，一代一代地进行传承，以满足所有社会成员的日常生活需要。

最后费老先生得出结论，认为乡村社会是基于一定的道德准则，而不是基于法律准则。

回到祠庙与祭神的道德实践中，实际上，庙宇发挥了它的精神空间的作用。人们往往通过庙宇把自己内心的想法倾诉给神，包括祈祷、诉苦、忏悔，甚至是告“阴状”等等。用希尔斯的话说这些都是人类作为社会动物的最原始的心理需要，正因为如此，才使得村落中的庙宇有了存在的价值和意义，并通过祭神、烧香等活动而成为心灵慰藉的场所。

由此，也就不难理解古希腊、古罗马在城市建制过程中把教堂置于十分重要的位置，成为城市整体的控制点。实际上，它们对人们的行为和心理活动同样起着制衡的作用。

4.1.3 基于民俗的建筑文化意义阐释

民间信仰是民俗的重要组成部分。民间信仰经过长期延续，日益渗透到乡村文化生活中，逐渐演变成种种习俗。它以习俗的形式潜伏在人们的意识里，约束着社会的行为和人们的行事方式，同时又通过各种仪式空间体现出来，不断得到强化和巩固。民间信仰与习俗相结合，成为人们生产生活中必不可少的文化现象。

民俗学指出：“民间信仰是指人们按照超自然存在的观念及惯制、仪式行事的群体文化形态。”❹民间信仰体现了信仰、行为意识和象征体系的统一。由于民间信仰的地区分化，地区神祇通过一系列仪式实现对村落领域的限定，在很大程度上表达了乡村成

❶ 费孝通．乡土中国生育制度［M］．北京：北京大学出版社，1998：50.
❷ 费孝通．乡土中国生育制度［M］．北京：北京大学出版社，1998：53.
❸ 费孝通．乡土中国生育制度［M］．北京：北京大学出版社，1998：84.
❹ 董晓萍．民间信仰和巫术论纲［J］．民俗研究，1995（2）.

员的心理认同，从而完成了结构意义上的支撑。它通过独特的外在表现形式，使其宣扬的文化理念深入人心，形成根深蒂固的共同信仰和习惯，从而促成了族群的认同感和凝聚力的产生，并在与异文化的接触中，产生“自觉为我”的村落认同感，形成了清晰的村落边界。

在功能上，民俗信仰通过“会”或“社”等组织形式主管村落及地域范围内的日常生活与生产事宜，包括庙宇的维修、庙产的管理、组织管理、庙会、节庆活动乃至商业活动等，由单纯的民俗信仰承载体演化为服务于整个村落的社会活动组织管理机构，形成了村落的信仰和禁忌。

1）信仰与禁忌

禁忌是一种社会心理层面上的民俗信仰，起源于灵魂观念，是人们敬畏神灵而自发地约束自己行为的产物，是人们趋利避害的本能使然，属于消极巫术的范畴。积极巫术的目的在于获得人们希望得到的结果，而禁忌则避免出现不希望得到的结果。在传统社会，禁忌以巨大的约束力控制着乡民的思维方式和生产生活。

詹姆斯·乔治·弗雷泽（James G. frazer）作为著名的人类学家、民俗学家和古典学者在他的名著《金枝》中关于禁忌有全面的分析和研究，主要包括禁忌的行为、禁忌的人、禁忌的物以及禁忌的词汇等，当然也有关于房屋营建中的禁忌描述。本书以他的比较研究方法为指导，进一步分析关中地区的信仰和禁忌。

关中传统建筑的信仰与禁忌主要表现在以下几个方面：首先是建筑房屋忌讳后墙和山墙正对近处的坟墓，认为魔鬼回来冲犯；其次是建筑房屋忌讳道路四面环绕，要求至少一面无路，否则就要没出路；第三是凡建筑有山梁大泉者，谓之“靠山厚”，建筑靠近深沟大壑没有依托者，谓之“靠山空”，两种地形均不适宜建造房屋和村落；第四是建筑材料要求干净，不能带有金属或血迹异物，如有违犯，必遭不详；第五是门窗不用枯木死树作为建筑材料，这是肃杀败落之象；第六是大门的开启位置要求在院落左首，左为青龙，称为龙首，门楼不能高于厅房和后房；最后是屋脊两端的装饰有塑凤的，俗称雉尾，凤为瑞鸟，能降吉祥，屋脊两端装饰虬龙，方能兴云布雨，避免火灾。民谣有：“财东房上有兽头，贫户石狮大张口。官家挂匾在旗杆，百姓狮子搁炕头。”当地人把石狮子视为家里的守护神。这些信仰都出于对图腾的崇拜。

然而，以上这些繁琐的禁忌规定，人们虽然并不了解其产生的真正原因，也不一定理解其深层的文化内涵。但是，梳理起来不外乎以下几个方面：首先是传统社会生产、生活经验的总结；其次是不符合传统社会礼仪制度而被禁止；第三，比附联想，例如关中民俗五月不盖房，在《中国民俗大系：陕西民俗》中就有这样的记载：“五月盖房令人头秃”。[1]五月上屋，显露出自己的影子，魂魄就会失去。因为五月太阳直射北半球，人的影子最短，容易与短寿联系起来，因而忌讳；第四，异常现象引发为忌讳；第五，特殊时日引申为忌讳。

实际上，信仰与禁忌是一种不成文的规定，它虽不是法律条规，也不是道德规范意义上的约束，但它从信仰与禁忌的角度控制了人们的言行，对群体及个人都有制约作用，是一种民间的、自发状态的心理制约机制。他们“相信自然与人类生命的过程乃为一种超人的力量所指导与控制，并且这种超人的力量是可以被邀宠或抚慰的。这样说来，宗教包括理论和实践两大部分，就是：对超人力量的信仰，以及讨其欢心，使其息怒的种种企图。这两者中，显然信仰在先，因为必须相信神的存在才会想要取悦于神。”[2]

总之，禁忌的成因多种多样，或因其崇高神圣而不可侵犯，或由于神秘而产生敬畏，或由于不洁而加以避忌，或由于危险而必须防范。显然，趋吉避凶的心理促使他们严格遵循，不敢越雷池一步，唯恐触犯后招致灾祸。这就是禁忌长盛不衰，兴盛传承，无形中控制了传统社会乡民的思维方式，左右了村落的日常生活。

2）民间信仰与村落空间

对于村落空间民俗的解读，不可避免地要求寻求村落空间中仪式行为的文化意义，在这一方面，或许应该更多地借鉴人文社会科学研究的成果。仪式通常界定为象征性的、表演性的、由文化传统所规定的一套行为方式，它可以是神圣的，也可以是凡俗的。广义上，它可以是特殊场合下庄严神圣的典礼，也可以是世俗功利的礼仪、做法。

从以上的表达可以看出，民俗信仰与乡村社会的地方组织以及村落空间的形成有密切的关系。民俗空间作为一种隐形的空间文化，有着十分强烈的地缘观念，反映在民俗信仰上就产生了不同区域间的明显差异。它的形成过程，是村落日常生活对官方空间划分体系的超越和转移，是乡村对日常生活空间营造的身体力行。这是一个历史文化不断积累的过程，各种信仰元素相互影响，逐步达到平衡，最终形成了富有生活气息而且满足了人们使用和心理需求的村落空间体系。共同的民俗信仰和群体利益创造出人们对于村落文化强烈的认同感。

综上所述，自然环境制约下的村落环境支撑的演变机制，主要包括了村落风水、村落结构、村落组织以及建筑禁忌、建筑信仰以及人与人之间的社会关系等。这种支撑机制的特征正如阿莫斯·拉普卜特在《宅形与文化》中所概括的：“乡村的盖房习惯则下意识地把文化需求与价值，以及愿望、梦想和人的情感转化为物质形式。这是微

---

[1] 杨景震．陕西民俗［M］．甘肃：甘肃人民出版社，2003：115.
[2] ［英］J·G·弗雷泽．金枝［M］．汪培基等译．北京：商务印书馆，2013：90.

缩的世界景观，是建筑和聚落中显露出的理想的人居环境，不需要设计师、艺术家或建筑师来班门弄斧。乡村盖房习惯与大多数人的真实生活息息相关，是建成环境的主体，而代表着精英文化的上层设计传统则远没有这么实在。”❶

4.2 传统村落与建筑环境支撑的成因机制分析：以党家村为例

村是聚落的一种形态。村的形成和建设，有两大因素至关重要，一是地缘，二是血缘。前者决定生存条件和环境，后者关系村的凝聚力及子孙后代的发展，即古人注重追求人和自然关系的和谐以及社会环境的本身和谐。关中地区党家村环境支撑的成因机制分析应该成为一个典型案例。

党家村位于陕西省韩城市城区东北约9km处，东距黄河3.5km，西距108国道1.5km，距西禹高速公路约9km。党家村俗称“党家圪崂”，圪崂在陕西方言中意为低洼之地。党家村位于一个东西向的葫芦状狭长沟谷的台地上，海拔400～460m，依塬傍水，泌水绕村南而流入黄河，泌水两岸及村北、村南约30～40m的高原上密布着果树、花椒林、菜地和农田。村北土塬颇高，甚至达40m以上，成为减缓西北风的屏障。党家村有党、贾两大姓氏，世通婚姻，而外姓极少，是一个典型的同族姻亲聚居的村落或集中式聚落，人口密度很高。

费孝通在《乡土中国》指出，村落不仅仅是聚落，同时在祭祀、共有水面管理方面等，具有很明确的村落共同体的性质，这确实也是党家村的特质。

4.2.1 地理、气候对村落营建的影响

党家村土层厚度达300m，浅者数米至数十米。其中，原生黄土由西北风刮来堆积而成，所含的矿物质及颗粒均匀一致，特别适合于制造砖瓦等建筑材料。

在气候方面，该地区为南温带亚湿润气候，年平均气温13.5℃，最高气温42.6℃，最低气温-14.8℃，全年日照2436小时，无霜期208天，年平均降水量559.7mm。

出于传统生活习惯和农业生产的需要，党家村的选址依塬傍水，向阳背风，水源方便，泌水和常年流水可提供部分生活用水，由于地处谷底，地下水位较高，打井

❶［美］阿摩斯·拉普卜特．宅形与文化［M］．常青等译．北京：中国建筑工业出版社，2012：2. 笔者将原文中的“民间”改为了“乡村”，因为笔者认为拉普卜特所说的“民间”和本书中的“乡村”在含义上相似。

方便，有足够的饮用水源，地势北高南低，有利于排水。泌水河党家村段河岸高差达40m，基本可满足泄洪的需要，建村以来数百年间不曾受水患。

1）村落选址意向

（1）“无院”不成村，“无水”不落家

党建村传统民居是以四合院为基本形制，与北京四合院相比，为大量的中小型民居，用地狭窄，面宽多在9～10m左右，正房与倒座分三开间，或倒座为五小开间。两边厢房进深不超过3m，多为三间或五开间，每间宽为3m。中间庭院为3～4m，俗称“关中窄院”。每家院落中有一口水井，以供日常生活之用（图4-7）。

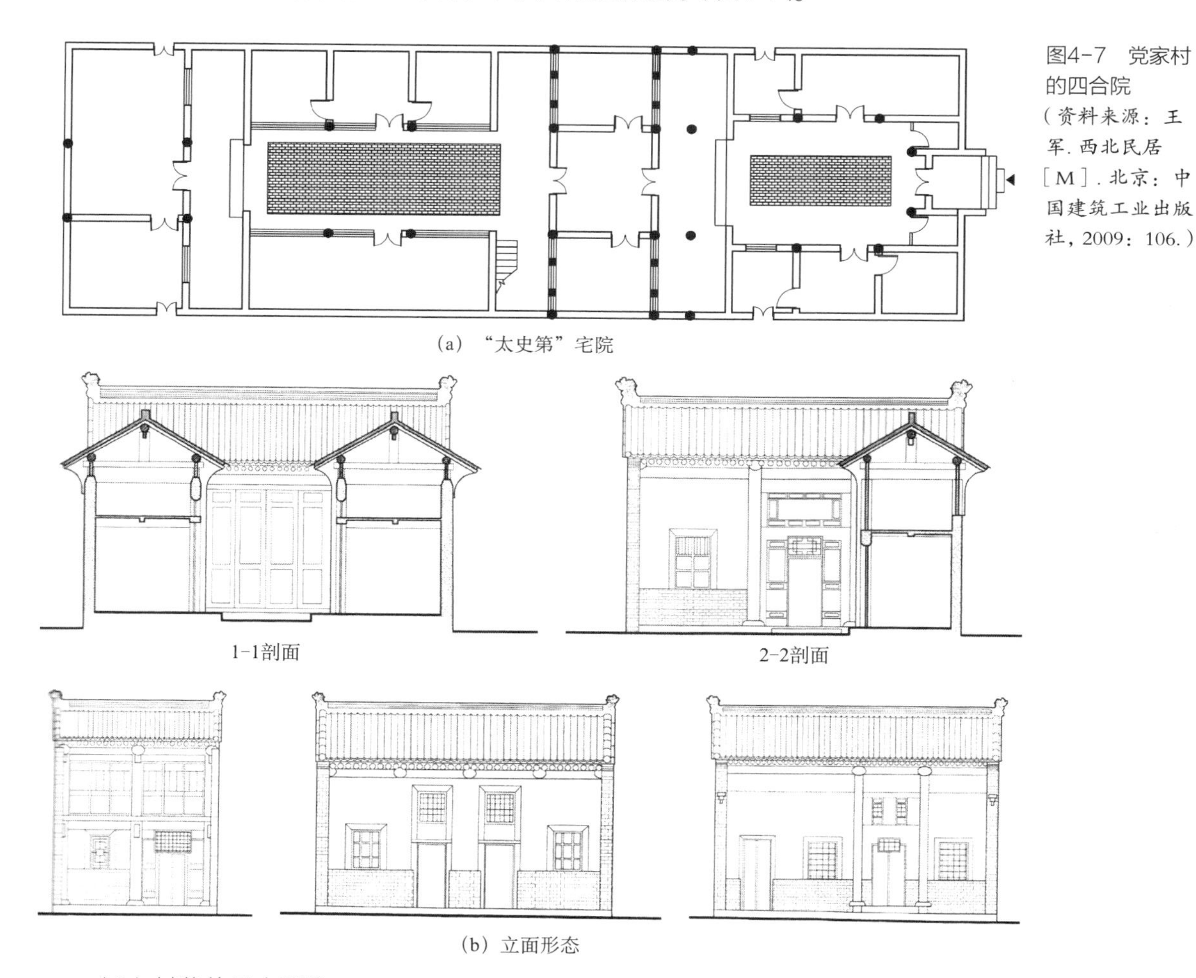

图4-7　党家村的四合院（资料来源：王军. 西北民居［M］. 北京：中国建筑工业出版社，2009：106.）

（2）村落的风水环境

党家村的周边环境是西枕梁山，东临黄河，当地的乡村文人称之为“梁山西照，泌水东流”。村落环境的选址立地是北依高原，南邻泌水，在河谷台地向阳背风，颇符合“负阴抱阳”的风水原理。

当地民间认为顺河谷而来的“财气”、“吉气”，经由文星阁的收拢而可以“聚气”。确实，文星阁的阁门、阁窗均是朝向村里（西北）的，它与村落正好形成呼应之势。

关于党家村的村落“立地环境”，当地有“取不尽的西北，填不满的东南”，“东皋不算高，西高压弯腰”之类的说法。文星阁作为党家村地区性标志建筑，位于村落东南的小学校院内，是一座典型的风水塔。

据说修建风水塔的缘起，正是因为党家村的总体地形、地势是西北高亢而东南地斜，所以在此修建以为增补，在总体构图上，使得村落空间取得一定的均衡感。而客观上它确实也极大地丰富了村落的景观。

从这个案例可以看出，党家村的选址除了包含对方位的迷信之外，也包含对重要视觉焦点在视线上有所望，在心理上有所像的规划考虑，从而形成理想中的景观模式（图4-8、图4-9）。

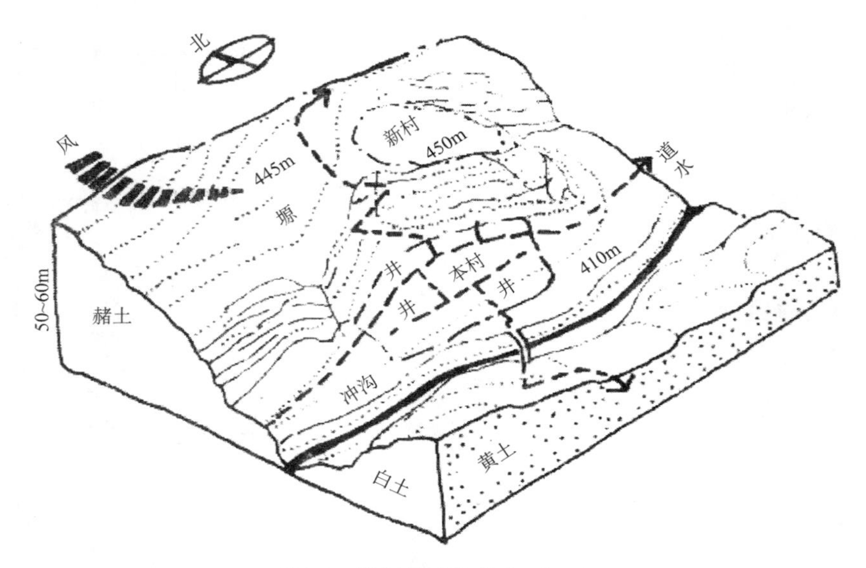

图4-8　党家村的周边的风、土、水

（资料来源：周星.乡土生活的逻辑：人类学视野中的民俗研究［M］.北京：北京大学出版社，2011：227.）

2）建筑布局特征与村落的同构

总体上说，党家村四合院的平面布置大体上与北方常见的四合院相近，宅院面宽较窄，平面呈狭长形，其高耸的房屋所围成的宅院呈现出强烈的封闭性，厢房的结构间尺寸较小。院中见不到种植的桑槐之类，完全是人工化的空间。在房间安排上，正房居上，厢房分置两侧，门房与正房相对，四房相合，中间则是砖铺庭院，各房均为木构架，外围青砖墙，上覆小青瓦屋面。

图4-9 党家村的总平面图（资料来源：王军.西北民居［M］.北京：中国建筑工业出版社，2009：102.）

从防御性和组织模式的角度来看，党家村的民居与村落存在一定的同构性。一正两厢，四合院等建筑单体功能布局与村落整体布局同时反映出党家村的村落特点，建筑单体同构村落结构，服从于村落的整体空间安排。因此，两者在支撑特征上存在着同构关系，分别表现出民俗建筑的动机性、半外向性和内向性的空间过渡特征。党家村的街巷空间纵横交错，宽窄多变而曲折，且多呈“丁”字形、“工”字形，或多设计成尽端小路（迷路形死巷道），巷口多相互错位，无“十”字巷口。巷道较少直通而多有曲折，这便于防御，同时也是因为风水的要求。风水讲究通气，又讲究聚气，通气要有通道，聚气就需要迂回曲折而避免直冲。巷道的布置和宅院房屋的结构（如照壁或影壁、门向等），也都体现了回避直冲的营建匠心。“泰山敢当石”常被镶嵌在建筑物的墙体内，位置多在道路或巷道口所冲犯的建筑物的墙面或墙角。

正是这种路网体系，四合院的方位随时调整，加上风水理念的跟进，建筑的空间布局和村落的形态达到了高度的同构性。

3）传统的公共建筑支撑村落的文化空间

党家村传统村落布局和聚落形态中，除了大量的四合院建筑、三合院建筑外，还有为数不少的村落公共建筑。党家村具有公共属性的设施或公益建筑，除少数和风水有关外，更多的是和村落的社会生活密不可分，前者如文星阁、泰山石敢当、四合院大门内外的照壁等；后者如戏台、庙宇、党贾两族的多座祠堂、节孝碑、惜字炉、池塘、古井、哨门、看家楼、暗道、城墙和城堡等。所有这些公共建筑均为村落文化空间的建构发挥着各自的作用，显示着村落内部的功能多样而又齐备，基本上自成体系，自给自足。

4.2.2 建筑技术应答地理气候的策略

韩城地区处于暖温带半干旱区域，属于大陆性季风气候，四季分明，气候温和，光照充足，雨量较多。因此，村落在排水方面，主要靠地下排水。

1）院落排水

党家村没有地下排水系统，除了各个院落均有专门的排水孔道外，村落每条巷道也均有河石砌墁，所以“晴天无光、雨天无泥”，这些巷道同时也就是下水道，雨水由此可迅速直接排入泌水。

2）保温隔热，通风采光

党家村建筑用材除了采用砖、瓦、石、木材外，也常有土作为内墙材料。常见做法一种是青砖与土坯结合，内砌土坯外砌青砖，称为“银包金”，或将土坯夹在中间作芯子，内外都用青砖砌筑，称为“夹心墙”，该做法墙体较厚，土坯的保温隔热性能好，可使居室冬暖夏凉。这种砖与土的有机结合，反映了传统建筑对地方材料的合理运用，创造出了多姿多彩的“土”与“青砖”建筑语言，建筑与生活透射出地区文化的内涵。

4.2.3 建筑装饰彰显的地区乡村文化

党家村的建筑装饰随处可见，有各种符号、文字和吉祥图案等，它们在很大程度上形塑了党家村文化空间的特质。类似的情况也多见于关中其他地方：“举凡较为富裕、宗族组织和私塾较为发育的村落，大多会自然地发展出亦耕亦读或商儒浑然一体的村落文化。”[1]在党家村，四合院门楼上的砖雕和匾额题字、大门两边的对联、厅房歇檐两侧或厢房山墙上镶嵌的篆刻家训格言等等，所有这些几乎全是儒雅的汉字文化和耕读历史传统的表象，使得整个村落都弥漫着一种书卷气，保留着旧时科举时代的文化韵味（图4-10）。

---

[1] 周星．乡土生活的逻辑：人类学视野中的民俗研究［M］．北京：北京大学出版社，2011：239.

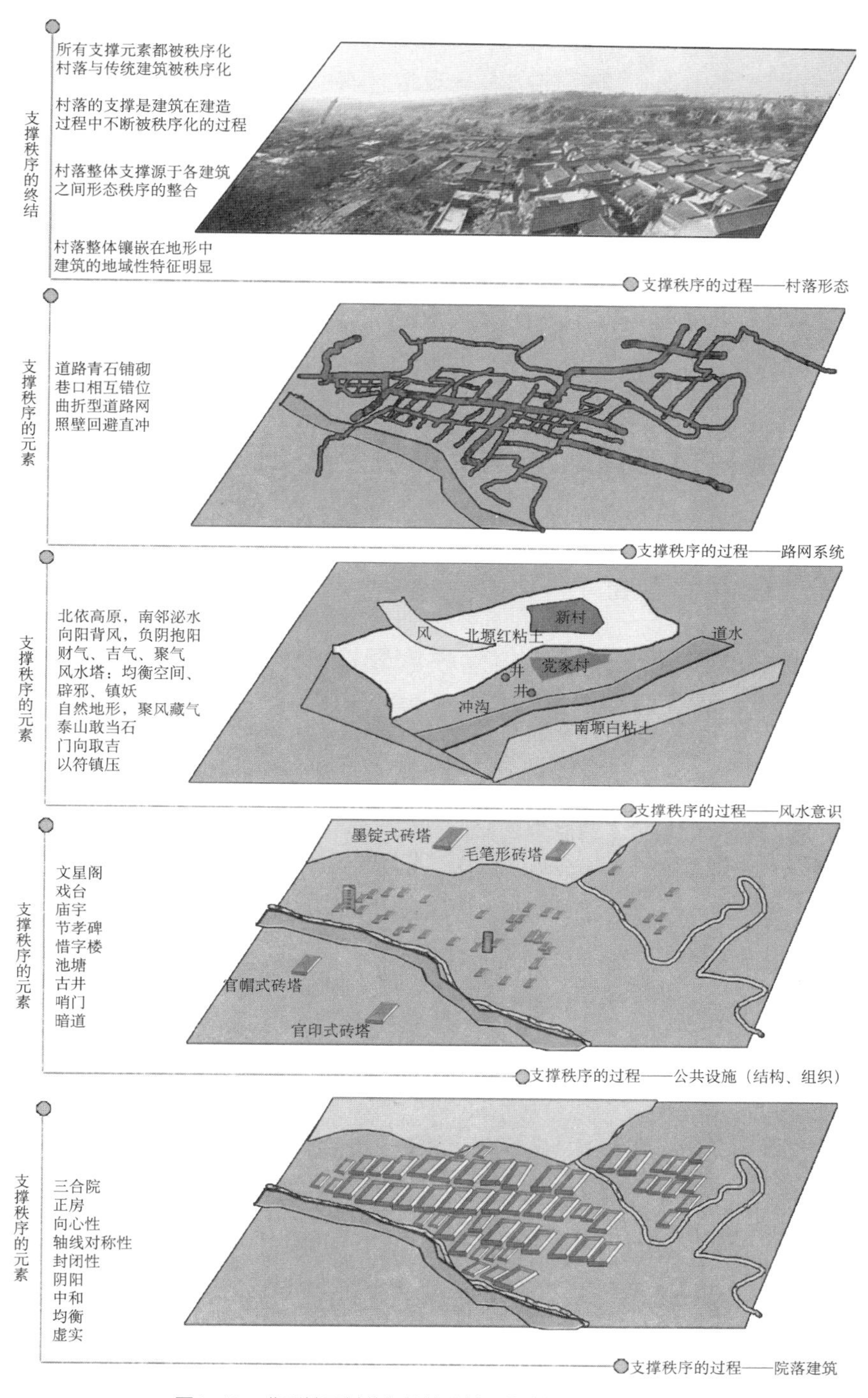

图4-10　典型地区村落与传统建筑环境支撑的机理分析

总之，党家村传统建筑环境支撑的成因机制主要是依靠地理、气候、人文环境以及符号象征等维持其生成、生长的方向和轨迹，创造和发展了地区性传统建筑文化的特征，并始终遵循着一个“道法自然”的理念，即对于地域自然环境的限定与社会文化的参与，人与人之间通过自我调适与选择的过程来最终求得与自然的和谐相处。

但是也应当指出，乡村也有一些消极的特点，如封闭性、妒忌心理、狭隘的地方观念、对陌生人的疑心等，这些都是自给自足所带来的阴暗面。贾平凹在《带灯》中就有这样的描述，细致缜密的写作方式，让我们了解了这一点。陈忠实的《白鹿原》更是讲了白鹿两大家族的家史之争。

4.3 传统村落与建筑环境支撑机制的归纳和总结

从党家村的村落演变过程可以看出，传统村落的形成机制，就是村落的秩序的同构、文化的同构、结构的同构等，构建了一个动态的运行机制。

4.3.1 传统建筑环境与村落秩序同构

我们之所以能够认知一个村落的构成，是因为从中可以体会到蕴含的秩序化。原广司在《世界聚落的教示100》中指出：“所有表现着的事物都是被秩序化的事物，所有的聚落与建筑已经被秩序化。聚落的生长是建筑在建造过程中不断被秩序化的过程，或者说秩序化是聚落生长的一个必然环节。”[1]显然，传统村落的营建过程是潜心研究地形、气候，利用该基地不同于其他均匀分布的空间场地的奇特地形地貌，通过村落与基地环境的匹配与整合，将具有特殊形状的地形与村落结合在一起，充分发挥地形的潜在力，并构成村落与建筑之间的秩序感。

在这种秩序化的过程中，最为注重村落的整体环境与人的关系，于是便积极地、有目的地创造比自然更有意义的环境。这种“环境的意义”更多地体现在精神象征方面，就是为人们找到一种表达情感和寄托希望的方式。

由此可见，在传统村落的秩序中，不论是个体的意识还是群体的意识，都起源于人与环境的认同机制。恰如诺伯舒兹所言的：“建筑没有什么不同的种类，只有不同的情境需要不同的解决方式，借以满足人生在实质上和精神上的需求——定居，尤其要以与环境的认同感为前提，在我们的环境脉络中，认同感意味着与环境为友。”[2]

---

[1] ［日］原广司．世界聚落的教示 100［M］．于天祎，刘淑梅译．北京：中国建筑工业出版社，2003：24.

[2] ［挪］诺伯舒兹．场所精神——迈向建筑现象学［M］．施植明译．华中建筑出版社，2012：3-4.

4.3.2　传统建筑环境与村落文化同构

实际上，符号的意义在于它的象征性。我们可以解读为：在传统的村落中，村落的符号化是整体环境构成必不可少的部件。实际上，这种象征性的符号是建立在约定俗成的基础之上的，而约定俗成本身就是一种世俗美的体现，它是由人们对对象熟悉后产生的，常常带有感受者的文化背景、审美观以及观念等。这也可以证明“符号的意义不是再现而是用来说明其象征之物，一个有效的符号是能够说明事物的符号，一批有效的符号是我们思想结构中不可缺失的组成部分。”[1] 可见，村落文化的符号，与其说是“落后”的象征，不如说是对村落文化的滋润。

应该指出的是，有关乡村传统建筑环境本身具有的实用功利和精神象征双重价值为人所共识，但仍有其独特性。即对于传统建筑形态，以聚落、礼、风水、血缘等表征，传统思想的做法本身，就使得它们在体现观念形态中的“主体本位”的同时，更追求所“表达之物”的深刻哲理。一旦被建筑选中，便形成了一个具有一定地区风格的关中古典建筑的民俗圈。

4.3.3　传统建筑环境与村落结构同构

传统的农业社会，乡民依附于耕地，缺乏流动性的农耕经济及长期固定的生产、生活模式，普遍维持着以血缘与地缘为主的关系，并成为承担村落经济与社会功能的组织保障。由此可见，一个完善的村落，其有序的社会关系、社会制度与家庭结构必将带来井然有序的村落结构。

聚族而居使得家庭成员遵循同一祖制，有着相似的思维方式和价值趋向，反映在村落形态上就是对已有的建筑形制方式具有统一的认同感，以祠堂作为家族重要的公共活动中心，民宅均围绕祠堂而建，形成公共与私有的空间关系。

另外，传统建筑环境在满足基本的生理与安全需求的前提下，对生活、文化、习俗、信仰以及祭祀等社会需求的多样化必然反映在建筑的空间组织上，体现了建筑空间功能单元的分离与专门化的趋势。例如，传统的关中四合院，门房、厦房、大房等不同的空间承担不同的功用，较少各种功能的混杂。此外，在房屋安排上，空间的形制差异又是家族等级制度与主次尊卑的体现：间与厢的尊卑、门与堂的主次、院与屋的虚实等，这些层次分明、收放有序的关系通过庭院空间单元不断重复与变化，构成了建筑的整体空间序列，进一步与村落结构形成同构关系（表4-1）。

---

[1] ［英］阿诺德·汤因比．历史研究［M］．刘北成，郭小凌译．上海：上海人民出版社，2003：24.

传统村落空间的支撑要素如下 表4-1

传统建筑空间	四合院、三合院、正房、厢房	轴线对称、封闭性、阴阳、中性、均衡
文化空间	文星阁、戏台、节孝碑、惜字楼	体量较大，分布在村落的公共空间中
民俗信仰	风水、聚族而居、祠庙、祭神	人们营建观念的形成
公共设施	义学、义仓、宗祠、公田、井	潜意识中的公共活动场地
自然山水	山、水、植被、树林、郊野空地	对外部环境的尊崇和对自然的膜拜
交通空间	院落、街、巷、道路	边界的界定、归属感的强化
其他	……	……

总之，探索和分析关中地区传统建筑环境支撑机制的最关键问题，就是把传统建筑形态中的表层观念与深层智慧相剥离，即重新审视和评价传统建筑环境的价值意义。目前，城镇化所面向的大量乡土村落正是民间文化的承载地，我们应该以传统文化和村落的保护为立足点，吸取民间的智慧。

同样应该关注的是，第二次世界大战之后，特别是近30年间，随着《马丘比丘宪章》（1997年）的通过、两次人类住区会议（1976、1996年）、《温哥华人类住区宣言》和《伊斯坦布尔人居宣言》的发表以及可持续发展战略（1987年）的提出，有关人类居住与自然环境的关系问题在世界范围内达成了普遍共识，意味着各国的传统建筑形态，特别是传统的建筑环境形态，都将经历又一场深刻的变革。

值得一提的是，这些共识中的部分思想，与中国某些传统的观念精髓存在着异曲同工之处。尽管我们还不能因此就说西方对人与自然关系、对传统建筑与环境关系的态度转化为与中国“天人合一”等传统观念有多大关联，但有一点是明确的，即传统建筑的观念精髓，仍具有相当大的现实意义和使用价值。

4.4 当前关中地区乡村建设与传统建筑环境支撑的机制探索

4.4.1 现代建筑和传统建筑环境的博弈

1）现代化对传统文化的“祛魅”

“现代化”（modernization）一词的含义是把现代社会的成长视为“自然”与“可欲”的过程，是社会结构的整体性变迁，或者说现代化是一场深刻的文化变迁，既包括物质文化，也包括精神文化的发展变化。现代化一旦在世界上任何一地展开，其影响便不可避免地渗透至全球各处，不管这种影响靠的是什么力量。在马克斯·韦伯（Max Weber）看来，现代化是新的制度化的宗教文化的产生及其对民间的取代。他说，传统社会的意识形态与精神体系是一套充满着“魅”的系统，是建立在非理性的基础之上的，笼罩在一层“魅”的面纱之中，要实现传统向现代化的转型，首先就必须“祛魅”。直到20世纪80年代，西方的发展社会学家或现代化研究者都在某种程度上继承了韦伯的思想，他们提出现代化的内核就是理性化、工业化、城市化及其社会变革生成现代化社会的过程。因为按照韦伯的观点，科技化、法律化、货币化、世俗化和科层化都是理性化的最典型的不同表现，因而理性化被看作整个现代化过程的实质和根本，而以往社会留下的种种传统则成了理性化或现代化的“死敌”。

基于现代化世俗功利的计算方法和知性方法，改变了传统社会人们对“天”、“地”、“人”三位一体的世界图像结构的解读，导致了“世界的除魅”意图。从某种意义上说，“世界的除魅”就是人用自我的理性，取代了“天”这一最高价值和意义本体，同时揭开了各种神秘主义的面纱，把世界变成了一个人人都可以认识和操纵的对象。进而过去捆缚我们的那种统一的、神圣的宗教信仰消散殆尽，每个人都置于一个“价值多元”、“诸神相互厮杀”的时代，不得不在其间做出主观的理性选择，独自去承受那种实际的“无信仰的状态”。

可以看出，韦伯的政治思考用心所在，即是为个人的基本价值寻找新的精神资源，也寻找制度上的存身机会，他是对现代化的反思。

实际上，在韦伯的眼里，民族的重大意义在于它的“文化任务”，而权力乃是从事此项任务的必要工具。民族是一套特定的文化，也就是面对世界的特定价值态度的寄身之所，不同的文化更蕴涵了不同的人格类型或者说人性理想。

2）现代建筑对人文生活的冷漠

就现代建筑发展而言，其受西方现代化的影响不能说不深刻。20世纪20年代后半叶，现代运动已经完成了所有准备，除了新型材料技术的成熟、建造体系和生产方式的发展以外，现代艺术确立了现代主义的美学原则，并为现代建筑提供了直接的形式来源。这些来源的特征启发了现代建筑一系列的重要观念：一方面，它确立了以抽象几何体作为基础构图要素的地位，为简洁理性的机器美学开辟了道路；另一方面，它探索了非对称式构图方法的使用，构建了新的美学法则。它表达出全新的构图理念，暗示出一种均质的、真理化的、柏拉图式的几何空间的可能性。“几何学的对象乃是永恒事物，而不是某种有时产生和灭亡的事物，几何学大概能把灵魂引向真理，并且或许能使哲学家的灵魂转向上面，而不是转向下面。"[1]因此，现代建筑直接提供了几何造型、简单的形体交接、平屋顶、大面积的透明玻璃，构成了它最易于识别的外在形象特征，常被称之为纯洁主义（Purism）的建筑。

而早期现代主义建筑师的主张和行动表现为对现代化信念和价值的肯定。例如，现代建筑的先驱人物瓦尔特·格罗皮乌斯（Walter Gropius）、勒·柯布西耶，以及密斯·凡·德·罗（Mies van der Rohe）都主张宣传具有普遍性的、新的建筑形式、空间原则以及时代精神的建设，他们通过对古典装饰的摈除、时空概念的重新定义、形式追随功能原则的提倡和建筑部件的模数化，使现代建筑体现了建立在理性和效率基础上的现代生活模式和思维方式。他们的言语和著作更是起到了推波助澜的作用，格罗皮乌斯直言："现代建筑不是老树上的分枝，而是从根本上长出来的新枝。"[2]柯布西耶的《走向新建筑》可以说是现代建筑理论问世的一个宣言（图4-11）。

图4-11　普鲁伊特伊戈的高层公寓
（资料来源：Peter Hall. 明日之城［M］. 童明译.上海：同济大学出版社，2014：270.）

然而，第二次世界大战结束后，随着西方消费主义社会的逐步形成与生活水平的广泛提高，人们开始质疑现代化的弊端。同样地，由于新的美学原则强调多元化，在建筑领域中出现了风格与形式的多样化，这种趋势的目的是要求获得建筑与环境的个性及明显的地区性特征。于是，罗伯特·文丘里（Robert Venturi）呼吁"建筑的复杂性与矛盾性"，并将密斯的格言"少就是多"修订为"少就是罪恶"。而查尔斯·詹克斯（Charles Jencks）在其著作《后现代建筑语言》中，抓住了当时建筑现实问题中的危机，指出现代建筑学派受到虚假的功能主义的束缚。按照詹克斯的见解，现代建筑已于1972年7月15日下午3点32分，死于美国密苏里州的圣路易斯城（Saint Louis），因为在这个时刻，圣路易斯城普鲁伊特伊戈（Pruitt-Igoe）住宅区的几栋14层的板式高层公寓由于群众的反对而被有关当局炸毁（图4-12）。当然，一个住宅区几幢公寓楼房的炸毁并不是宣判现代建筑的彻底死亡，但事实表明，任何的建筑规划设计都不应该脱离地区的具体条件。后现代的建筑理论家抛弃现代化对技术纯粹化的追求及对历史形式的排斥，反而从传统中寻找文脉主义、场所及文化认同等问题。对此，意大利建筑史学家曼弗雷德·塔夫里（Manfredo Tafuri）严肃地

---

[1]［希］柏拉图．理想国［M］．郭斌和，张竹明译．北京：商务印书馆，2015：294.
[2] 罗小未．外国近现代建筑史［M］．北京：中国建筑工业出版社，2005：73.

指出："现代建筑论述提供的乌托邦想象，是形式主义陷阱而不是现实的出路与改善空间的答案，现代建筑与前卫建筑师并没有解决这个问题。"[1]我们认为"这个问题"就是现代建筑的功能性和脱域性，建筑价值的普遍性和其在世界范围内的实用性、流通性，最终导致缺乏人文关怀的建筑环境意义的缺失。正如托里奥·格雷戈蒂所言："现代建筑最坏的敌人是仅仅从经济和技术条件考虑空间而忽略了场地的概念。包围着我们的建造环境的是它的历史的物质体现，是它把多层次的意义积累起来而形成的本场地特殊品味的方式，这种品味，不仅存在于它的直觉方面，也存在与它的结构方面。"[2]

图4-12　现代建筑的死亡
（资料来源：Peter Hall. 明日之城［M］. 童明译.上海：同济大学出版社，2014：270.）

3）乡村传统建筑环境的潜流

综上所述，由于现代化的建筑实践与理论具有局限性，特别是以《寂静的春天》为标志的现代化造成的对自然环境破坏，引起世界范围内对建筑与地区环境、地区文化的重视和讨论。

现代化的"祛魅"之后并非"白茫茫一片真干净"。人类学家王铭铭指出人们对现代化理论的局限性的认识，正如他在田野工作中遇到的许多问题："现代化进程中，乡村传统文化不但没有消失，反而出现了复兴。"[3]他指出，在泉州的农村，每个村庄都已经或正在修复村庙与祠堂。为了吸引海外华侨和台商来闽南"寻根"、"旅游"和"投资"，地方政府也鼓励甚至资助地方庙宇的修复和地方节庆的组织。在民间和政府的双重驱动之下，闽南的地方传统出现了空前的丰富多彩的局面。

所幸的是，我们在关中地区的乡村调研中也看到了一些传统民俗的复兴和地方文化的再现，而且带动了地方经济文化的发展。这是因为，乡村地方传统在现代化进程中的复兴，与民间社会、经济活动对传统社会与文化资源的重新需求有着密切的关系。在乡村社会经济不再被视为超地方政治力量的责任时，地方的力量依赖自身的传统创造了适应与社会变迁需要的财源。例如，在关中陇县马社火的传统仪式，有着强烈的

---

[1] Manfredo Tafuri. Architecture and Utopia：Design and Capitalist Development［M］. Cambridge：The MIT Press，1976

[2] ［美］弗兰姆普顿．现代建筑一部批判的历史［M］. 张钦楠等译．北京：生活·读书·新知三联书店，2012：372.

[3] 王铭铭．村落视野中的文化与权力［M］. 北京：生活·读书·新知三联书店，1997：119-124.

地方特色和文化思想，表演形式体现了民间和政府间的互动关系（图4-13）。具体表现在三个方面：

（1）民间传统的社会网络和人际关系在地方旅游业的兴起与社会互助中扮演重要角色。

（2）民间传统的仪式与象征转化为经济性的崇拜，并起到了地区社会竞争的作用。

（3）民间传统服务与传统文化的重构，激活了传统的文化生活。

(a) 社火的出征

(b) 各村社火的比赛场面

图4-13　乡村文化空间的复兴

（资料来源：西安建筑科技大学陇县社火文化的保护和传承研究课题组，2013.）

很显然，今天我们阐述传统建筑环境的核心价值，肯定不是传统乡村社会的宗法礼制和名教纲常，而必须是从当代的问题意识出发，对传统资源的再阐释，只有这样才能对我们今天的乡村建设有所启发。“一切真历史都是当代史！”❶用克罗齐（Bendetto Croce）的话说，就是一切历史的本质就在于其当代性，因为人类活生生的兴趣绝不是对于死去的、过去的兴趣，而是对当前生活的兴趣，是对存在于当前生活中的那些过去的兴趣。他进一步强调历史与哲学的同一性，同时也认为历史与精神本为一体。

也就是说，无论是历史学家还是哲学家都应当从现实出发，运用批判精神从史料中选择对于我们今天依然有意义的东西。应当用具有时代精神的思维去理解和把握过去的文献。历史对我们来讲毕竟是过去的，但我们必须用当下的精神去进行反思，用新的眼光去审视。所以，对传统文化的现代阐释、对当代生活的主动应答，应该是我们建筑创作的方向。正如印度建筑师查尔斯·柯利亚所言：“我们生活在一个具有伟大文化意义的国度，这是一个表现过去如同妇女披戴纱丽一样容易的国土……但我们研究过去的目的又不是简单地强调任何已经存在的价值，而是要知道为什么它要改变，从而找到通向新的景象的大门。”❷

4.4.2　传统建筑环境支撑的驱动机制探索

众所周知，驱动机制的本意是指“机器的构造和工作原理”，事物的运动离不开起作用的动力机制。

我们也注意到，在建筑理论领域，阿摩斯·拉普卜特对机制有以下阐释：“在处理任何现象的科学理解和诠释时，如果言之成理的总机制能被认定或提出，那么这个人的分析建议会变得更有说服力。这是因为它们能帮助解释某个设想的程序怎样起作用。因此，有关机制的任何发现都有重要的涵义，而识别可能的机制变成了最重要的任务。”❸而关于力的问题，诺伯舒兹则指出：“建筑特征决定因素中尤为重要的是那种由真实的或虚设的构筑所表达的力的作用。”❹

根据以上驱动机制的概念、拉普卜特关于机制的阐释以及诺伯舒兹关于“力”的表述，本书将这种“动力机制”引申为传统建筑环境支撑的驱动机制，展开阐释。主要包括以下几个方面：乡村社会文化的影响力、乡村传统建筑环境朴素的美学思想、

❶［意］克罗齐．历史学的理论和实际［M］．傅任敢译．北京：商务印刷馆，1986：2.
❷ 汪芳．查尔斯·柯利亚［M］．北京：中国建筑工业出版社，2003：120.
❸［美］阿摩斯·拉普卜特．建成环境的意义［M］．黄兰谷等译．北京：中国建筑工业出版社，1992：201.
❹ 侯幼彬．中国建筑美学［M］．北京：中国建筑工业出版社，2009：9.

传统建筑环境原型的结构力、传统建筑院落组合的理念和方法、传统建筑屋面形式的艺术表现力、适宜技术与地方材料的自然力以及传统建筑装饰的感染力等。分析如下:

1）乡村社会文化影响力的作用

传统文化的影响力是将人们的生活方式与环境联系起来的首要驱动力。中国传统文化以“天”、“地”、“人”为一个宇宙大系统，追求“天”、“地”、“人”三才合一和宇宙万物的和谐统一，并以此营建了适宜人居环境的地区性建筑特征。古代先贤在天演地形中探究自然规律，对自然的认知，经历了长期的探讨、争论乃至实践。对“天”这个既有形又无形的概念，历经敬畏、无奈、顺从、亲近的反复，终于落脚于尽可能地“和谐”相处。

至于“人”和“地”的关系，更是十分密切。“人”生于“地”，“人”存于“地”，“人”向大地汲取五谷万物。“人”通过营建环境，植根于大地，“人们择地而居，选取较好的地理环境，实际上选择较好的生态环境。地灵则人杰，宅吉即人荣。”[1]更是对人、地之间的和谐关系作了最好的阐释，深刻地揭示了“人”、“地”之间不可分割的亲密关系，指明了人居环境代表一种最基本、最稳定的生活内容。

可见，对于“天”、“地”、“人”，古人已认识到三者之间的密切关系。中国传统文化把“天”与“人”配合着讲，认为“天命”与“人生”合二为一。这种意识奠定了传统文化的和谐基础。不仅如此，在传统的建筑环境哲理中，由老子开始深深地植入了“气”的概念，“道生一,一生二,二生三,三生万物”。把“天”、“地”、“人”纳入一个不可分割的“气场”，而这个“气场”就是“天”、“地”、“人”共同生成的宇宙观。在其影响下，中国传统建筑空间布局常常体现出“天人合一”、“天圆地方”、“道法自然”的思想。

2）乡土传统建筑环境朴素的美学思想

如果说“土材”和“木材”体现了传统建筑环境返璞归真的自然之美的话，那么，用它们围合起来的院落更是反映了传统建筑的空间美学特征。

例如在党家村的传统四合院中，正房主要以前后檐的立面参与院落南北界面的构成，厦房主要以前檐立面参与院落的东西界面的构成。一般大户人家的院落，常常通过檐廊与正房、厦房串联起来，形成回廊，院落空间的景象具有明显的聚合性和层次性。即使一般人家的四合院虽然没有回廊的围合，但也显得庭院组织结构的简洁、清晰。

这表明，以土材和木材为主材的建筑艺术表现力以院落空间景象为主，不仅凸显

---

[1] 杨文衡．中国风水十讲［M］．北京：华夏出版社，2007：120.

了整体环境中的建筑真实之美，也凸显了院落空间营造出的境界美和意境美。

实际上，正是这种实中有虚、虚实结合的空间布置，反映出一个哲学宇宙观的问题。用郑板桥的话说，就是“十笏茅斋，一方天井……风中雨中有声，日中月中有影，诗中酒中有情，闲中闷中有伴……何如一室小景，有情有味，历久弥新乎！”❶

而反思当代的乡村建设，西安建筑科技大学杨豪中教授指出，现代乡村关于美学简单地否定了传统建筑环境的“秩序和无秩序”，追求整齐统一的视觉空间秩序，从而扼杀了乡村活力，是“反乡村的”（anti-rural）。从目前关中地区乡村建设的新情况来看，许多乡村目前仍在刻意追求这种“反乡村”的美。因此，有必要在驱动机制的研究过程中，倡导传统建筑环境朴素的美学思想。而正如罗杰·斯克鲁顿的《建筑美学》（2003年）、鲁道夫·阿恩海姆的《建筑形式的视觉动力》（2006年）、罗杰·特兰西克的《寻找失落空间》（2008年）、侯幼彬的《中国建筑美学》（2009年）所主张的那样，这种朴素的乡村美根植于乡村的有机整体（organic wholeness），根植于乡村生活各个部分之间的复杂的相互作用之中。

换言之，如同有机体中复杂的基因关系所体现出的生命之美一样，地域文化深厚的乡村生活所表现出的有机的视觉特征关系才是乡村美的真谛所在。让·雅克·卢梭❷（J·J·Rousseau）在《论人类不平等的起源》中这样描述城市与乡村的关系：“繁华都市越是吸引乡下人的羡慕，我们便越哀叹被他们抛弃的乡村、荒芜的田地。”❸如果我们把这句话转换为：城市以强有力的磁力来吸引乡村人口，乡村的朴素之美是否存在！难道有什么大的差别吗?

3）乡土传统建筑类型的结构力

关中地区乡村的传统建筑类型中居住建筑一般分为深宅大院、四合院、三合院、二合院等，村落形态中根据风水理论还设置一定数量的宗祠、庙宇等。

如果从建筑类型学的角度来看，这些传统建筑环境与人们的生活方式有关，一种特定的类型是一种生活方式与一种形式的结合。尽管具体的形态因不同的地区、家庭人口、经济收入等有一些差异，但形式就是建筑的表层结构，而类型则成为建筑的深层结构。

从传统的建筑中抽取出来的类型必然是某种简化还原的产物（抽象的产物），因

---

❶ 宗白华．美学散步［M］．上海：上海人民出版社，2015：64.

❷ 卢梭对乡村生活充满热爱，对农民大量涌入城市充满担忧。他在《社会契约论》第四卷中提到，罗马赫赫有名的人物都生活在农村，并耕种土地。“人们宁愿过乡村人的简朴勤劳的生活，而不愿过罗马市民游手好闲的生活。”（第144页）他认为，生活在城市的都是不幸的无产者、游手好闲之人，一旦成为田地里的劳动者之后，就变成为一个受人尊敬的公民了。所以，对于农民抛弃土地，沦落到城里，他感到十分痛惜。

❸ ［法］让·雅克·卢梭．论人类不平等的起源［M］．上海：上海三联书店，2014：138.

此，它不同于任何一种传统上的建筑形式，但又具有传统的因素，至少在本质上与传统相联系。例如陕西关中世博园的灞上人家建筑群体的空间设计，西安建筑科技大学刘克成教授通过对关中传统建筑文化的理解，比较成功地诠释了传统建筑院落类型的结构力。

在灞上人家的单体设计中，建筑设计以关中传统四合院为蓝本，采取"四水归堂"的形式，暗含"天人合一"的思想，隐喻了设计形式上的传统性，同时以建筑尺度的延展、表皮的变异与功能的变通作为切入点，力图使建筑摆脱简单的文化标识，使之成为一个个容纳新生活、催生新故事的盒子。在群体组织上，采取簇群式的布局方式，让建筑最大限度地亲近自然，这种设计方法传递出乡土建筑的时代性与传统院落空间的结合（图4-14）。

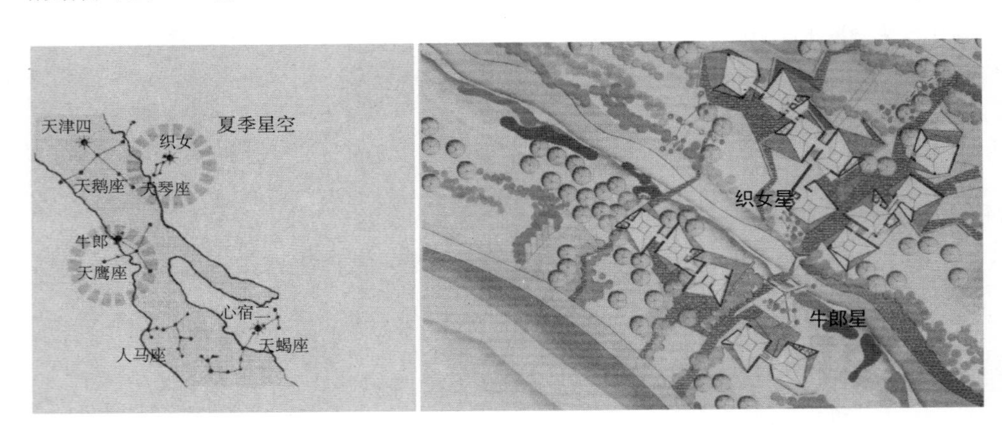

图4-14　西安世博园灞上人家建筑群（资料来源：西安城市研究所）

我们也应当看到，关中地区传统建筑院落空间窄长的形态，虽然形成了具有成熟和鲜明特色的地方风格。但是，面对目前诸多的现实问题，如现代科技的发展和技术的进步，人们思想观念的变化，特别是窄长院落空间的局促、暗仄等，我们有必要对其不适宜的地方进行重构与整合，同时继承与发扬户户毗连、院墙合脊的宅院组合方式与节地节能的建筑环境意识，批判地继承传统建筑院落的精髓，拓展一种根植于特定文化的建筑传统的现代建筑语汇，这是当下传统建筑环境支撑的驱动机制探索的一个重要方面。

4）传统建筑院落空间组合的控制力

控制力主要是指建筑的空间组合对人们的居住功能、审美情趣、民俗文化的一种约束力和影响力。下面主要从三个方面对其控制力加以阐释：

（1）传统建筑围合界面的作用力

院落空间大小与围合界面的尺度比，是控制内化程度的重要因素。院落空间越大，围合界面程度越低，围合分量越轻，围合度越疏松，则内化的隶属程度越低。反之，院落空间越小，围合界面越高，围合分量越重，围合度越紧凑，则内化的隶属度越高。

（2）传统建筑围合立面的内向性

院落空间的内化与围合立面的内向品格密切相关。不同的围合界面有不同的内向性。通常情况下，单一的片墙界面的封闭性最强，而内向性却很低。因为它只有一道墙体，主要立面朝内的建筑，为院落空间提供了明显的内向界面。正是由于这个原因，关中地区狭长的四合院，门窗及装饰在内向墙面的设置上，外墙面是一厚墙，增加了强烈的内向性特征。一门关死，说明这种围合度的分量。

（3）传统建筑围合空间的渗透度

院落空间与室内外空间相互贯通、渗透，也是控制内化的有力因素。作为关中地区传统建筑的滥觞，建筑的院落空间无疑是传统建筑的萌芽。院落空间的渗透度来自"通天接地"的功能，让"气"流通与天地之间。院落坐地朝天，敞口向上，承接日精月华、阳光雨露，纳气通风，给房屋带来必需的新鲜空气，同时雨水又荡涤着地面各处的污秽，不断使建筑环境新陈代谢，这与院落构成"通天接地"的特性分不开。其中蕴含的深刻设计哲理就是院落空间的控制力，在这里院落空间同样表现了"天人合一"设计理念的追求与强化。

5）传统建筑屋顶形式的艺术表现力

屋顶是中国传统建筑最富有艺术魅力的组成部分之一，中国传统建筑屋顶的传统做法和独特形象从它的装饰来看更是"盖世无比的奇异现象"。官式的屋顶形式形成了高度的程式化。民间建筑的屋顶，有的用于规则的定型建筑，同样也是程式化的，有的随着地形的变化、构架的起落、披屋的穿插和墙体的出入，屋顶和出檐高低错落、纵横交结，体现了它的灵活性和应变性。不论是官式建筑还是民间建筑，屋顶在建筑外观中都占据重要的分量，具有突出的艺术表现力。传统建筑的屋顶形式，同样得到著名建筑师贝聿铭的关注。他认为，中国传统建筑有两根，一根是大屋顶、琉璃瓦、雕梁画栋的皇家建筑，另一根是朴素、简易、雅致的民居。

关中地区传统建筑中的坡屋顶形式，顺应了本地区的地理气候条件，经历了漫长的历史演变，到了明清时期形成了成熟性的地方风格，同时在功能上具备了生态、保温、隔热的作用。这些鲜明的特征，构成了关中传统建筑的模式语言和地方的熟悉性建筑物。"房子半边盖"更是对这种屋面形式的形象化描述（图4-15）。但是，由于目前传统的木构架、小青瓦等建筑材料不易获得，并且手工营建效率较低，同时随着建筑材料的更新和传统技艺的丢失等诸多原因，如何才能更好地实现坡屋顶的继承与创新，强化传统建筑屋面形式的地方性认同感，有待于现代建构实践的不断探索。

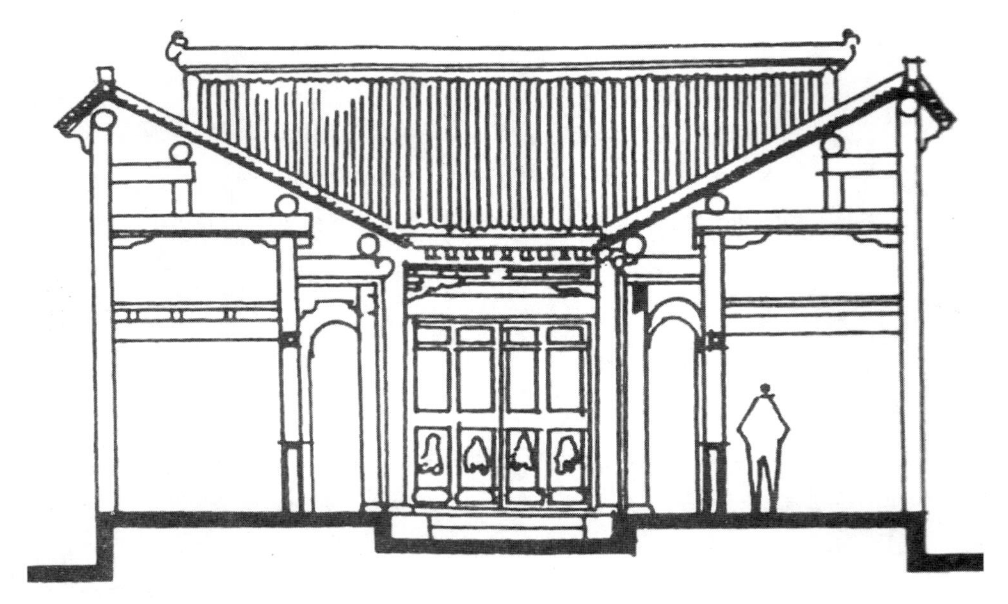

图4-15 关中坡屋面的形象（资料来源：张壁田等.陕西民居［M］.北京：中国建筑工业出版社，1993.）

6）适宜技术与地方材料的自然力

自然力涉及气候、土质、地形等自然环境因素。在经济条件和生态条件的约束下，自然环境中适宜技术和地方材料的运用已经是一个被广泛接受的观念。

历史经验表明，技术的更新确实是一个革命性的力量，它推动了人类文明的进程，但这并不表明在任何地区、任何情形下都要一味地追求现代科技材料，特别是在广大乡村的营建方面。适宜技术注重地方的经济条件，并与地方性材料的使用相结合，即《北京宪章》所说的“与地方性的人力、物力资源耦合”。[1]

关于地方材料的运用，肯尼斯·弗兰姆普顿有这样的描述：“石与木则以一种无可匹敌的现象学强度展示了它们在自然界的本源性，正是这种强度赋予它们以其他建筑材料所欠缺的原始感受力。因此，不管如何应用，木构架总是有一种内在能力可以引起人们一种乡土的类别感。”[2]可见，传统建筑材料的一个重要方面就是要体现建造材料的自然力和真实性的地方建筑的表达（图4-16）。

值得注意的是，关中地区乡村营建的主要材料包括砖、石、土、木等。就土材而言，夯土墙是关中乡村传统四合院的一种建造方式，即将黏土夯实在木框架中制成干打垒的黏土墙，作为围护结构。这种黏土墙既是一种可降解的生态材料，同时还具有隔热、隔声、冬暖夏凉的优点。

---

[1] 吴良镛.世纪之交的凝思：建筑学的未来［M］.北京：清华大学出版社，1999：9.

[2] ［美］肯尼斯·弗兰姆普顿.现代建筑：一部批判的历史［M］.张钦楠等译.北京：生活·读书·新知三联书店，2012：421.

(a) "土"作为地方的原料

(b) 地方材料的运用和表达

图4-16 地方材料的真实性

建筑师张永和在长城脚下"二分宅"的设计中，对这种具有自然力的夯土墙技术应用更成为一种呼应传统建筑文化的手段。他以胶合木框架作为结构，用当地的黏土筑起了夯土墙，与背后的山坡共同营造出一种山水四合院的空间意境，融合了建筑和自然之间的界限。土墙面上刻意留下了钢模板相对光滑的条形肌理、混凝土略带木纹的条形肌理和木板墙起伏的条形肌理，三种肌理相互呼应，带给人一种统一的、微妙的触觉感受。

同样地，关于对土坯墙的关注，埃及建筑师哈桑·法赛（H. Fathy）在《为了穷人的建筑》（Architecture for the Poor）一书中指出："我为什么要使用土坯砖建造房屋呢？数百年来，农民们一直在使用这种建筑材料，但我们从现代的学校学到的观念却从未想到使用泥土来建造房屋……农民的房屋可能会比较黑暗、脏乱或不方便，但是这并不是土坯砖的错误，通过良好的设计完全可以解决这些问题。那么，为什么不使用这些上天赐予的材料来建造我们的房屋呢？"[1]

因此，在当代的乡村建设中，土材由于所需的工具简单，取土和加工的技术比较简易，再加上土材具有良好的防寒、保暖、隔热、隔声和防火的性能，成为一种最普及、最经济的天然用材。特别是土坯墙的承重构件与围护构件的分离机制使得传统的木构架建筑可以充分地运用土材，形成一套纯熟的用途方法。

所以，当我们研究一个四合院的材料表达时，通常会有这样一个判断，即建筑材料本身就是围合的墙体，无须另加一种表皮的材料附着在它的外面，便能充分体现地方材料的表达力。

7）传统建筑装饰艺术的视觉动力

装饰或修饰并不是为了没有理由的美化，相反地，而是为了物体或人的必要属性。实际上，"传统的建筑符号更是严格把自己附加于合适的物质形象上，在哲学及教义上

[1] 单军. 建筑与城市的地区性［M］. 北京：中国建筑工业出版社，2010：114-115.

不断变化，越发令人信服。”[1]基于这句话的理解，我们可以看出，关中地区传统建筑的装饰艺术主要表现在三个方面：一是屋顶，二是雕梁画栋，三是户牖的装饰。而反映乡村传统民居常见的形式主要以“福”、“禄”、“寿”三星象征为主，以蝙蝠象征“福”，鹿象征“禄”，并以仙鹤寿桃象征“长寿”，以石榴喻多子，以牡丹象征富贵，以莲、鱼表达连年有余，在宝瓶上加如意头象征平安如意等，表明传统的建筑环境不仅仅是一个生产、生活的居住单位，通过这些装饰艺术的表达更是传递出了人们的精神追求。

从上述意义上看，传统建筑装饰的艺术感染力，正是通过建筑这种有形的载体，以及附着在它上面的装饰，表达出人们对自然的美好愿望，使得村落环境更加富有诗意。进一步的探究可以看出，传统建筑的装饰艺术充分反映了乡村“小传统”[2]的价值观念、哲学思想、伦理道德、审美喜好、生活习俗、文化心理等，使人们在环境中接受这种文化的熏陶。

4.4.3 乡村建设空间特性的应答机制分析

1）乡村形态特征的历史尺度

乡村的建设既需要外力的资本投入，又要保持传统村落的尺度特征，因此乡村形态特征历史尺度的构建，也是当前乡村建设发展空间应答的一个重要方面。

对历史尺度造就于绝对尺度与相对比例的结合而言，继承历史尺度，有利于传统建筑环境的氛围营造。

关中地区村落中的街巷系统尺度小巧，形态曲折蜿蜒，其小尺度的围合由于与自身的紧密关联而带来更加亲密、融洽的场所感，漫步于转折、停顿的院落空间，可以感受到自由流畅的气息。“粗声大气话丰收”的街头巷尾为更多的农民提供了共享的日常空间。但是随着汽车、农用机械的普及应用，从门窗到街巷的尺度不断地发生变化。而乡村尺度作为延续村落环境空间的重要因素，应将自然地形起伏与水系、山形完美的结合。在这一点上，日本东京大学藤井明教授在聚落探访中直觉地抓住了地形的潜在力量，特别是那些有特征的地形中具有诱发空间的力量。他认为，通过使村落与地形的特点保持一致性，就能够增加了场的幅度，加大场的力度。在这一点上，我们认为对村落历史尺度的保护尤为重要。

因此，在乡村建设中对道路具体宽度与走向上选择适宜的尺度、顺应发展趋势与功能定位，同时，注重乡村空间的私密性和开放性的空间营造层次，对村落历史尺度

---

[1] ［美］鲁道夫·阿恩海姆．建筑形式的视觉动力［M］．北京：中国建筑工业出版社，2006：161-162.

[2] 郑萍．村落视野中的大传统与小传统［J］．读书，2005（7）.

的掌控，应该是乡村应答机制思考的一个角度。

2）乡村空间特征的集结性

罗杰·特兰西克指出：“图底关系就是基于建筑体量作为实体和开敞空间作为虚体所占比例的研究，而连接理论则是研究连接不同元素之间的线。这些由有街道、步行道、线性开敞空间等组成。”❶（图4-17）

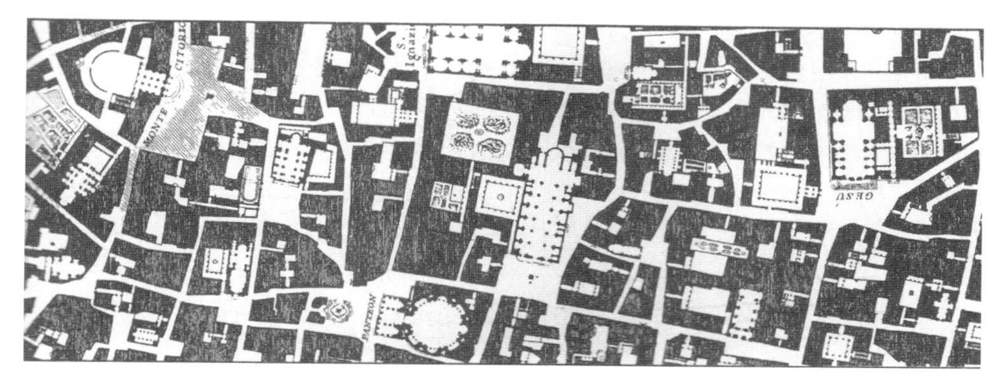

图4-17　詹巴蒂斯塔·诺利的罗马地图（1748年）
（资料来源：罗杰·特兰西特.寻找失落空间——城市设计的理论［M］.北京：中国建筑工业出版社，2008，99.）

诺利的罗马地图明显的一个标志，就是城市形态的基本单元是道路、边界、区域、节点等，从道路到建筑逐级形成了控制关系。

从上述角度来看，本书认为乡村的本质在于集结，而集结意味着不同意义的相互结合，而“乡愁”❷正是这一集结性的人类情感反映。村落形态特征决定了它的空间特征，建筑与环境的应答相互交织，两者之间的内在机理和外在现象构成了村落的空间特征要素，形成了乡村空间特征的集结性。

考察关中地区的传统村落，形态单元和城市完全不同。一方面按照宅基地的面积控制一字排开，同时受“礼制”思想的束缚和社会等级观念的影响，房屋基址确立私有领域，聚族而居确立领域组团，而公共的活动场地构成了大的领域群，这样通过道路的连接勾勒出了边界清晰的图底关系。关中地区村落的图底特征很明显地表现出建筑的密集性、整体的连续性，水平伸展中的转角、凹口、角落、水塘等室外空间提供了聚会的场所，从而赋予村落象征性和意义。

---

❶［美］罗杰·特兰西克.寻找失落空间——城市设计的理论［M］.北京：中国建筑工业出版社，2008：97-98.

❷ 乡愁（Nostalgia）一词1678年由一位瑞士医学系学生所造，描述一种不眠、食欲减退、心悸恍惚、发热等症状的疾病，特别是持续性的思念家乡。对17～18世纪的医生而言，这是一种如果病人不能返家，足以导致死亡的疾病。乡愁举出了依属于场所的重要性。

因此，完善原有村落的道路等级，修复内在肌理，增加新的功能要求，重构乡村空间特征的集结性，将已失去的个人和公共的习惯综合融入新的生活模式中去，就意味着集结性就是修复传统村落的空间结构。

正如诺伯舒兹在《场所精神》中所言："如果主要的结构能受到尊重，一般性的和谐气氛将不会沦丧。和谐气氛首先将人束缚在自己的场所中，并使观光客感受到一种特殊的地方性品质。不过保存的想法还有另一种目的，意味着建筑发展史是以文化体验的总合为人所理解的，文化体验是不应该会沦丧的，反而应该可以保留到目前都还能够供人使用。"❶

可以看出，一旦这种结构受到尊重，那么村落形态就表现为圆润、丰满、完整、向心性和可识别性，有助于团结凝聚力和归属感的形成。这就是村落集结性的特征（图4-18）。

图4-18　重构原有村落的集结性

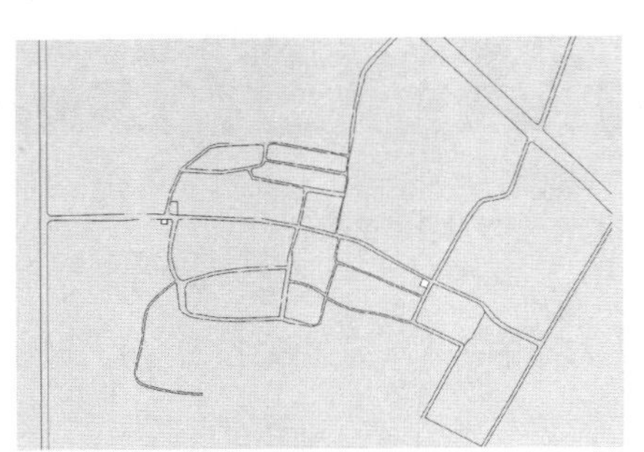

（a）原有道路等级

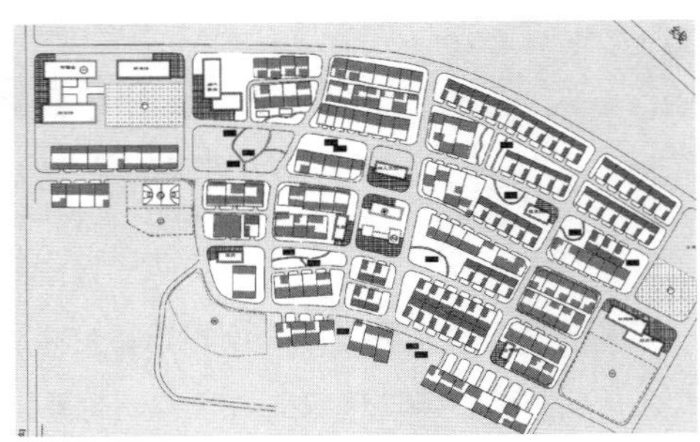

（b）集结性的表现力

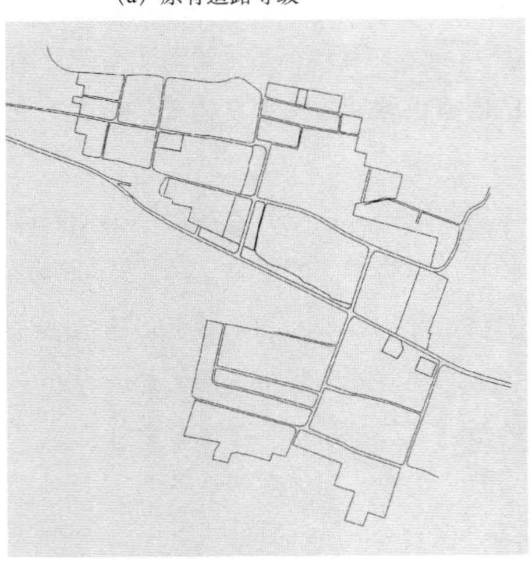

（c）原有道路等级

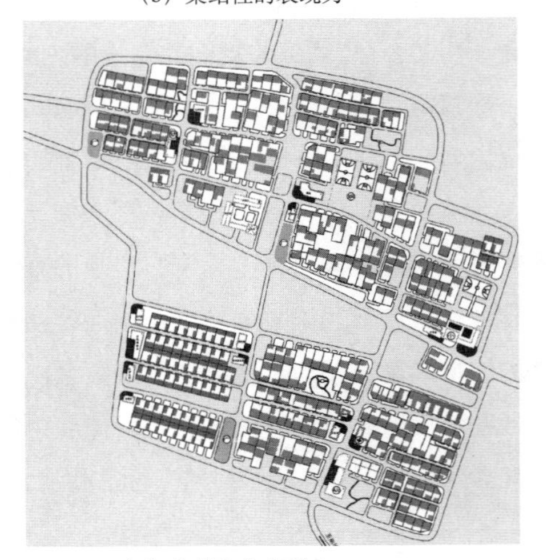

（d）集结性的表现力

❶［挪］诺伯舒兹．场所精神：迈向建筑现象学［M］．武汉：华中科技大学出版社，2012：180.

3）乡村发展的文化空间

（1）文化空间的概念

1988年11月联合国教科文组织通过的《宣布人类口头和非物质遗产代表条例》中对“文化空间”的定义是一个集中了民间和传统文化活动的地点，但也被确定为一般以某一周期（周期、季节、日程表等）或是事件为特点的一段时间。这段时间和这一地点的存在取决于按传统方式进行的文化活动本身的存在。文化空间这个概念也被权威的《中国民族民间文化保护工程普查手册》所运用和界定为：定期举行传统文化活动或集中展现传统文化表现形式的场所，兼具空间性和时间性。

从这些解释来看，文化空间主要是指有价值的文化活动的空间或时间，应该符合的标准是这些空间或时间不是普遍意义上的空间或时间，而是有价值的乡土文化活动、民间文化活动得以举行的空间或时间，有实践性和重复性的特征。通俗地说，就是经过大家认可的、约定俗成的、定期、定时举行文化活动的场所。

从休闲学的角度分析，这也是评判一个乡村社会是否健全的尺度。人们的爱好和兴趣正是和这一文化空间结合在一起的。我们发现，“对一切事物都失去兴趣的人是病入膏肓之人。他根本无法表现出人性的正常状态。”[1]

（2）文化空间的表象

就文化空间的表象意义来看，它提供了举行各种仪式的场所。而其指涉意义从社会层面分析有以下几种：

第一，这一类的仪式行为是村民对村落认同与共同信仰的自我表述，对乡村具有社会意义上的整合关系；第二，仪式过程一方面强调个人和家庭服从于乡村的集体操作，另一方面在象征意义上给予个人和家庭一定的社会位置和宗教式的保障，通过辨证的处理和界定个人与社会的关系，赋予信仰意识以一定的社会生活的阐释；第三，信仰意识的演绎在一定程度上揭示了人们对于终极意义的困惑，提供对“人生”、“宇宙”、“存在”和“道德”等根本问题的解答；第四，礼仪空间通过提供当地文化、地方戏曲、村会、庙会等的表现形式，传承了地方的文化。

（3）文化空间与社会结构的关系

从社会结构的角度来分析，“人类学家认为社会生活是由结构和反结构的二元对立构成的。社会结构的特征是异质、不平等、世俗、复杂、等级分明，反结构的特征是同质、平等、信仰、简单、一视同仁。”[2]由此可见，社会结构的不平等说明了文化空间的多样性、复杂性和世俗性等。

---

[1] ［美］艾里希·弗洛姆．健全的社会［M］．孙凯祥译．上海：上海译文出版社，2011：246.
[2] 王铭铭．走在乡土上：历史人类学札记［M］．北京：中国人民大学出版社，2003：198.

从广义上讲，地区性“文化空间”的表达还包括了人与自然之间的交往。在乡村社会，这种交往更多表现为向神明表达敬意，并且力图与神明沟通的一种宗教仪式，即祭祀仪式。而这种祭祀仪式更多的是在节庆期间的一种“反结构”的仪式行为；与此同时，从空间行为来看，文化空间由于其位置的特殊性，往往成为乡村人群聚集的场所，从而提供了日场交往的机会。可见，理解这种文化空间的存在，“并不是表示科学的知识，而是一种存在的概念，暗示意义的体验。当环境具有意义时，人便觉得置身家中般的自在。”❶

因此，构建乡村地区“文化空间”的应答机制，并不是一个简单的物质空间的规划设计问题，而是要传承乡村文化空间的地区性和多义性，凸显乡村社会农民生活世界的主体地位与能动性的潜力，表达乡土文化的多样性形态特征。

研究认为，构建乡村“文化空间”的应答机制，地方性“文化空间”的传承并不是为“神”而设，它是为满足广大人民日常生活和传统节日而设计的。恩斯特·卡西尔（Ernst Cassirer）在《论人是符号的动物》中指出：“人不能再生活在一个单纯的物理宇宙之中，而应该生活在一个符号宇宙之中。语言、神化、艺术和宗教则是这个符号宇宙的各部分，它们是组成符号之网的不同丝线，是人类经验的交织之网。人类在思想和经验之中取得的一切进步都使这符号之网更为精巧牢固。”❷

这或许就是卡西尔对文化空间有说服力的解释吧！

因此，不管是男女老少，还是鳏寡病残，他们才是乡村社会“文化空间”的主体，这些人都应当在“文化空间”的设计和营造中得到人文关怀。如果更进一步分析，可以看出，文化空间的缺失，将会导致“干瘪”的乡村物质空间。正如阿摩斯·拉普卜特在《建成环境的意义非言语表达方式》“半固定特征因素”（semifixed-feature element）一节中所指出的那样：“正是这些物件、行为和人与场景的关系具有意义，因而才能被解读。”❸

4）从滕尼斯的共同体理论衍生出应答机制的关键词

通过以上分析，可以看出传统村落的建设有其内在的逻辑，它与人们的宗教信仰、文化倾向、宇宙观念、艺术旨趣等现象有关。

建设有灵魂的乡村，需要寻回失去的乡愁。裴迪南·滕尼斯（Ferdinand Tonnies）关于“生活共同体”的概念值得关注。在滕尼斯看来，共同体可以自给自足，社会则是一个工具。这实际上反映了他对经历的农业社会和工业社会的反思和认识。滕尼斯

❶ [挪]诺伯舒兹.场所精神：迈向建筑现象学[M].武汉：华中科技大学出版社，2012：23.
❷ [德]恩斯特·卡西尔.论人是符号的动物[M].北京：中国商业出版社，2016：29.
❸ [美]阿摩斯·拉普卜特.建成环境的意义[M].黄兰谷等译.北京：中国建筑工业出版社，1992：79.

从工业革命导致的人口流动及其所带来的陌生人的社会心存无奈，从而更加关注在社会中人与人之间的关系及在其基础上的社会生存。“裴迪南·滕尼斯度过了他生命的最初9年，与他的家庭和村庄共同体有着最密切的关系，可能由于乡村生活还处在传统的约束和安全里，他在这里感受到了亲情的温暖，深受启迪。这些启迪远远地影响到后来他的基本理论的构想。”[1]事实上，这种启迪积淀成为他后来对“生活共同体”的思考。

回到应答机制的讨论，我们可以从滕尼斯的共同体理论中衍生出乡村应答的两个关键词：价值意义上的乡村社区和工具意义上的乡村社区。前者主要包含了乡村的舒适度、识别感、安全感、交流感、成就感等精神和生活的意义；后者是指地方政府、社会组织、企业团体、资本和权力的侵入等各类主体依照自己的理解在当下建设的乡村组织架构，设计乡村功能。

目前城镇化的发展对乡村的解体发挥了意想不到的作用，而农民生活方式的转变，迷失了生活的意义和自我的价值观。

在此，我们强调价值意义上的乡村社区就是以滕尼斯的共同体理论为核心，让农民在乡村社会中展现出自己的社会性，展现出乡村的群体性和社群属性，而不是成为“半吊子”的农民和“分泌物”的乡村环境。

工具意义上乡村社区的建设就是去修复被破坏的村落结构和文化意义，而不是为建设而建设、为拆迁而拆迁、为安置而安置，进而在乡村的发展中迷失了方向。

所以，当前的乡村建设应该跳出工具意义上乡村社区的怪圈，探索价值意义上的传统乡村社区的内涵与外延，并使当下工具性乡村社区的建设与之密切关联。

最后，需要强调的是价值意义上的“生活共同体”，除了加强各种社会联系，建设共同价值观，增强社会凝聚力外，家庭在乡村中的稳定性不能动摇。约翰·杜威（John Dewey）就明确指出，“虽然我们说当今家庭和邻里组织的所有不足之处，但是，它们永远是培养民众精神的首要组织。”[2]伊利尔·沙里宁看到文明世界处于剧烈转变时期，为了拯救我们的文化使之免遭毁灭，他强调不管是城市还是农村，家庭是维持社会秩序的健康的环境。“必须记住，家庭及其宅院是社会的基础，而一个人的身心发展，跟他在那里接受儿童抚养、度过成年时期和从事工作的环境，都有很大关系。”[3]他的名言：让我看看你的城市，我就能说出这个城市居民在文化上追求的是什么。这句话的

---

❶ ［美］乌韦·卡斯腾斯．滕尼斯传——佛里斯兰人与世界公民［M］．林荣远译．北京：北京大学出版社，2010：6.

❷ ［美］理查德·C·博克斯．公民治理［M］．孙柏瑛译．北京：中国人民大学出版社，2005：6.

❸ ［美］伊利尔·C·沙里宁．城市：它的发展衰败与未来［M］．顾启源译．北京：中国建筑工业出版社，1986：3.

确很有道理。可以看出家庭与环境的重要性，居住环境越是能够陶冶人们，日常的生活和勤奋的劳动就越能够体现在乡村建设的价值意义之上。

换言之，围绕价值意义上乡村社区的建设来改善当下农民的社会生活和公共生活，是关中地区城镇化建设面临的一个大课题，也为当下的“乡愁热”纷扰中的我们打开了更多的反思空间。

综上所述，乡村建设的应答机制除了对乡村的历史尺度的掌控和村落结构的尊重、对文化空间的传承和熟人社会的常态化外，我们更应该从滕尼斯的“生活共同体”理论中得到家庭环境重要性的启发，这也就要求我们从多个角度继续探索支撑体系的保障作用。

4.4.4 从多角度探索支撑体系运行的保障机制

1）支撑体系运行的理论分析

（1）城乡统筹发展对支撑体系的保障

统筹城乡发展的理论，最初源于恩格斯的《共产主义原理》。他明确提出了“城乡融合”的概念。统筹城乡发展的实质是通过城乡产业融合，彻底打破城乡二元结构，不断增强城镇对乡村的带动作用和乡村对城市的促进作用，形成城乡互动共进、融合发展的地域格局。其根本途径是调整国民经济的发展和分配格局，给农民平等的发展机会和国民待遇。

具体而言，统筹城乡发展就是把城市建设和乡村建设作为整体统一规划，统筹考虑，把城市和乡村存在的问题及相互关系综合考虑，协调解决。其总体发展思路：第一是确立城乡地位的均等发展理念，统筹规划，协调发展；第二是创造条件增加国民经济总量和可支配财力，进一步加强对乡村建设的反哺能力；第三是通过加大财政转移支付的力度，强化农业产业投入和乡村基础设施建设，大力发展农村教育与文化，优化调整财税政策，增强乡村建设的动力。

（2）现代农业转型的理论思考

传统农业现代转型的典型模式有两种，一是以刘易斯（W.A.Lewis）等人为代表提出的“二元经济模式”，二是西奥多·W·舒尔茨（Theodore W. Schultz）提出的改造传统农业的理论主张。

以刘易斯等人为代表的“二元经济模式”，其实质就是二元结构的一体化。刘易斯认为，城乡经济联系是以城市为中心的、自上而下的联系。他强调以城市发展为重点，优先发展城市，通过资源要素从城市到乡村的流动来带动乡村地区的发展。刘易斯认为经济发展依赖现代工业部门的扩张，现代工业部门的扩张需要农业部门提供廉价劳动力，而现代工业部门在现行的一个固定工资水平下能够得到它所需要的任何数量的劳动力。城市的辐射力越强，其对乡村的推动力就相应越强。

舒尔茨反对轻视农业。他认为："许多国家不同程度地正在工业化，其中大部分国家在实现工业化时并没有采取相应的措施来增加农业生产。某些国家以损害农业来实现工业化。"[1]

舒尔茨认为："并不存在使任何一个国家的农业部门不能对经济增长作出重大贡献的基本原因。的确，仅使用传统生产要素的农业是无法对经济增长作出重大贡献的，但现代化的农业能对经济增长作出重大贡献，对于农业能否成为经济增长的一台发动机已不再有任何怀疑了。"[2]问题的关键在于如何把传统农业改造成现代农业。

对现代农业的发展，他认为必须向农业投资。用刺激的办法去指导和奖励农民则是一个关键部分。"一旦有了投资机会和有效的刺激，农民将会点石成金。"[3]

舒尔茨对农民作为新生产要素的需求者的素质高低极为关注。他认为关键在于人的素质，或者说在于对农民进行人力资本的投入，例如教育和在职培训，其中教育特别是发展中小学教育尤其重要。

在教育投资中，舒尔茨认为："这种教育不仅针对向农民传授知识的作物专家，而且是针对农民本身，尤其是要提高农民成功地使用包括复杂而困难的耕作实践在内的新投入品的能力。"[4]舒尔茨在谈到教育投资的时候还特别提到了日本对农业增长的有利影响。

无论是刘易斯的模型还是舒尔茨的理论在当下的中国的农业转型方面都存在着先天性的局限性。刘易斯模式的不足在于只强调现代工业部门的扩张，忽视了农业的发展。舒尔茨传统农业改造理论因其坚持农业不存在剩余劳动力，所以忽视农村劳动力的转移对农业现代化的促进作用。

批判性地分析问题，是研究问题的一个方法。

（3）邻国日本乡村投资模式和"模特定居圈"的启发

日本在第二次世界大战后，随着工业化的迅速发展，乡村人口大量流向城市，农村出现了严重的农业劳动力弱化、人口结构老龄化和地区人口过疏化等问题。

随后，农村地区工业化分工，居民生活空间扩展，农村社会内部的封闭性被打破，村落共同体开始解体。而在城市地区，尤其是大城市，则出现了过密化和严重的公害问题，城市负荷不断增长，成了阻碍日本社会经济持续健康发展的主要障碍。

---

[1] ［美］西奥多·W·舒尔茨.改造传统农业［M］.北京：商务印书馆，2010：5.
[2] ［美］西奥多·W·舒尔茨.改造传统农业［M］.北京：商务印书馆，2010：5.
[3] ［美］西奥多·W·舒尔茨.改造传统农业［M］.北京：商务印书馆，2010：5.
[4] ［美］西奥多·W·舒尔茨.改造传统农业［M］.北京：商务印书馆，2010：162.

为了实现经济大飞速发展和解决城乡发展不平衡等问题，日本先后实行了五次“全国综合开发计划”，促进了地区间和城乡间的平衡发展。经过近50年的实践和发展，日本乡村地区形成了合理的产业结构和劳动力结构，城乡差距缩小，实现了农户与非农户经济生活的平等化。乡村基础设施不断完善，建立起了完善的乡村社会保障体系。

特别是20世纪70年代的“造村运动”和“一村一品”运动，以“沟通、合作、环境、利益、共赢”为主题，大力开发旅游资源，通过建设不同类型的产业基础方式来塑造具有地方特色的村庄，提高农民的生产生活条件，进一步缩小城乡差别。如大山町是个4000多人的穷山村，在“一村一品”运动中，他们大力发展梅子和栗子种植业，然后出口夏威夷，从而获得了成功。

如果说日本的“造村运动”和“一村一品”主要是发展乡村经济的话，那么，关于“模特定居圈”的概念会给我们的乡村建设提供另一个思考问题的角度。

1977年日本政府的第三次“全国综合开发计划”正式出台，其目标是“以有限的国土资源为前提，依据各地域的固有特性、历史及传统文化，建立人与自然相互协调的，具有安定感的健康、文明的人居环境。”[1]

为了付诸实施，解决城市过密化的问题，政府要求在全国各都道府县建立“模特定居圈”。其具体设想是由50～100户组成一个居住区，由15～20个居住区组成一个定居区，由100个定居区组成一个定居圈。平均每个定居圈的试点人口为25万，面积为1500km^2，市町村为15个。这一综合开发计划的结果是定居设想取得了较为明显的成果。

为了促进“模特定居圈”的计划实施更加完善，各都道府县和有关町村经过进一步的修改和计划，到1986年大部分“模特定居圈”计划都付诸实施。到2001年，日本国内共建设了44个“模特定居圈”，有效地平衡了城乡人口均衡居住的问题。

实际上，关于“模特居住圈”的概念，在《周礼·郑注》中早已出现了类似的居住模式（见本书第1章“乡村概念的界定”）。而且，中国的“乡里”制度是一个坚实的生活共同体，从而使得传统社会组织和地域文化具有了长期稳定的特性。只不过，现在的城镇化速度太快、太急，硬件的建设超过了实际的需要，造成了城乡融合过程中的逆向效应，乡村的人口数量明显的减少。

综上所述，支撑体系的运行机制，除了城乡统筹发展的战略思考以外，还需要从传统农业转型到现代农业的过程中找到理论的启发。不论是刘易斯优先发展城市的观点、舒尔茨改造传统农业的理论，还是日本的乡村投资建设以及“模特居住圈”的实

---

[1] 王勇辉．农村城镇化与城乡统筹的国家比较［M］．北京：中国社会科学出版社，2011：178-179.

施，都值得我们批判性地学习和借鉴，特别是关于乡村的人口流动问题，是一个必须严肃对待的课题。

2）宅基地产权界定对支撑体系的保障

（1）宅基地的现状及面临的困惑

实际上，我国目前乡村开发建设的行动发端是当地政府部门以交易为名而采取变相征地的方式进行的。这一现象在关中地区各大中小城市周边的区域尤为显著。笔者在调研时深刻体会到，在这种宅基地及承包地的交易过程中，交易的条件基本都是由政府制定，农民很难与政府讨价还价。

不仅如此，这种制度的安排只是有效地解决了农民的“安置”的问题，并没有保障农民和村集体的财产权和发展权。因为，农民对置换出来的土地丧失了处置权和使用权，也没有了收益权。特别是近郊土地被房地产商征地开发，很多人甚至以买卖和出租房屋为业，种地的农民变成了城镇化背景下的“食租者”阶层。

如果不能确保宅基地的使用权利和村集体的发展权利，那么，集体经济组织有效的监督和管理也就无从谈起。

在这里，其实存在着一个政府与农民之间契约论理的问题。传统契约往往以一定的文化认同为前提，社会组织具有相同的族群、宗教和文化背景，这种同质性是契约能够成立的重要前提，而现代契约超出了它的边界，造成农民的生存空间或安全感的匮乏。眼下农民所维持的少劳动、吃低保、涣散游荡的生活方式，实际上是寅支卯粮。

失去了土地，就意味着把高昂的债务推给下一代，贾平凹在文学作品《高兴》中敏锐地觉察到了这一社会想象。宅基地的缺失，它所打破的乃是代际契约，也就是上一代不在想要对下一代负责，而只顾着自己当前的“幸福”，“向吃光主义迈进”。

所以，从宅基地的使用权看，政府对农民的责任，首先是安全或是保护责任。现代契约制度不仅应该具有很强的纠错能力，而且应该能够有效化解各种问题和挑战。

没有宅基地对农民来说是难看的，错误的“安置”行为对农民来说是茫然的。

（2）宅基地的共有私用与农民权利的保障

《世界人权宣言》把住房列为人权的内容之一，在第十七条中特别指出人人得有单独的财产所有权以及同他人合有的所有权。宣言强调安全和健康的住房对一个人的身体、心理、社会和经济福祉是不可或缺的，并应当是国家与国际行动中的基本组成部分。冯俊在《住房与住房政策》中指出：“享有适当住房的权利是《世界人权宣言》和《经济、社会和文化权利国际公约》中规定的基本人权。”[1]

---

[1] 冯俊．住房与住房政策［M］．北京：中国建筑工业出版社，2009：31.

所以，与一般意义的社会保障不同，住房保障是一个权利的保障，保障住房权利是社会、政府的责任。农村宅基地的制度安排是在集体所有土地制度下保障农民住房的一种有利安排，由国家的强制力保证，有利于社会公平，是一个带有广义的社会保障性质的制度性安排，其目的就在于保障农村居民有一块可以建房的宅基地，以保障其基本的居住权利。

因此，我们有必要从历史的角度进一步探究宅基地的私用与农民权利的保障。

（3）从孟子的恒产论到当下宅基地产权的界定

当然，这并不是思古之幽情，而是以史为鉴，阐释农民和土地的关系问题，从而对现代化的方向和目标做一次调校。

尽管，对传统中存在的一些论述，我们需要清醒。但正如雅思贝斯所言，作为人类轴心时代所创造的核心观念，社会发展的每一次进步，还应该从对这一时期的回顾开始，因为“**轴心时期潜力的苏醒，和对轴心时期潜力的回忆或曰复兴，总是提供了精神动力。**”[1]克罗齐（Bendetto Croce）不是这样提醒过人们吗?

孟子关于恒产之论，不仅本身与当下作为家庭财产的“宅基地”使用权利有关，而且孟子认为国家是一种道德体制，国家的权力应当是社会的道德意志。“民为贵，社稷次之，君为轻”的思想在中国历史上有巨大的影响，也就意味着，国家必定要建立在一个健全的社会基础上。

孟子对滕文公“何以为国”之问的回答：“民之为道也，有恒产者有恒心，无恒产者无恒心。苟无恒心。放辟邪侈，无不为己。”在孟子看来，百姓有恒产者则有恒心，没有恒产者不仅没有恒心，而且必然会放纵自己，造成社会混乱，其行为触犯法律。

换言之，对人民财产权利的分配和保障，不仅是道德意志的修为，更是治理国家的现实基础，所以孟子明确地提出其土地分配的井田制设想：“五亩之宅，树之以桑，五十者可以衣帛矣。鸡豚狗彘之畜，无失其时，七十者可以食肉矣。百亩之田，勿夺其时，数口之家可以无饥矣。”

按照孟子的井田制的理想，“**百亩之中，把九块方田的中央一块作为‘公田’，周围八块田地分给八家农户。**”[2]公私分明，公田归皇家，私田归自己，人们就不会挨饿。至于住房问题，孟子描绘出他的理想，每户人家以五亩土地作为居住的生活单元，配以桑树，饲养牲畜，便可以安居乐业。

在这里，五亩之地，实际上就是我们今天讨论的宅基地。

所以，《滕文公上》明确指出，“方里而井，井九百亩，其中为公田，八家皆私百

---

❶ ［德］卡尔·雅思贝斯．历史的起源与目标［M］．北京：华夏出版社，1989：14.

❷ 冯友兰．中国哲学简史［M］．北京：世界出版公司，2013：50.

亩，同养公田，公事毕，然后敢治私事。”以制度的形式保障人民拥有土地的天赋人权之意，及其不可剥夺的性质，可以说是孟子的民主政治之道。

总之，有恒产者有信心，以孟子之论切入到宅基地产权界定对支撑体系保障的问题，实际上是对当下乡村建设的一个哲学思考。

3）熟人社会的常在对支撑体系的保障

费孝通先生曾把中国农村称为熟人社会，他说："乡土社会在地方性的限制下，成了生于斯死于斯的社会……这是一个熟悉的社会，没有陌生人的社会。"[1]在熟人社会里，血缘和地缘合一，所谓沾亲带故或者非亲即故，其自然地理的边界和社会生活的边界都是清晰的，同时也往往是重叠的，属于封闭的社会空间。熟人社会的社会结构是"差序格局"，往往注重亲情和礼俗规约，但讲究亲疏远近有别。

美国社会学家帕森斯（Talcott Parsons）也认识到社会的数量构成对社会结构的影响力。他提出的"社会系统"理论认为，具有足够数量的行动者作为系统的组成部分，乃是社会系统内部整合及社会系统和文化模式之间整合的必要条件。否则，便有可能无法维持系统的均衡而呈现"病态"。

显然，关中地区的乡村环境地理位置没有改变，邻里之间的数量的行动者却明显减少。种种迹象表明，目前大量青壮年劳动力常年的异地化生活，还导致乡村社会的日常生活运作有异于"熟人社会"的逻辑，或者说已日渐呈现出帕森斯所谓的"病态"。

从人口数量的角度分析，不同学者从理论上说明把同样数量的资本投向乡村比投向城市更有益。美国学者麦可指出，将城市的光芒照耀到农村的好处，也许比不断增加的城市生活环境的吸引力诱惑农民进城的好处要大得多。他说，正如马歇尔（Marshall）的著名推论，城市经济没有新的劳动力加入的均衡水平是由于"农村供给的冲击"与"城市需求的拉动"相等。换言之，只要农业的收入有所提高，哪怕依然比城市稍低一些，但由于与家人在一起共享天伦之乐等"综合效应"，农民可能会选择留在农村不是流向城市。

关于减少人口流动的措施，1996年联合国"人居二"会议《伊斯坦布尔宣言》第六条指出："城市和乡村的发展是相互联系的。除改善城市生活环境外，我们还应努力为农村地区增加适当的基础设施、公共服务设施和就业机会，以增加它们的吸引力；开发统一的住区网点，从而尽量减少农村人口向城市流动。中、小城镇应给予关注。"[2]

基于以上的分析，我们认为，一个健全的乡村社会，首先是一个熟人的社会，所以，乡村地区熟人主体的常在，不仅是乡村建设的发动机，而且也是乡村可持续发展

---

[1] 费孝通．乡土中国［M］．上海：上海世纪出版集团，2007：9.
[2] 吴良镛．人居环境科学研究进展［M］（2002—2010）．北京：中国建筑工业出版社，2011：77.

的生力军。

同时，我们也注意到国家层面对农村问题的政策指向，诸如支持农民工返乡创业；鼓励科技人员到农村施展才华；建设既有现代文明，又具有田园风光的美丽乡村等。实际上，这只是一个战略构想，落实到具体层面，让农民能否在家门口过上好日子，我们应持续关注。

4.4.5 乡村建设中三种机制的归纳和总结

1）传统建筑环境的驱动机制

传统建筑环境作为支撑的驱动机制，它的驱动因子主要包括传统社会的文化影响力、乡土传统建筑环境的美学思想、传统建筑环境的结构力、传统建筑空间环境的控制力以及地方传统坡屋面的艺术表现力等内容。

2）乡村建设空间和特性的应答机制

村落空间环境的特征，首先是它的历史尺度和“集结性”的特质，形成了传统的村落的视觉尺度，因此，乡村尺度和集结性的特征是构成村落的应答机制的一种策略。其次，文化空间的应答不仅反映了地方的差异性和环境的意义，而且凸显了乡村社会农民生活世界的主体地位与能动性的潜力，表达了乡土文化的多样性形态特征，标志着一个健全的社会乡村尺度。第三，乡村建设的价值意义和工具意义的辩证关系问题，应当成为当代乡村发展应答机制的另一个策略。

3）支撑体系运行的保障机制

支撑体系的运行保障主要讨论了城乡统筹发展对支撑体系的保障、经济投入对支撑体系的保障、宅基地产权界定对支撑体系的保障以及熟人社会的常在对支撑体系的保障等内容。这里需要明确的是，确立统筹城乡发展的理念，破解乡村建设与传统建筑环境的核心问题，考虑城镇化的外部环境，谋求城乡协调与互动发展，必须清楚这样一个事实，即乡村是一种自然客观的存在物，乡村本身并没有错，它是地理情趣、农耕文明、传统文化的载体。因此，它不是被“拯救”的对象，而是一种生活的方式和生活的态度问题，乡村问题是永恒的哲学问题。

4.5 本章小结

本章主要追溯了自然环境制约下的村落环境与建筑支撑的演变机制，分析了传统村落与建筑环境支撑的成因机制以及它们的特征，重点阐释了传统建筑环境支撑的驱动机制、乡村建设发展空间的应答机制以及支撑体系运行的保障机制等。

另外，考虑到关中地区狭长的地理条件以及渭河南北两侧的地貌的不同，村落的分布自然有其各自的特点。在下一章中，将首先从宏观的角度出发，根据城市规划的相关理论知识，划分关中地区的乡村建设的空间类型，最后根据乡村建设空间类型的不同特点，揭示出适宜关中地区在当代城镇化背景下乡村建设与传统建筑环境支撑的方法和模式。

5 关中地区乡村建设与传统建筑环境支撑的空间划分探索

地区空间类型划分，可以为探索关中地区乡村建设与传统建筑环境支撑的方法和模式提供依据和框架。其实，不同的空间功能类型区本身就蕴含着不同的发展建设模式与建筑设计方法。区域的规划发展是国内外解决空间保护与建设问题常采用的模式和手段。刘易斯·芒福德对区域规划和乡间生活的不同方式提供了很好的引文："区域规划的任务是使区域可以维持人类最丰富的文化类型，最充分地扩大人类生活，为各种类型的特征、分布和人类情感提供一个家园，创造并保护客观环境以呼应人类更深层的主观需求。正是我们这些认识到机械化、标准化和普遍化的价值的人，应该敏感地意识到需要为另外一套互补的行为提供同样的场所——野生的、多样的、自发的、自然的可以和人类的形成互补。规划一个可以为人类差异微妙的不同层次的感觉和价值，形成一个连续的背景的栖息地，是优雅生活的基本必需。"[1]因此，本书划分乡村建设与环境支撑的空间类型区，实际上也就是识别和确定乡村建设与传统建筑环境支撑空间模式的重要环节和过程。

5.1 理论认识与划分依据

5.1.1 空间类型划分的含义

所谓关中地区乡村建设空间类型划分，是指在统筹城乡发展的前提下，考虑到乡村地区自然生态保护与经济社会发展的情况，按照本地区资源环境和经济社会条件的空间组合特点，在科学辨识乡村建设空间系统保护与发展空间多样性规律基础上，通

---

[1] ［美］刘易斯·芒福德．城市文化［M］．宋俊岭等译．北京：中国建筑工业出版社，2012：374.

过一定的准则将乡村建设空间系统划分为多种空间功能类型区。

空间类型划分，可以为乡村建设地域系统中的保护与发展提供差别性的空间落实框架，是建设与支撑模式的空间投影。对不同的空间类型区赋予建设与支撑方面各有侧重的空间功能，或保护原有村落的模式，或对原有村落的更新改造，或建设新的乡村社区，以适应时代发展的要求，使乡村建设与传统建筑环境的支撑关系得以实现在地域上的落实和模式化。

值得注意的是，乡村建设与环境支撑空间模式应当尽可能地与地区资源环境承载力的空间分布相匹配，以做到乡村建设不违背自然生态科学基础。然而，也应当看到，乡村建设布局不单单取决于传统建筑环境支撑的驱动机制，同样受到社会经济规律的支配。在充分遵循传统建筑环境资源特征的前提下，全面考虑经济社会发展布局的现状、要求和趋势，从而综合确定地域空间发展的不同功能类型，是关中地区空间类型划分的中心任务。

5.1.2 空间类型划分的依据

主要根据关中地区乡村自然地理环境、开发基础、发展水平、开发密度、建设潜力等，并考虑未来人口、经济的布局和城镇化、土地利用的合理空间格局，以县级地域空间为基础划分单元，把关中地区空间划分为不同类型的地域功能类型区。在诸依据中，传统建筑环境支撑的驱动机制反映的是自然生态规律的要求，建设基础、发展潜力和合理的空间格局趋势反映的是经济社会发展规律的要求。

5.2 关中地区乡村建设“三大空间”的提出

5.2.1“三大空间”提出的政策依据

“全国主体功能区”是《国民经济和社会发展第十一个五年规划纲要》所确定的全国国土空间最新布局办法。根据这一布局，全国国土空间将被统一划分为“优化开发、重点开发、限制开发和禁止开发”四大类主体功能区。《意见》称，全国主体功能区规划是战略性、基础性、约束性的规划，也是国民经济和社会发展总体规划、区域规划、城市规划等的基本依据。

关中地区位于全国“两横三纵”城市化战略格局中陆桥通道横轴和包昆通道纵轴的交汇处，包括陕西省中部以西安为中心的部分地区和甘肃省天水的部分地区。

该地区的功能定位是：西部地区重要的经济中心，全国重要的先进制造业和高新技术产业基地，科技教育、商贸中心和综合交通枢纽，西北地区重要的科技和创新基地，全国重要的历史文化基地。构建以西安咸阳为核心，以陇海铁路、连霍高速沿线走廊为主轴，以关中环线、包茂、京昆、银武高速公路关中段沿线走廊为副轴的空间开发格局。强化西安的科技、教育、商贸、金融、文化和交通枢纽功能，推进西安、咸阳一体化进程和西咸新区建设，加强产业合作和城市功能对接，建设全国重要的科技研发和文化教育中心、高新技术产业和先进制造业基地、区域性商贸物流会展中心以及国际一流旅游目的地。壮大陇海沿线发展主轴，扩大交通通道综合能力，强化产业配套功能，壮大宝鸡、铜川、渭南、商洛、杨凌、兴平、天水等城市的规模，形成西部地区重要的城市群。培育高速公路沿线发展副轴。依托现有的开发区和工业园区，加强产业配套对接，提高沿线中小城市的人口承载能力，集聚人口和经济，成为地区对外辐射极。加大中低产田改造力度，加快农业结构调整，建设特色农产品生产和加工基地，提高农业产业化水平。加强渭河、泾河、石头河、黑河源头和秦岭北麓等水源涵养区的保护，加强地下水保护，修复水面、湿地、林地、草地，构建以秦岭北麓、渭河和泾河沿岸生态廊道为主体的生态格局。

本书在参考以上文献关于主体功能划分思路和关中地区功能定位的基础上，从该地区的实际情况出发，根据关中地区乡村环境资源的实际情况、开发基础、建设潜力等诸因素相互联系与空间组合状况，综合拟定能够体现关中地区乡村建设环境地域系统客观格局的地域空间划分标准。将关中地区乡村建设的区域划分为“三大空间”，具体来说，就是秦岭北麓的生态保护区、关中环线的农业发展区、渭河流域的历史文化区“三大空间”（图5-1）。

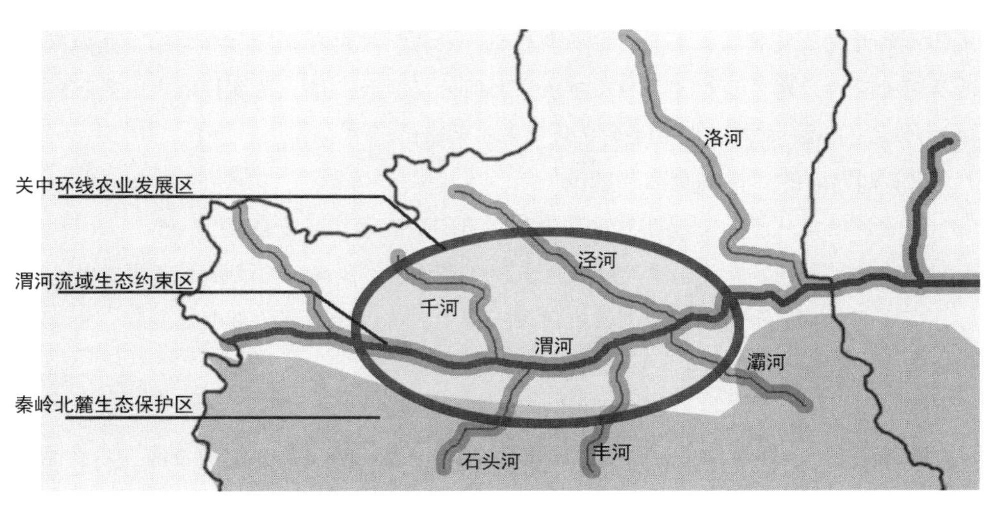

图5-1 关中地区乡村建设“三大空间”模式示意图

5.2.2 “三大空间”提出的规划理论依据

1）霍华德的田园城市理论：空间目标、社会目标和管理组织目标

空间目标包括：每个田园城市控制在一定的规模，对城区用地扩张进行限制；几个田园城市围绕一个中心组成系统，用绿带和其他开敞地将居住区和工业区隔开，绿带的概念开始形成；合理的居住、工作、基础设施功能布局；城市各功能区之间有良好的交通联连；市民可以便捷地与自然景观接触，人不能生活在水泥森林之中。

社会目标包括：通过土地价格公共政策规定减轻房客的房租压力。当时的土地全部是私有的，私有化的土地造成了土地投机，使居住人承受了过高的房租压力。霍华德提出城市土地应归集体所有，并通过公共政策来降低土地和住房的租金。资助各种形式的合作社，土地出租的利息归公共所有，建设各种社会基础设施，创造各种就业岗位，包括自我创造就业岗位的专业户。

管理组织目标：具有约束力的城市建设规划。城市规划指导下的建筑方案审查制度。社会要成为公共设施建设的承担者。把私人资本的借贷利息限制在3％～4％范围之内。建立公营或共营企业，由政府来提供公共基础设施。

2）米尔顿·弗里德曼的理论

米尔顿·弗里德曼（Milton Friedman）在总结了中国20世纪60～70年代经验的基础上，提出了针对人口多、处于城市化工业初期的发展中国家的乡村城市发展战略。他指出：“通过增加对农村的投资，引入城市化生活方式，把乡村聚落转型为乡村城市；在乡村之外发展社会交互作用的网络，创造一个更大的社会、经济、政治空间，称为乡村城市地区，同时也是大城市外缘的基本聚落单元；在同一地域社区内，把农业和非农业活动结合起来，稳定乡村和城镇收入，缩小城乡差别；加强对乡村城市地区自然资源的开发，发展农业生产，完善乡村公共设施，扩充农业指向型工业，更加有效地使用劳动力，建设和改善乡村城市地区之间的交通和通讯，把乡村城市地区联成区域的网络，通过一定的高级服务的区域化来扩大城镇。”[1]

3）刘易斯的“环境廊道”理论

20世纪60年代初，刘易斯教授和他的同事们提出了“环境廊道”（environmental corridors）的思想，并推出了“威斯康辛遗产游道计划”，这项规划的核心思想就是对规划范围内的环境敏感区以及河流廊道进行保护。该理论认为“由水、湿地、复杂多变地形包含一个地区85%～90%的自然与文化资源”。[2]

---

[1] 周一星．城市地理学［M］．北京：商务印书馆，1999：21.

[2] Philip H. Lewis. Tomorrow by Design：A Regional Design Process for Sustainability［M］. John Wiley & Sons，1996.

4）汤姆·特纳的自然哲学

汤姆·特纳（Tom Turner）提出了通过“坡道、海拔、植被、水源、地质、建筑物的年代以及其他的人文景观等”客观条件来判断地方资源价值的方法。我们注意到，特纳的自然哲学不仅体现在他对自然的认知，而且从历史、人文以及美学方面的思考，更显示了他对自然环境的判断力。

5）麦克哈格的设计结合自然

伊恩·伦诺克斯·麦克哈格（Ian Lennox Mcharg）的《设计结合自然》（Disign with Nature）主要是针对人类的“进步”造成的对大自然的破坏而写的一部专著。他从自然界得到启示，认为无论在城市或乡村，我们都需要自然环境。为了人类延续下去，我们必须把大自然的恩赐保护下来。麦克哈格在谈到城市和乡村时指出，城市和乡村同等重要，但是，今天自然环境在农村遭到侵害，而在城市中又很稀少，因此变得十分可贵。他的这一观点，得到芒福德的高度认可。

正如芒福德对《设计结合自然》的评价，麦克哈格通过生态学和生态设计，向我们展现了一幅有机体获得繁荣和人类得到欢乐的图画，麦克哈格唤起了人们对一个更美好世界的希望。

基于对以上理论的分析，我们对关中地区的乡村发展、城乡关系的考量以及对周边地质地貌、山形水势、植被特征和历史文化进行梳理，可以发现：这“三大空间”所在地域正是关中地区最具有景观价值与生态文化意义的空间范围，同时也是关中地区村落分布密度最高的地方。笔者认为，理论的分析，不应是纯理论的批判，而是要在当代乡村实践中有所启发和行动。

5.2.3 “三大空间”划分对乡村建设的引导策略

1）秦岭北麓的自然保护区

秦岭北麓是关中地区秦岭国家级生态功能保护区的重要组成部分，也是近年炙手可热的旅游胜地，这给该地区内量大面广的村落建设与发展带来了机遇与挑战。尤其是秦岭北麓西安市域段，地域面积5349km^2，占整个秦岭北麓地区的57.6%，其生态环境直接影响到关中地区乃至渭河流域的生态安全，在该地区乡村发展建设方面具有重要地位。随着西安都市圈的加快建设，西安将建成为国际化大都市，区域整体生态环境面临着更大压力。如何协调秦岭北麓地区乡村建设与自然环境的保护、旅游开发的关系，成为该地区乡村环境建设可持续发展亟待解决的问题。

目前，尽管规划部门组织相关人士对这一地区的生态保护提出了建议和规划蓝图（图5-2），但是在实施的过程中仍有一些问题值得商榷。例如关于“规划万能”的问题，笔者认为不应该在如此大范围内到处规划和建设，而应从理论上进一步认识自然的意义和价值，把大自然的恩赐保存下来。因为，自然给人们以启迪和顿悟，让自然安静下来，才能使人们的心灵安顿下来。卡斯特·哈里斯（Karsten Harries）[1]不也这样认为吗？我们不得不再一次学习和阅读大自然这本书。

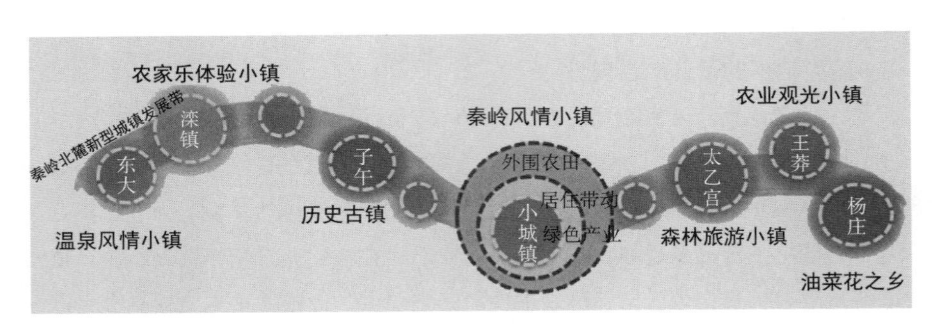

图5-2　秦岭北麓区的村镇分布

（资料来源：陕西省住房和城乡建设厅.陕西省新型城镇化发展研究与实践［M］.北京：中国建筑工业出版社，2014：169）

2）关中环线农业发展区

（1）环线现状

关中环线是陕西省规划的“一纵、二环、三横”公路次骨架的重要组成部分（图5-3）。路线全长480km，环绕西安、渭南、咸阳、宝鸡四城市、13个区（县）、43个乡镇。环线还和“米”字形高速公路相连通，和108、210、310、312国道相连接。这一项目的建设对关中城市群的形成和发展，对促进沿线经济发展和旅游资源的开发

图5-3　关中环线的结构

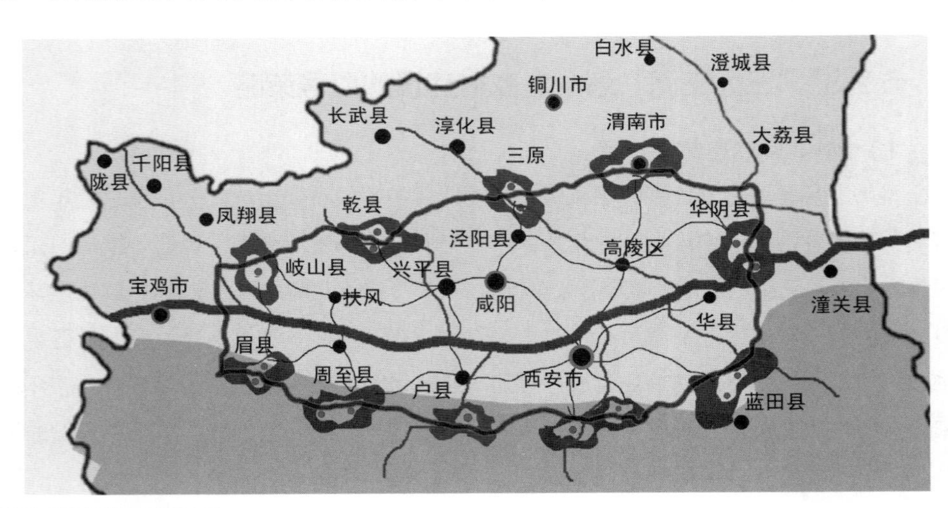

[1]［美］卡斯特·哈里斯.建筑的伦理功能［M］.申嘉，陈朝辉译.北京：华夏出版社，2003：132.

具有极其重要的意义。同时，我们还应该清醒地认识到，沿关中环线两侧的村落发展同样面临着考验：是社会大资本的进村、进乡取代传统农业的模式，还是小规模的更新建设，保持原有村落的形态特征，适度开发乡村路由的模式呢？

（2）环线乡村旅游发展特点

目前，关中环线乡村旅游发展表现有：

① 依托城市客源优势。主要指西安、咸阳、宝鸡等大中城市周边郊区所发展的农家乐、休闲度假山庄、垂钓及农家餐饮园等，如长安区上王村、临渭区毕家村、渭城区司魏村农家乐等。借助于同现代城市迥异的田园、村落等乡村景观，以采摘、垂钓、品尝、观光等活动吸引都市居民进行短期游憩休闲活动。

② 依托风景区资源优势。主要是依托秦岭北麓和渭北黄土高原等地众多的森林公园和风景名胜区发展起来的生态民俗村、农家乐等，如岐山北郭生态民俗村、扶风美阳生态民俗村、合阳辛栗村农家乐等。通过农民自主开发的一些参与项目，既可分流假日旅游高峰对风景区与城市自身的压力，又可提高游客的旅游活动质量。

③ 依托观光农业和农业科技型。以高科技和现代农业技术为主的观光农业与设施农业庄园为主，如分布在环线的草滩汉风果林生态观光园、周至万亩绿色猕猴桃示范基地、杨凌现代农业科技示范园、灞桥区万亩樱桃观光示范基地等。

从乡村建设的角度来看，户县的上王村和礼泉的袁家村具有典型性。两村就旅游者短期度假的需要，使这种地方性的传统建筑的模仿成为环境氛围不可或缺的组成部分。因此，旅游建筑就成为乡村建设的一种最早的实例。它更注重外观的形式塑造，但是在创作一种真实的建筑空间的体验方面，并没有获得多少成功。例如，两个村落的规划建设思路基本上是模仿明清时期的建筑形制，一户一院，主要以“农家乐”的经营为主。从空间构成上来看，上王村的沿街界面基本上是一个“饮食”的界面；袁家村的尺度、农态模式较为浓烈，对农耕器具和文化在不同的空间内有所展示（图5-4）。

(a) 上王村

(b) 袁家村

图5-4 乡村旅游的关中村落

（3）引导策略

引导策略是关中环线两侧的乡村建设朝着集约化的发展方向，整理土地资源，适当迁村并点，突出农业发展的内涵，旅游开发不仅仅包括“食客”的界面，还应包括民间艺术、传统建筑文化、服饰文化、耕作文化等形成关中环线上有地域特色的文化旅游环。

3）渭河流域历史文化区

（1）渭河文化源远流长

关中地区渭河全长818km，流域面积13.43万km^2。上游以及北岸泾河、洛河等支流，流经黄土高原，夹带大量泥沙。中、下游渠道纵横，自汉至唐，皆为关中漕运要道。《山海经·海内东经》有："渭水出鸟鼠同穴山，东注河，入华阴北。"北魏郦道元《水经注·渭水》有："渭水出首阳县首阳山渭首亭南谷山，在鸟鼠山西北，此县有高城岭，岭上有城号渭源城，渭水出焉。"唐张籍《登咸阳北寺楼》诗："渭水西来直，秦山南去深。"

同时，渭河流域是中华民族人文始祖轩辕黄帝和神农炎帝的起源地。黄帝与炎帝被视为中华民族的始祖。《国语·晋语》载："昔少典娶于有蟜氏，生黄帝、炎帝、黄帝。渭河流经地区以姬水成，炎帝以姜水成。成而异德，故黄帝为姬，炎帝为姜。二帝用师以相济也，异德之故也。"这是我们目前所能看到的最早记载炎帝、黄帝诞生地的史料。经过史学家考证，姬水和姜水都位于渭河流域一带，姜水位于宝鸡，姬水则是关中中部武功县一带的漆水河，两河均是渭河的支流（图5-5）。

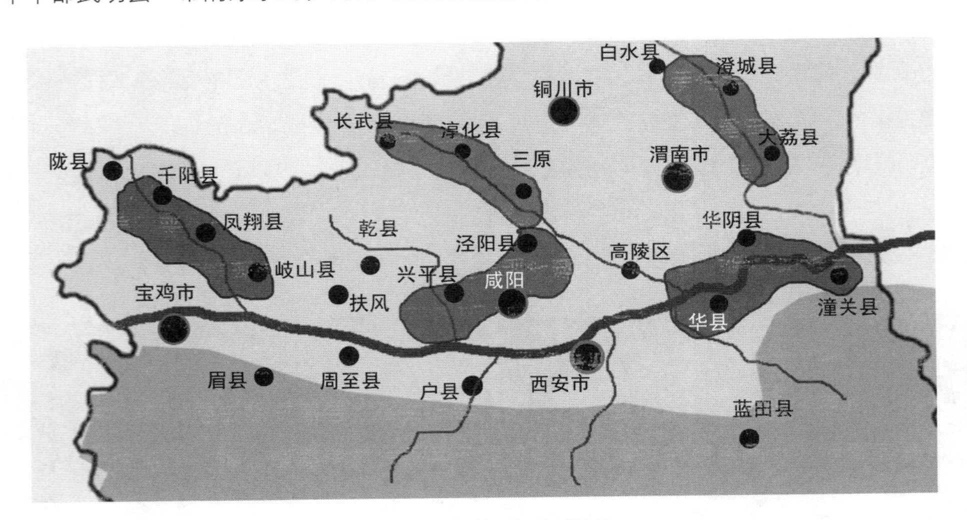

图5-5 渭河流域的县域分布

《史记》记载，周武王继位，以丰京地狭，迁都于沣河东岸的镐（今西安市斗门镇），惟留宗庙于丰京，通称丰镐，“周王居之，诸侯宗之”。故镐京又称宗周。战国时期，秦王朝都城“逐渭水而迁”，依次经历了平阳（宝鸡东南）、雍（宝鸡凤翔）、栎阳

（西安阎良）、咸阳（西安）等地，至秦始皇一统天下，建立了东方最强大的统一帝国。

渭河流域还是“萌易”、“生道”、“立儒”和“融佛”之地。其中，周公开创易文化；老子在函谷关作《道德经》，并在楼观台建道观，开坛讲经；汉代董仲舒“罢黜百家，独尊儒术”，立孔子儒学为中国的核心价值观；而佛文化在唐朝得到尊崇，特别是玄奘西行取经、译经、传经，使佛教本土化。关中地区虽不是佛教原初的发祥地，却是佛释文化与中国文化融合之地，是中国佛教，也是世界佛教公认的中心。

（2）渭河的生态功效

从生态的角度看，渭河流域大小河流不仅在关中地区形成网络，为灌溉五谷和人的生存提供了丰富的水源，而且由于关中三面被山脉拱卫，优越的地理位置形成了“关中自古帝王州”的特殊地位。正是渭河的生态功效，才支撑了关中地区历史文化的沿袭和传承。

（3）引导策略

① 探索流域水资源管理模式，维护渭河健康生命

实施渭河流域重点治理规划，要持续推进渭河流域防洪减淤体系的建成，同时，坚持节流与开源并举，加大节水和治污的力度，把解决渭河流域水资源不足和水污染问题放到突出位置。切实加强以多沙粗沙区治理为重点的水土保持生态建设、秦岭北麓支流治理和水源保护，严格控制地下水开采，充分发挥生态系统的自我修复能力。进一步深入分析渭河流域当前存在的问题，有针对性地开展科学研究，从更高的层次上研究和探索渭河流域的治理措施。

② 构建渭河绿色生态长廊，传承渭河文化的影响

在渭河治理中，要以和谐社会和资源节约型、环境友好型社会建设为目标，加快渭河水生态环境建设，将渭河建设成为生态型河流，促进关中地区经济率先发展。以渭河河道水环境为依托，按照可持续发展的原则，紧密结合渭河沿岸各大中城市的城市规划，立足于大关中建设，尽快推动陕西省绿色生态渭河建设，构筑关中绿色生态走廊，从而形成外力的作用，促进关中地区的乡村建设走向可持续发展的道路。

5.3 “三大空间”的划分与乡村建设需要注意的方面

5.3.1 重点资源的整合

重点资源的整合包括对关中地区生态环境要素、历史文化要素的分布与脉络梳理。

这些脉络资源将构成为与乡村发展相关资源的重要线索。通过市、县、乡镇、村的整体战略策划，引导完善村庄的布局，合理安排农田保护、产业聚集、村落分布、生态涵养等空间布局，有计划地加大对自然村、空心村以及行政村的整合力度。通过土地整合利用作用，推进乡村建设与乡村社区化，鼓励有条件的地方实施乡村社区服务资源共享，有效改善村容村貌和环境卫生状况，建设宜居的乡村，充满活力的乡村。

5.3.2　核心区域的协作

城市与乡村相辅相成、互为存在的前提，是必须在城乡统筹的框架下，发展县域经济，带动乡村发展，加强基础设施和社会服务设施建设，促进城乡协调发展。核心区域的协作就是以关中地区县域为基本单元重点考虑县域重点乡镇集镇对乡村地区的带动作用，处理好以县域为主的乡村空间密度递减的规律，根据郊区、近郊以及远郊各自的地理位置、产业结构、人口密度等特点，以农业经济为主体，为乡村的建设和发展开发新的支撑点和均衡发展的模式（图5-6）。

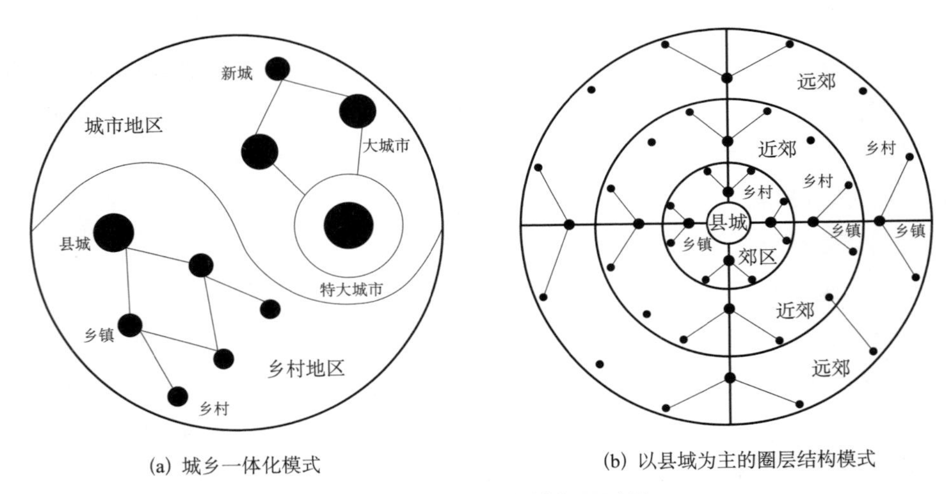

(a) 城乡一体化模式　　(b) 以县域为主的圈层结构模式

图5-6　县域单元带动乡村发展示意图

5.3.3　地区差异的特色挖掘

1）从传统戏剧看东府乡村特色资源

东府渭南乡村的特色资源主要有华阴老腔（阿宫腔、弦板腔）、东路碗碗腔皮影、华州秧歌以及合阳跳戏等。这些民间艺术历史悠久，代表着这一地区的传统发明和民间文化的记忆。

华阴老腔，据《华县志》载：老腔皮影又名拍板调，于清乾隆元年至十年

（1736～1745年）就已盛行于华州（今华县）。老腔表演只需签手（指挥皮影）、副签手、前首（主唱）、后台、板胡五人就可撑起一台戏。在这个剧种里，“生旦净末丑”一样也不能缺，这五种角色都由主唱一人担纲。因此，主唱的嗓音天赋就尤为重要。其声腔具有刚直高亢、磅礴豪迈的气魄，听起来颇有关西大汉咏唱大江东去之慨；落音又引进渭水船工号子曲调，采用一人唱众人帮合的拖腔（民间俗称为拉波）（图5-7）。

图5-7 华阴老腔

唱词格式化、口语化、鼓动性强。如《张飞赔情》中关羽的唱词：（再）休提桃园恩情重，二人结盟定生死。大破黄巾威名重，（我）巡守小小下沛城。

伴奏音乐不用唢呐，独设檀板的拍板节奏，均构成了该剧种的独有之长，使其富有突出的历史和文化价值，世代流传，久演不衰。但又鉴于该剧种这一特殊情形（家族戏），目前依然处于行将消亡的濒危状态，迫切需要长期保护。

幸运的是，2006年，华阴老腔已入选第一批国家级非物质文化遗产名录。

2）从泥塑看西府乡村特色资源

关中泥塑，自古以来，就以寺庙塑像著称，乡村泥塑主要是各种玩具，造型逼真、构图美妙、取料方便、制作灵巧。

西府泥塑具有代表性的主要是凤翔县六营村的彩绘泥塑，至今已有400多年的历史，明太祖朱元璋派部将李文忠第六营在此“屯兵”而得名。

历史上，李文忠的第六营中，一部分江西籍的士兵会用陶瓷，便利用当地黏性很强的“板板土”和泥制模，捏泥人、泥动物，做偶彩绘，当作泥玩具出售。六营村的脱胎彩绘泥偶由此出名，并代代相传。这些写泥玩具起先以表现虎、狮、牛、马、猪、狗、兔等动物和神话历史戏剧人物为主，俗称“泥耍活”，后来逐渐演变成彩绘、素描等手法的泥虎脸挂片、泥牛头挂片等。泥塑作品通常包括毛稿制模、翻坯、粘合成型、手工修饰、描线、彩绘、上油等十多道工序方式。

整个造型洗炼概括，色彩鲜明，形态妩媚可亲，具有简、艳、神的艺术特色。其中的卧牛、立虎、扎虎、胖娃娃是人们最受欢迎的泥塑。泥塑主要是用于走亲访友的礼品或作为日常摆设（图5-8）。

(a) 卧牛

(b) 立虎

图5-8 凤翔泥塑

3）从面花看东西府乡村特色文化差异

面花，俗称花花馍，正式名称应该是礼馍。它是流行于民间的一种风俗礼仪，世代承传、演变，蔓延在历史的沧桑中，而被人们称作“文化”，或“能吃的艺术”。

关中的面花，主要分东府、西府和关中北部，风格或异，特色不同。东府地区的面花丰富多彩、娟秀明快、精美细腻，最为出色的在合阳、华县一带；西府的面花造型饱满、色调热烈、浑厚雄强，最具代表的在凤翔一带；而在北部的面花则大红大紫、厚朴简洁，有着图腾意识，以黄陵、洛川为盛。尤其是黄陵面花，以其历史久远，不仅是家庭民间生活中使用，而在祭拜黄帝大典时也使用，而被列入了国家级的非物质文化遗产保护名录之中，成为关中面花中的魁首翘楚。

罗伯特·雷德菲尔德（Robert Redfield）在《农民社会与文化》一书中指出，大传统是指社会精英们建构的观念体系——科学、哲学、伦理学、艺术等；小传统是指平民大众流行的宗教、道德、传说、民间艺术等。小传统在乡村社会中具有的草根性和主导地位，散布在村落中，代表着多数农民的文化生活。“农民的文化有着它自己的发展史……农民文化是一种多元元素复合而成的文化，它完全配得上被称为‘人类文明的一个侧面’。”[1]因此，挖掘关中地区的特色文化资源，有利于我们在当代关中地区乡村建设的文化定位上，充分考虑地方文化的差异性，避免重复性的建设模式。同时

---

[1] ［美］罗伯特·雷德菲尔德．农民社会与文化［M］．王莹译．北京：中国社会科学出版社，2013：93-94.

应善待这些小传统，防止乡村建设被城市文化的大传统所“吞噬”与“同化”，从而影响村落日常的生产、生活方式。

5.3.4 村落与寺庙空间的关系

如果说“南朝四百八十寺，多少楼台烟雨中”是指南朝寺庙之多的话，那么，关中地区的寺庙空间不仅多，而且和村落的关系更为紧密。

作为村落重要精神空间和公共活动空间的建构，村庙以及庙宇是除祖先崇拜之外的一个非常重要的民间宗教信仰的活动场地，是一处文化空间。当遇到村里过社、祭祀、庙会时，人们一般都会选择到庙里求神拜佛，例如关中的周公庙会、岐山与扶风交界处的西观山庙会、凤翔县的灵山庙会、宝鸡的钓鱼台庙会、临潼骊山的娘娘会以及耀县孙思邈的二月庙会等。

考察寺庙型的空间院落，还可以看出，这类院落既是善男信女进出主体殿堂礼拜进香的集散空间，也是宗教借以描绘天堂仙界的模拟空间。在宗教活动的行列中，拥有各阶层的、大量的人流，一些非宗教活动的文人、游客也常在寺庙中游览、寄宿。

与寺庙空间紧密联系的一个文化习俗就是庙会。关中庙会也称庙市，是特定日期在寺庙及其附近举办的集市活动。庙会的发展历史表明，除了它的社会生活、复合形态（包容性、宗教性、世俗性）外，更为重要的是有利于保护民间文化遗产，例如在庙会上表演的五虎、开路、太狮、少狮、高跷、杠子、花车以及中幡等。另外，寺庙文化在传统社会可以说是具有相当突出的公共活动性质的“开放性空间”，更为人们的交流提供了场所，例如对周公庙祈子会野合的现象[1]就表明了寺庙的文化内涵特征——隐匿性、功利性、习俗性以及嬉戏性等。

同样地，我们注意到，普列汉诺夫在《婚姻和家庭的起源》一书中，引用许多著作，列举了世界各大洲许多民族的这种开放空间的盛会。

可见，这种雷德菲尔德所言的小传统的聚会为人们见面、沟通和交流提供了场合，在一定程度上满足了村民的精神空间与社会交往的需求。陈进国指出：“从功能的角度看，寺庙作为中国民间信仰的载体，常常成为一个社区的祭祀圈中心，寺庙不仅是社区发展历史的见证，而且是凝聚区域群向心力的家园。”[2]这也足以证明寺庙、庙会、村落形成了一个地域化的圈。

关中地区不同的寺庙都有自己特定的地域圈，地域圈的大小除了与庙会的影响大

---

❶ 高占祥．论庙会文化［M］．北京：文化艺术出版社，1992：223.

❷ 陈进国．信仰、仪式与乡土社会：风水的历史人类学探索［M］．北京：中国社会科学出版社，2005：516.

小有关外，还与地理环境、路网布局以及周边村落的民俗信仰形成紧密的空间关系。所以，村落不仅是一个自给自足的社会结构单元，不仅是一些分散在土地之上的聚落形态，而是文化的地域共同体，这里的文化“就是一个社会成员习得的，在社会上获得的传统和生活方式，包括他们模仿重复的思想、感情和行动的方法。”❶当然，也代表了一个地域圈的场所性。

总之，根据以上对东西府地区乡村特色文化资源的简述以及对村落和寺庙空间关系的阐述，就是要在“三大空间”划分的基础上，注意乡村建设层面的文化多元性，充分认识到大传统和小传统共时性研究的重要意义，而不是以大传统代替小传统。“其实大传统和小传统是彼此互为表里的，各自是对方的一个侧面。跟随者低层次的文化走的人们和跟随者高层次文化走的人们是有着相同的高低标准和是非标准的。”❷基本价值观的不同并不能成为现代取代传统的理由，因此，这一对概念也成为笔者在后文将要研究的乡村建设多角度支撑的理论依据。

5.4 本章小结

面对当前关中地区乡村发展存在的种种问题，宏观层面必须首先作出快速反应。根据关中地区乡村建设的矛盾与现实问题，本章对关中地区乡村建设规划体系的建构进行了宏观的思考，就关中地区市域、县域、乡、镇、村分布的特点、建设基础和发展潜力，依据相关理论和政策，从宏观层面提出了“三大空间”的概念；并以关中地区县域为单位提出了乡村建设的“三级圈层结构”空间模式，目的是根据地方的地理差异、文化差异、经济发展水平等，提出因地制宜的乡村建设与传统建筑环境支撑的方法和模式，从而有序地引导乡村空间发展，形成乡村形态特征的多样性和差异性，构建可持续发展的城乡共同体。

必须指出的是笔者提出的“三大空间”的概念并不是一个理论，而是一个视角，我们可以从宏观、中观、微观三个层次进行城乡文化的互动研究，尤其是在乡村层面，而不是“就乡村论乡村”。

---

❶ ［美］马维·哈里斯．人·文化·生境［M］．许苏明译．山西：山西人民出版社，1989：5.

❷ ［美］罗伯特·雷德菲尔德．农民社会与文化［M］．王莹译．北京：中国社会科学出版社，2013：116.

6 乡村建设与传统建筑环境支撑的理论初探与方法研究

根据前面章节的研究，在考虑关中地区的历史、现状或未来的发展方向时，我们关注的不仅是过去。用一定的篇幅去阐释这一地区的人们的思想和行动，对我们未来关中地区的建设与支撑具有重要的意义。正如克罗齐所说："历史永远在不倦地工作，它的表面的痛苦乃是产前的阵痛，它的被视为气喘吁吁的叹息是宣布一个新世界诞生的呻吟……但历史绝不死亡，因为它永远把它的开端和它的结尾连接起来。"❶

沙里宁在他的名著《城市：它的发展衰败与未来》第一部分第二章"城市的衰败"中指出，建筑的面貌即"种子"和人民的态度，即"土壤"，这两个方面相互影响。他认为城市的衰败就是由互为因果的不良的种子和未耕的土壤所引起的。

雅各布斯在《美国大城市的死与生》中描述到，有一点，毫无疑问，那就是单调、缺乏活力的城市只能是孕育自我毁灭的"种子"。但是，充满活力、多样化和用途集中的城市孕育的则是自我再生的种子。即使有些问题和需求超出了城市的限度，它们也有足够的力量延续这种再生能力并最终解决问题。

基于以上对克罗齐关于历史循环机制的认识和沙里宁、雅各布斯对城市中"种子"的形象描述，在本章的研究中，我们借用"种子"的概念，就是在当下的乡村建设中，希望它们能够在关中乡村不同历史类型的社会土壤中成长起来。

本章将得出如下合乎逻辑的结论，用比喻的方式来说，就是当前乡村建设与支撑是互为因果的"土壤"和"种子"的关系所引起的，为乡村的自我再生埋下希望的"种子"。

"春种一粒粟，秋收万颗子。"这些"种子"就是定向性、重构性以及逆向性的支撑理论与方法。下面分别加以分析。

---

❶ ［意］贝奈戴托·克罗齐．历史学的理论和实际［M］．傅任敢译．北京：商务印书馆，2010：70.

6.1 定向性支撑方法与模式

6.1.1 定向性支撑方法的概念

关于“定向”和“定居”，马丁·海德格尔（Martin Heidegger）指出：“我们若把空间性归诸此在，则这种‘在空间中存在’显然必得由这一存在者的存在方式来解释……无论空间性以何种方式附属于此，都只有根据这种‘在之中’才是可能的。而‘在之中’的空间性显示出去远与定向的性质。此在作为有所去远的‘在之中’，同时具有定向的性质。此在作为有所去远的‘在之中’，同时具有定向的性质。左和右这些固定的方向都源自这种定向活动。此在始终随身携带这种定向活动，一如其随身携带着它的去远。此在的一般定向活动才是本质的，按照左右而定的方向就奠基于其中，而一般的定向活动本质上又一道由在世加以规定。”

当然，就连康德（Immanuel Kant）也不是要对制定方向进行专题阐释。[1]康德的唯一空间的推断认为空间是人们得以进行彻底和客观的想象的必要条件。海德格尔进而修正和阐发了康德关于“方向”的论述，指出人的记忆的重要性。正是人所具有的记忆形成了熟悉的世界，而“定向”必定以此为前提。

海德格尔在《筑·居·思》中主要阐述了建筑与定居的关系。实际上，海德格尔真正要揭示的并非史实，也不是词源学的关系，而是建筑与人类的精神家园的关系。建筑之所以能够如此，在海德格尔看来，是因为它能够建立位置。这种位置不仅提供了容纳物体的空间，更提供了容纳精神的空间，从而界定了定居的内涵，即重新去寻找定居的本质，学会如何将天、地、神、人四重整体保护在作为人的本质的定居之中。

而在建筑理论界，凯文·林奇（Kevin Lynch）的《城市意象》中关于“定向”的要素是道路、边界、区域、节点以及标志区等基本空间结构，人类借助它们进行“定向”活动，这些要素的可见关系就组成了“环境形象”。林奇强调：“一种好的环境形象赋予人类一种重要的情感上的安全感。”[2]

根据以上关于“定向”和“定居”的理解，本书提出村落环境保护的定向性支撑方法（Orient Support Methodology）主要有两层含义：第一是对传统建筑环境的保护与保存，即指对传统建筑材料、装饰、空间布局、吉祥图案、文字与文化空间、地

---

❶ ［德］马丁·海德格尔．存在与时间［M］．陈嘉映，王节庆译．北京：商务印书馆，2015：130，140.

❷ ［美］凯文·林奇．城市意象［M］．方益萍，何小军译．北京：华夏出版社，2001：35.

方民俗等原貌保留，进行必要的修复，重新从建筑空间上感知乡村环境的特性；第二是与之应答的村落结构进行整体性的完善，从而体验村落环境的空间记忆和场所精神，以此来评判“种子”和“土壤”在空间特征（图6-1）。

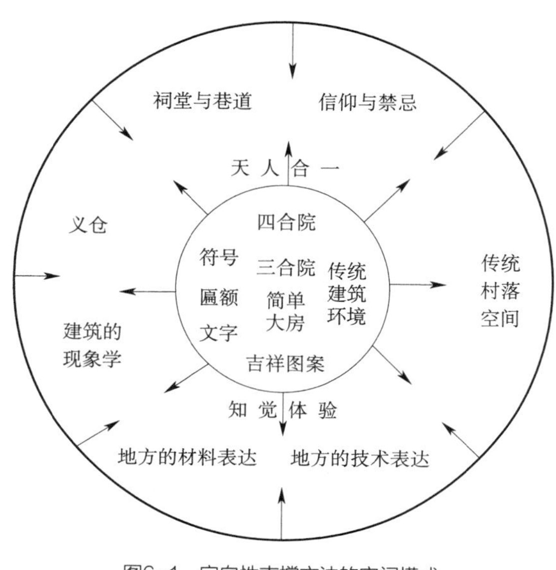

图6-1　定向性支撑方法的空间模式

6.1.2　定向性支撑方法的理论依据

1）“保护”和“修复”的理论

关于“保护”的概念在《威尼斯宪章》（1964年）中，主要定义为：历史古迹的概念不仅包括单个建筑物，而且包括能从中找出一种独特的文明、一种有意义的发展或一个历史事件见证的城市或乡村环境。这不仅适用于伟大的艺术作品，亦适用于随时光流逝而获得文化意义的过去一些较为朴实的艺术品。其目的在于尽可能长久地保存作为物质实物的遗产，主要的措施是“保护和修复”。《内罗毕建议》（1976年）对保护的定义是“鉴定、防护、保护、修缮、复生、维持历史或传统的建筑群以及它们的环境并使它们重新获得活力，增添了使遗产重生、恢复生命力的新内容。”

《关于原真性的奈良文献》（1994年）对“保护”的界定是“用于理解文化遗产，了解它的历史及含义，确保它的物质安全，并且按照需求，确保它的展示、修复和改善的全部活动”。其将保护的概念扩展到了非物质文化层面，开始关注遗产与人的精神关联，人类应当通过遗产蕴含的内在意义去建立人与遗产之间的关系。《巴拉宪章》（1999年）保护中的概念包含更为广义的内容，包括保存、保护性利用及维护、修复、重建、展示、改造等内容。由国际古迹遗址理事会和加拿大魁北克遗址理事会共同制定的《魁北克遗产保护宪章》中对保护的概念主要以发展作为前提，指导保护措施、实施保护，而保护的目的就是使遗产具有可利用性，并能融入人们的日常生活。

2）诺伯舒兹的“场所理论”

海德格尔在《存在与时间》中讨论的“在空间中存在”的概念，对诺伯舒兹的关于建筑现象学的研究有很大的帮助。他是将现象学引入建筑理论界的先驱。

诺伯舒兹认为，现象学是一种观察方法，关注的是事物的实在，而非抽象的思维活动，他对神性空间的关注胜于物质空间的关注。在“定居的概念”一文中，他认为质的感觉得以定居是人类存在的基本条件，定居中的认同意味着将整个环境作为具有意义的世界来体验。因此认同识别事物的质量和特征就是通过“定向”来掌握空间关系，处理空间秩序。

他对建筑学现象学的定义是将建筑放在具体的、实在的和存在的领域加以理解的理论，进而质疑现代建筑的空间论，认为建筑界经过几十年的抽象的科学理论讨论后，有必要回到现象学方式来理解建筑。

的确，诺伯舒兹在建筑环境的研究中特别强调现象学方法的重要性和迫切性，这不仅是因为众多的现代建筑理论对具体的生活环境及其意义的冷漠或忽视，现象学的研究还没有在建筑领域中引起足够的重视。另一个原因则是流行于建筑理论研究中的科学分析方法的根本局限性。自然科学中所采用的分析方法，主要关注经过抽象或缩减的中性和客观事实。古典建筑的研究属静态的研究范畴，它无力探讨建筑环境的总体气氛和特征这类与建筑质量相关的根本问题，因而不能从精神的高度上揭示和把握建筑的本质意义。而现象学的方法则可以克服这种方法的局限性，从存在和建筑环境的内在关系中发现出深刻的意义，帮助人们理解、保护和创造有意义的建筑环境。

早在1971年发表的《存在、空间和建筑》（Existence, Space and Architecture）一书中，诺伯舒兹就首次提出了“存在空间”的概念，目的是将建筑环境研究同人的存在属性明确地联系在一起。在《场所精神》一书中，他又重新阐释了“存在空间”的内涵：这个概念包含了“空间”、“特征”两个方面，它们分别是定向（orientation）和确认（identification），都与人们“在空间中存在”的基本心理尺度相联系。

可以看出诺伯舒兹的场所理论明显受到海德格尔存在现象学的启发。

关于建筑空间的属性，诺伯舒兹讨论的空间既不是笛卡尔关于数理和逻辑意义上的抽象空间，也有别于当时建筑研究中流行的与格罗皮乌斯、密斯、柯布西耶的那种现代性空间的几何表达方式，而是诠释了一种人与环境之间的空间体验。

基于以上分析，诺伯舒兹的场所理论对本书定向性支撑这一艺术形式的“种子”

贡献如下：

（1）强调以人为中心的“存在空间”

诺伯舒兹认为存在空间是介入“人与环境之间的基本关系”，建筑现象学注重人，还体现在其关注“日常性世界”、“主体性”和“意向性”等。就建筑环境而言，他指出应该从景观和聚落两个方面来描述场所的结构，而景观和聚落可以用“空间”和“特性”的范畴来描述。空间是对构成场所的要素进行三维空间的整体性组织，而特性则是描述该场所普遍的气氛。气氛是场所最广泛、综合和全面的特征，人的存在场所才有了意义。

（2）场所的历史性和稳定性

诺伯舒兹指出：“场所的特性是时间的函数，场所的前提是必须在一定时间里保持其认同。因为稳定的精神是人类生活的必须条件。”[1]但为了适应场所的发展与变化，诺伯舒兹也指出了场所的两个特征：“一是任何场所必须有吸收不同内容的能力，二是场所很显然可以用不同的方式加以诠释。事实上，保护和保存场所精神意味着以新的历史脉络，将场所本质具体化。”[2]

显然，稳定精神揭示了人们的某种共性，也表明了传统文化具有的历史性和相对的稳定性，是人类生活的必需条件。

（3）强调结构形式上的围合感

从结构形式上看，围合领域是所有人造环境的一个基本属性。围合是人类为自己创造生活世界的最基本的方法，因为只有围合才能聚集事物、生活和意义。围合就是人为地用界限将某一空间与周围环境区别开来，以服务于特定的生活内容和目的。因此，诺伯舒兹认为，人造环境的构成意义在于三个方面：一是显现（visualization），二是补充（complementation），三是象征（symbolization），进而使围合有了意义。

以上解读表明，诺伯舒兹的场所理论就是由自然环境、人造环境和场所相结合的有意义的整体性，这个整体性反映了在一特定地区中人们的生活方式和其自身的环境特征。因此场所不仅具有建筑实体的形式，而且还具有精神的意义。通过建立人们与世界的联系，场所帮助人们获得了“存在于空间”的根基。场所的形式和特征产生了环境的结构和意义，定下了环境总体气氛的基调。

考察传统村落的总体气氛，我们同样可以看出，村落的围合感和它的环境意义。实际上，中国传统画作在表现村落与环境意义方面是对诺伯舒兹场所理论很好的“东

[1] ［挪］诺伯舒兹．场所精神：迈向建筑现象学［M］．施植明译．武汉：华中科技大学出版社，2012：167.

[2] ［挪］诺伯舒兹．场所精神：迈向建筑现象学［M］．施植明译．武汉：华中科技大学出版社，2012：18.

方化”的诠释（图6-2）。

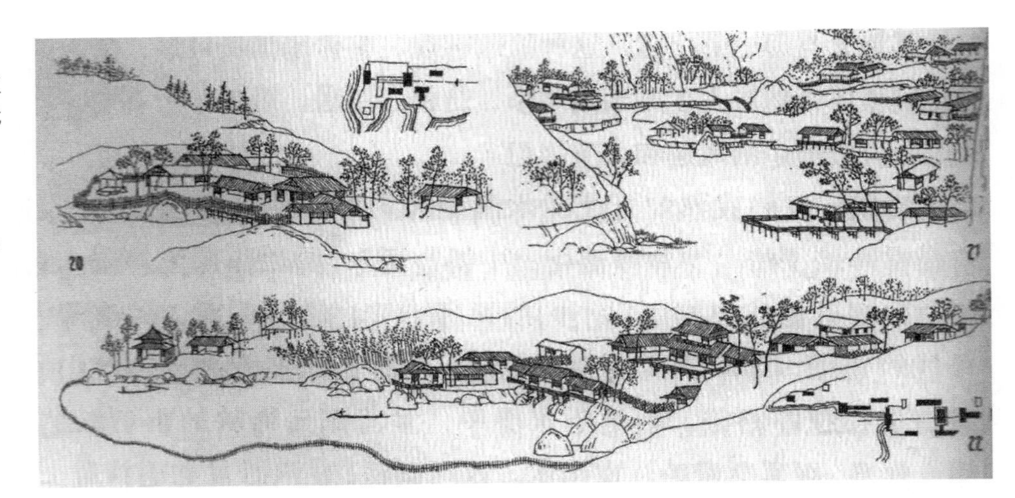

图6-2 （宋）王希孟《千里江山图卷》中宋代住宅与村落（资料来源：吴良镛. 中国人居史［M］. 北京：中国建筑工业出版社，2014：306.）

3）建筑现象学的启发

（1）建筑环境的基本质量与属性

就环境的质量来说，它是通过人们在其中的活动展现出来的，它们不仅有赖于构成元素本身的属性以及元素之间的相互关系，而且取决于它们在人们生活经历中的作用和意义。作为人们的生活世界，建筑环境是由自然环境和人造环境组成的整体，这两种元素的基本质量的相互作用与联系产生了建筑环境的基本质量。

而且，建筑环境的一个基本目的就是建立人们的生活秩序，以满足人们的生活需要。因此，建筑环境，无论是单体还是群体，都在其结构、特征和元素细节中包含了特定的信息和内容，它们支持和鼓励某些活动或事件的发生，限制甚至禁忌另一些行为的出现。环境信息越明确单一，环境所期待容纳的活动范围就越狭小，而当环境信息具有多重特性时，建筑空间的功能和目的就表现出复合的属性，场所才具有意义，具有了身体、空间与直觉的体验。

（2）身体、空间与知觉

梅洛-庞蒂在《知觉现象学》中有关知觉的思想同样引起了建筑师对体验建筑的重视，对于建筑现象学的研究具有直接的影响。

梅洛-庞蒂认为，“先验和经验、内容和形式之间的区分一旦消失，感觉空间就成了作为唯一空间的整体形状的各种具体因素，朝向唯一空间的能力使与一种感官的分离中退出唯一空间的能力分不开的。”[1]他从批判主义哲学的角度出发，重申了一种哲学

❶ ［法］莫里斯·梅洛-庞蒂. 知觉现象学［M］. 姜志辉译. 北京：商务印书馆，2012：284.

的重要性，因为“空间的统一性只能在各种感觉领域的相互交织中被发现”。[1]

在《知觉现象学》中，梅洛-庞蒂的基本哲学论证用于各种实例来批判客观性的思维，强调知觉的体验。引申到体验建筑的知觉判断，则主要是视觉体验、听觉体验、触觉体验、嗅觉体验和味觉体验等。其中的触觉体验主要是对建筑的空间、材料和尺度的研究，通过眼、耳、鼻、口以及肌肤共同衡量。特别是他强调“有深度的”体验更是道出了空间起源的维度，它附着了人类深沉的存在论的乡情。

如果说，正常人已经对空间的体验处在模糊状态的话，那么，梅洛-庞蒂却坚持认为，一切感觉都是空间的，“不是因为作为对象的性质只能在空间中被想象，而是因为作为与存在的最初联系、作为有感觉能力的主体对感性事物表示的一种存在的形式的重新把握、作为有感觉能力者和感性事物的共存的性质本身是由一个共存的环境，也就是一个空间构成的……任何感觉都不是点状的，任何感觉性都必须以某种共存的场为前提。”[2]

实际上，毕飞宇的小说《推拿》中关于王大夫与小孔两位主人公谈情说爱的场景描写是梅洛-庞蒂的上述推断的日常生活的再现。他写道两位盲人的心理纠结：租住的旧房子、回家、是小孔的宿舍、还是王大夫的宿舍、上铺、下铺、锁门等这样一些关键词恰恰说明了建筑被感知的空间不是纯粹的几何体，而是一个记忆中的具有统一性的空间体验。所以，梅洛-庞蒂得出结论：盲人也有空间体验。

正如沈克宁所言，“建筑体验的真实性是基于建筑的构造语言以及营建构造活动得以被知觉感受而理解的，传统建筑材料产生和表达出的是一种温暖、亲切、宁静、安详、固定、停滞和恒久的感受，触及的是记忆深处的体验。”[3]

斯蒂文·霍尔（Steven Holl）和彼得·卒姆托的设计都从建筑的身体体验中得到启示，例如霍尔的“纠结的体验”。他认为，归根到底，我们都无法将整体的知觉分解为知觉的组成部分。建筑超越了几何，它是观念和形式之间的有机联系。在他关于“锚固”的概念中，场所于情景既是主观的，也是客观的，两者都是存在，都是本质。

而卒姆托更是把身体记忆作为营造空间的方式加以运用。他的作品在形式与逻辑构造上呈现出一种浑然一体的真实性，表现了建筑的营造和构造逻辑。他说：“记忆包含了我所知道的最深的建筑体验。它们是作为建筑师的我试图在工作中探索的建筑氛围和形象的丰富源泉。”[4]

可以看出，相比于新奇大胆的建筑概念是否足以成为建筑品质的源泉；用图解的

[1] ［法］莫里斯·梅洛－庞蒂．知觉现象学［M］．姜志辉译．北京：商务印书馆，2012：285.
[2] ［法］莫里斯·梅洛－庞蒂．知觉现象学［M］．姜志辉译．北京：商务印书馆，2012：283.
[3] 沈克宁．建筑现象学［M］．北京：中国建筑工业出版社，2016：98.
[4] ［瑞］彼得·卒姆托．思考建筑［M］．张宇译．北京：中国建筑工业出版社，2018：8.

空间组合，玻璃铝板的通用材料是否使得建筑显得过于高冷而缺乏可知可感的温暖关怀，毫无疑问，我们认为建筑空间中的身体体验更具有意义。

（3）人的环境体验及其意义

丹麦建筑学家S·J·拉斯姆森于1959年写成的《建筑体验》一书，论述了人们是如何从建筑的体验中获得对世界的深入理解，获得生活的乐趣和意义，揭示了建筑在给予和丰富人们生活经历中的积极作用。

拉斯姆森特别分析了建筑环境元素（包括实体、空间、平面、比例、尺度、质感、色彩、节奏、光线和音响等）在视觉、听觉和触觉等方面对人们环境经历的微妙而深刻的影响。在这个研究中，构成建筑环境的基本元素及其属性与人们的生活及其质量密切相关，建筑环境可以丰富和强化人们生活经历和意义。他指出："理解建筑并不等于能从某些外部特征去确定建筑物所属的风格。只看建筑物是不够的，必须去体验建筑。你必须去观察建筑是如何为特殊目的而设计的，建筑又是如何与某些时代的全部观念和韵律一致的。"[1]他进一步强调："建筑师的主要任务就是为人类环境建立秩序和关系。"[2]

综上所述，从现象学到建筑现象学，笔者试图理顺以上的脉络。

首先，海德格尔在《存在与时间》中关于"在空间中存在"的讨论，明确的"定向"与"去远"的意义。在《筑·居·思》中对"定居"的阐述，"终有一死者在大地上的存在方式"引起了诺伯舒兹对建筑现象学的理论性思考，他认为建筑现象学是一种观察方法，关注的是实实在在的事物，而非抽象的思维活动。正是诺伯舒兹从"诗意的栖居"衍生出建筑空间的"场所精神"。

第二，梅洛-庞蒂在《知觉现象学》中有关知觉的思想，诸如空间体验、共存环境、大世界、小世界、触觉体验等的讨论，引起了建筑师对建筑知觉、身体体验的重视。拉斯姆森在《建筑体验》中进一步把知觉现象学中关于视觉、听觉、触觉、嗅觉、味觉等的知觉判断引申到建筑体验中去。在关于"建筑中的韵律"、"建筑中的日光"、"建筑中的色彩"、"聆听建筑"等内容的分析中，他认为，建筑的场所、材料和使用的自然感悟造就了无名的建筑，这些建筑更是美的表现。

第三，从实践层面来看，斯蒂文·霍尔在建筑设计理论与实践的结合中，强调建筑思想是一种真实的现象中进行的思维活动，设计的思想来自场所。同时，他也认可体验和知觉在建筑创造中的作用。而卒姆托则是一位坚定的建筑现象学理论研究和创作实践的践行者，尽管他并未引用"现象学"这一名词。

---

[1] ［丹］S·J·拉斯姆森．建筑体验［M］．北京：知识产权出版社，2012：24.
[2] ［丹］S·J·拉斯姆森．建筑体验［M］．北京：知识产权出版社，2012：24.

的确，就现象学本身而言，它不是对哲学经典的解释，实际上是现代人通过对海德格尔、梅洛-庞蒂生活和思想的历史性考察，进而对自身生活和思想的深刻反思。

我们的问题是，海德格尔在《存在与时间》关于“牵挂”、“良知”、“操心”、“技术”等这些关键词的思考，不也是人们当下所困惑的问题吗？梅洛-庞蒂对“自省”、“意识”、“盲人”、“体验”等心理活动的强调、对处在知觉覆盖之下的动态和建设性空间的关注，不也说明我们生存空间的乏味吗？

总之，通过以上对保护和修复的国际文献的解读、场所精神的认识以及建筑现象学的启发，本书提出的乡村建设与传统建筑环境的定向性支撑方法，目的是使我们不仅要认识到当代乡村建设环境的问题和危机，而且更重要的是清楚地认识到城镇化进程对乡村整体文化侵蚀和磨损的负面作用，从而采取积极的应对措施，指向可持续性建筑设计的发展，保护乡村本真性的生活方式。

为使我们充分理解定向性支撑的特征，使土生土长的“种子”与自然的土壤之间彰显出一个存在的、有意义的空间，笔者借用下列案例来说明问题。

6.1.3 定向性支撑的案例研究

黄花峪村位于宝鸡市西北的陇县境内，距陇县县城15km，属于远郊型乡村。村落树木茂盛，环境宜人，基本位于半山坡上，背西朝东。“占山要占西北山，夏天凉爽冬日暖”说明该村落的方位选择具有适宜人居的环境特征。

1）村落的形成与发展的因素

（1）自然地理条件

黄花峪村的地形是西北高而东南低，千河从西北向东南流去。气候属于暖温带半干旱、半湿润季风气候。年均气温10.9℃，极端最高气温40.3℃，极端最低气温零下19.9℃，年均降水量600mm，无霜期200天。村落的西南方向就是关中地区草原旅游体验区——关山牧场。依塬傍水、向阳背风的自然环境避免了西北风的侵害。

（2）风水理论

实际上，中国风水理论针对体验所及的自然环境的描述并提出如何选择适用的空间地形的看法，其实与建筑现象学的描述相去不远。

我们知道，传统建筑空间历来是尽可能地从自然中寻找有利于生产、生活的环境作为栖息地。从风水学中可以看到，“形”主要是指村落所在地区的山形、水形以及地形的综合，“势”是指有山水地的组成对村落发展前景与趋向的影响，这两者体现了村落在风水方面的综合选择。

显然，风水因素在传统村落中的盛行，其理想模式是：“背有靠，前有照，负阴抱阳；左青龙右白虎；明堂如龟盖；南水环保如弓。”“通过对最佳空间和时间的选择，使人与大地和谐相处，并可获得最大选择，取得安宁与繁荣的艺术。”[1]这样的村落环境实际上塑造了一个临水背山、阳关充足、交通便利，既注重供水，又注重排水的理想人居环境。

海德格尔在《筑·居·思》中关于“黑森林农舍”的描述也暗合了中国的风水理论。应该说，村落层面的“风水”布局与建筑、院落在“风水”上的要求是一致的。换句话说，如果营造一个建筑物要让人定居下来，就必须能够保证“在空间中存在”的发生，或者说，必须能够产生一个“思”的家园。

简而言之，古人依据这些基本因素之间相互牵动的关系，来测度生活环境的品质好坏。这些都表现出人类共同的“生活世界”的观点，同时这种平实的“自然态度”恰恰呼应着建筑现象学哲学的思想背景。

2）“多样空间”的村落特征

海德格尔在《筑·居·思》中所讲的空间——“多样空间”，始终是与人的存在相关联的，因此是“多”的空间。“空间既非外在对象，也非内在体验，而是人所经受和承受的空间。”[2]

（1）院落空间

黄花峪村的基本居住单元院落是由传统的四合院和三合院构成，以纵向中轴线引导，主次分明，左右对称，体现了传统的宗法礼制思想。

在空间布局上，有别于北京的四合院。北京的四合院房房相结，廊廊相通。而黄花峪村的四合院四房呼应而不相结，四房的基础也不在同一平台上，从上房、厦房到下房，基础有一个落差，院落略有坡度，意在排水。各房之间留有风道，便于通风采光，扩大庭院面积（图6-3）。

建筑材料以当地的砖、木、石为主，木材为清一色的青冈木，大件木料粗壮端直，上下房的椽全是方椽。门面用雕花木板装饰，墙头用青砖砌成，墙头上方有“万卷书”以及花雕图案，上下房屋脊用正副双脊叠座，包口云瓦、狗头勾瓦、脊顶线瓦、猫头盖瓦、压缝铜瓦、满檐滴水、福禄寿喜各种图案的瓦饰，一应俱全。上方的屋脊中间有“鹳雀报喜”瓦雕，两边是脊兽。下方的屋脊中间为“莲里生字”瓦雕，两边是“麒麟迎祥”瓦雕。院落中间是空地，铺砌材料是方块青砖。上下房的廊檐石，全部采用青石磨光平面的石条铺成。

---

[1] 俞孔坚.风水模式深层意义之探索［J］.大自然探索，1990（1）.

[2] 2008年在苏州召开的关于现象学与建筑的对话研讨会文集。彭怒，支文军，戴春.现象学与建筑的对话[M].上海：同济大学出版社，2009.其中孙周兴以海德格尔与建筑现象学为题，阐述了“建筑之为作品”（p48）、“建筑之为存在”（p51）、“建筑之为空间”（p53）。

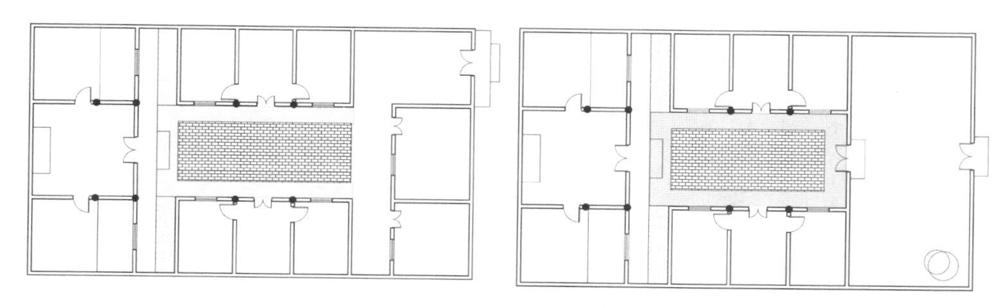

图6-3　黄花峪村的建筑平面

从建筑体验的角度来看，砖、木、石等建筑材料的质感使得人们的感觉具有了穿透力，使人们具有了安全感和材料的真实性，同时建筑材料也表达了院落的岁月和年代，它们的起源和人们使用它们的历史（图6-4）。换言之，四合院的空灵、惬意源于在这个静态和动态布置一体化的空间中往来的各色人等。

在《建筑的意境》中萧默先生指出，四合院这种空间不是人围绕建筑，而是建筑围绕人，不是静态的可望，而是动态的可游。其对外是封闭，对内是开敞，乐在其中的格局。“一方面是自给自足的家庭需要保持与外部世界的某种隔离，以避免自然和社会的不测，常保生活的宁静与私密。”❶另一方面，则是农业生产方式的深刻形态使人们“特别乐意与亲近自然，愿意在家中时时看到天、地、花草和树木。”❷

(a) 正房

图6-4　黄花峪村的传统建筑构件（一）

❶ 萧默. 建筑的意境［M］. 北京：中华书局，2014：79.
❷ 萧默. 建筑的意境［M］. 北京：中华书局，2014：79

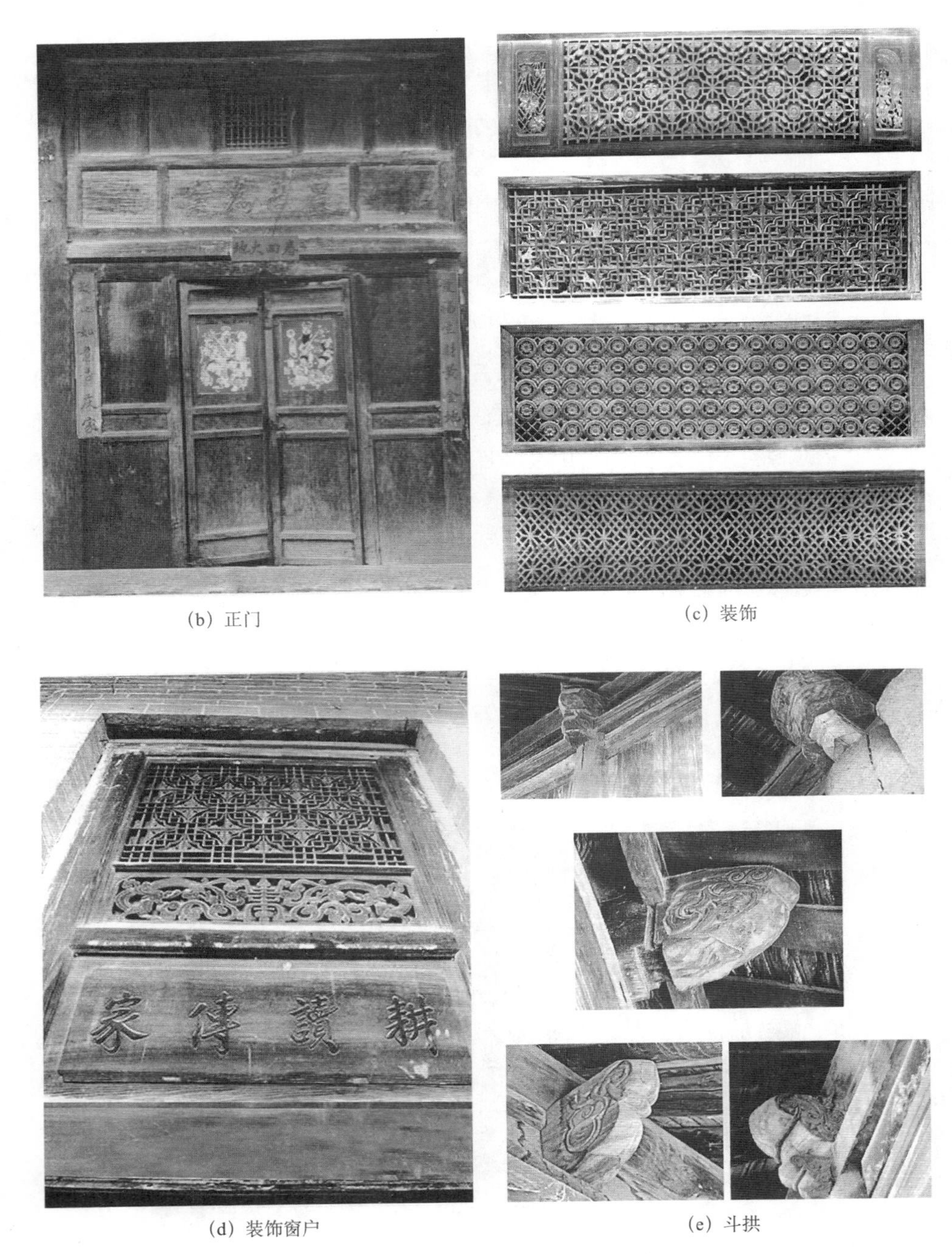

(b) 正门

(c) 装饰

(d) 装饰窗户

(e) 斗拱

图6-4 黄花峪村的传统建筑构件（二）

在这个意义上，斯蒂文·霍尔的那句话，建筑体验的现象是“将概念和感觉结合起来的材料、主观和客观统一起来，外在知觉和内在知觉被合成在空间、光线和材料

的秩序中”，显然指出了建筑所承载的生活方式、品位与情趣。

（2）公共空间

黄花峪村的公共活动场所主要有村民活动的戏台、三元宫、山神庙、家族活动的祖祠、生产用房、烤烟楼等。其中戏台设置在村落的中心，方便大家使用。祖祠的位置根据家族的威望一般布置在位置比较明显的地方，以彰显自己的家族地位和经济实力。民宅一般沿道路或等高线成组成团地排列。考虑到烤烟楼的污染，一般将其布置在村落的下风向（图6-5）。

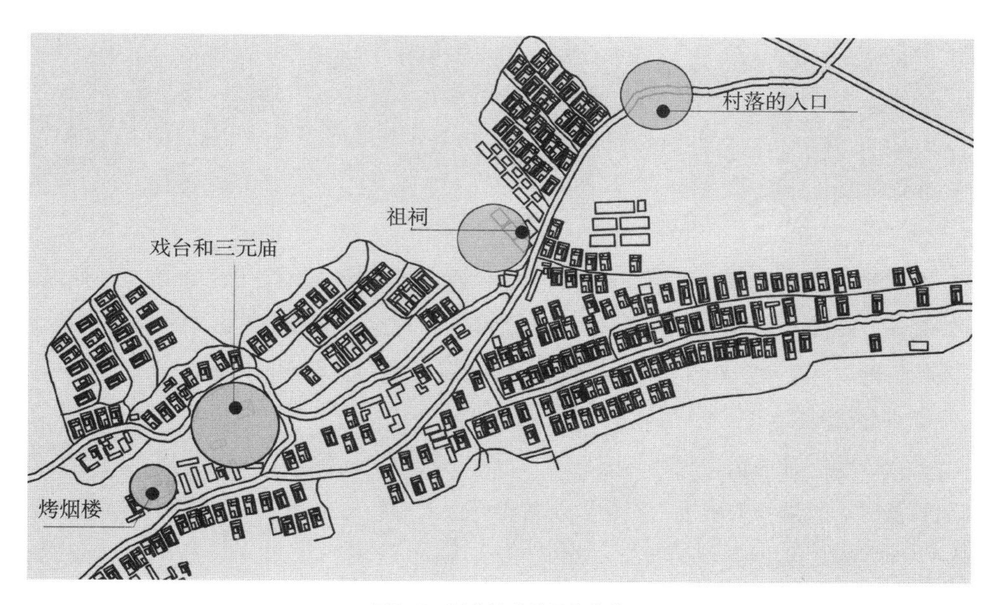

图6-5 村落的公共设施分布

（3）道路空间

黄花峪村的道路骨架主要依据等高线的走势而定，主街在中间，将村落分为两部分，即西北部分和东南部分。巷道的走向基本上是垂直等高线布置，进入院落的小路又沿着等高线排列，形成网格状的街巷空间，和地形的结合较为紧密。体现了人们“就地成形”的定居理念（图6-6）。

（4）表演空间

值得关注的是黄花峪村的马社火至今已有600多年历史。马社火的表演主要是通过人物装扮起来，手拿各种器物，并做出一定造型，骑在骡、马上游演的一种文艺表演活动。马社火的分类，角色多的为一大传，由一大传组成骡、马社火队伍游演；角色少的为一小传，由几个小传组合成一个社火队伍游演；另外，还有大、小传结合组成一个马社火队伍游演的。

图6-6 黄花峪路网格局

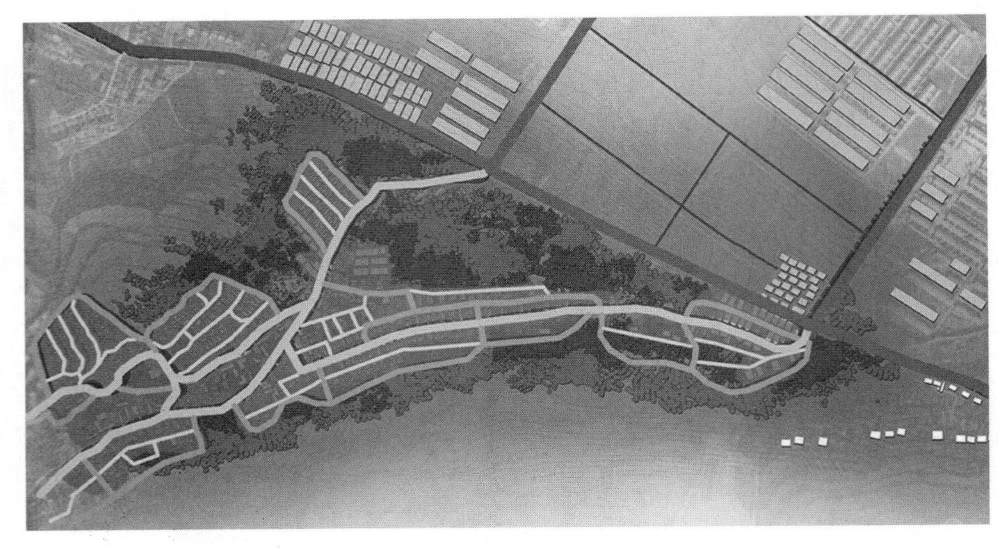

① 历史渊源

陇州自古水草丰茂，草原广阔，是历代朝廷军马牧养之地，再加上陇州地处汉、唐雄关的战略要地，连年战争不断，受古战场将士挥戈奋战疆场的影响，在汉代马戏表演的基础上，逐步演变成马社火。历史上真正有记载的始于明清时期。

② 社火特征

社火作为一种民俗文化的表演形式，最初的形态一般都与“火”有关。因此，在社火表演时，表演者的服装、鞋帽以及各种行头大都色彩艳丽、引人注目，渐渐演变成一个地方的文化象征。

换一个角度分析，就表演的气势而言，可谓惊天动地、振奋人心；就历史人物来说，则是神采飞扬，赏心悦目。主要内容取决于历史故事、神话故事、现代故事等，农民参与具有高度的自觉性和热情，展现了自我的成就感和存在感（图6-7）。

最后，从表演形式来看，村落空间的人、文化、情感已经不再是“大传统”下合乎逻辑争斗的产物，而有其自身的内在逻辑，它与人们的宗教信仰、文化倾向、宇宙观念、艺术旨趣等精神现象有关。

应当承认在乡村文化的语境下，正如马维·哈里斯所说：“每一社会有各自神圣的信仰、象征和仪式，它们与普通的或世俗的事物相对立。当人们感到他们正在和玄妙神秘的力量以及超自然物交流情感时，真正体验到的却是社会生活力量。‘神’的观念恰恰是敬仰社会的一种方式。”[1]

[1] [美]马维·哈里斯．人·文化·生境[M]．许苏明译．山西：山西人民出版社，1989：247.

（a）三倒脚步棍

（b）庙会游演

（c）乡村游演

（d）二鬼摔跤

图6-7 黄花峪村马社火表演（资料来源：笔者根据黄花峪村的社火表演整理）

在传统与现代的关系方面，爱德华·泰勒（Edward Tylor）在《原始社会》中关于文化遗留中的论点与案例的讨论高度一致："现代教育发达的社会，把神秘行为作为受鄙视的迷信而抛弃了，实际上认为魔法是低级文化的产物。我们发现，这一正确的观点在那些教育水平的发展没有到足够能抵消对魔力的信仰的民族中间也无意识地存在，这真是极有教益的。"❶

他进一步指出："万物有灵论既构成了蒙昧人的哲学基础，同样也构成了文明民族的哲学基础。虽然乍一看它好像是宗教的最低限度的枯燥无味的定义，我们在实际上发现它是十分丰富的，因为凡是有根的地方，通常都有支脉产生。"❷

总之，正是"多样空间"的村落特征，使得我们有充分的理由从村落的整体性上加以保护。

3）村落的保护与保存

遗憾的是，近年来由于城镇化的发展，黄花峪村的异地重建，使得原有村落环境中场所的精神成为失落的记忆，社火的表演成了历史的传说。院落破败不堪，村民稀

❶ ［美］爱德华·泰勒．原始文化［M］．连树声译，谢继胜等校．上海：上海文艺出版社，1992：117.

❷ ［美］爱德华·泰勒．原始文化［M］．连树声译，谢继胜等校．上海：上海文艺出版社，1992：414.

少，大多数搬入了统一规划的新农村。我们认为，这种把解决农民住宅问题理解为简单的宅基地的置换、造价补偿、配套设施等，显然完全遗忘了上述村落空间的原始意义。

面对这样一个现代性的发展趋势，为了传承村落的历史文化和黄花峪村的马社火民间艺术，西安建筑科技大学建筑学院杨豪中教授主持设计的黄花峪村保护和规划，对该村进行了全面的村庄整饬和修复，并在2014年3月黄花峪村的保护和规划方案专题研讨会上，得到了许多专家学者的认可和高度评价。在此，笔者仅想以一个设计参与者的身份，从“定向性支撑方法”的角度，对这一村落与传统建筑环境保护进行一次解读。

（1）“家”与家园的营建

传统院落的定居首先是院落的围合，而院落又是传统建筑空间的灵魂，也是传统建筑空间系统中最基本的构成要素。它不但界定了每户的范围，统一了村落的肌理，而且塑造了关中文化和生活空间的居住模式。

因此，我们的设计首先是根据传统院落的构成要素，按照传统院落的空间形态，进行院落空间的修复和整饬；其次，按照传统建筑的形式和结构特点，进行建筑的修复；第三，针对院落空间的位置，按照传统的院落入口形式进行立面修复，维持村街立面的传统性、连续性和实体界面的景观（图6-8、图6-9）。

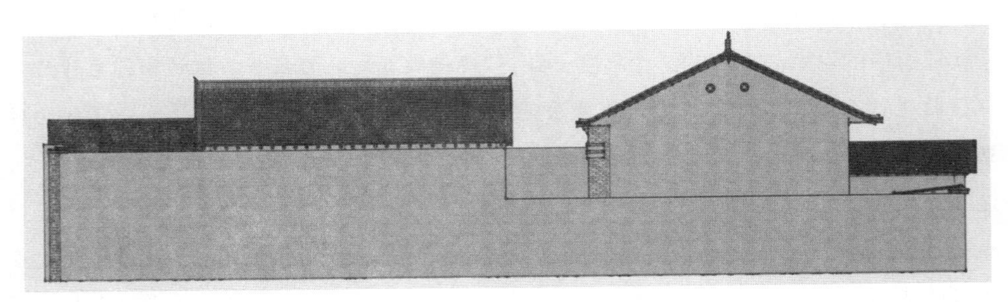

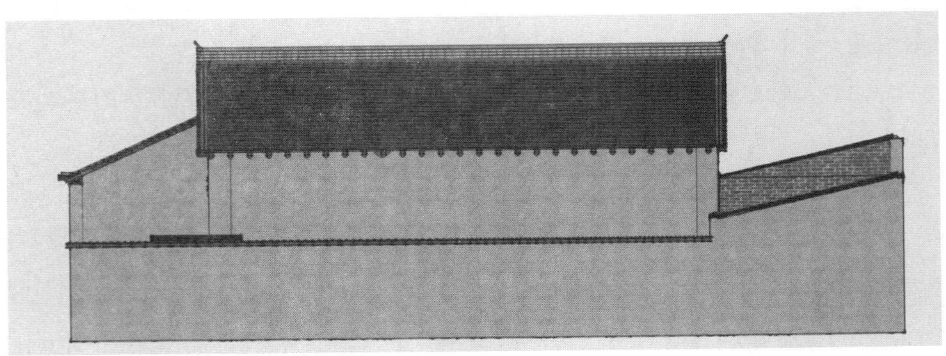

图6-8 外部院墙的修复

（资料来源：西安建筑科技大学新农村规划设计课题组文本）

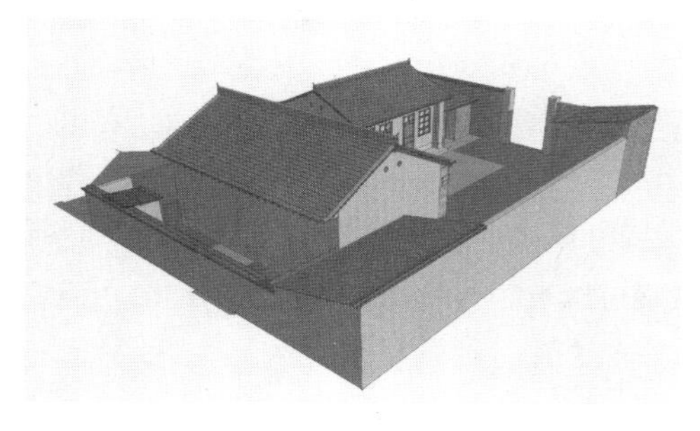
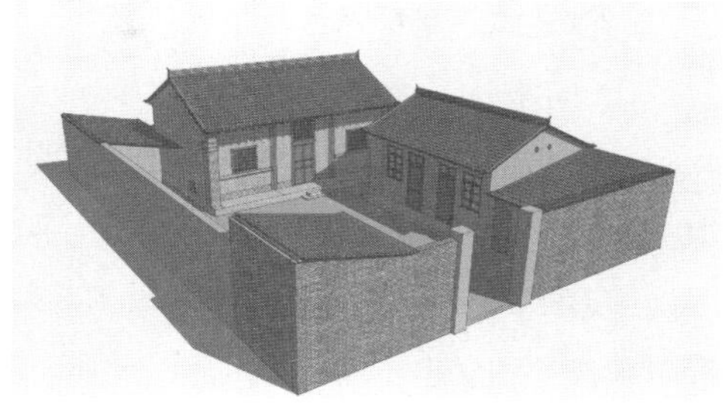

图6-9 黄花峪村三合院的围合界定
（资料来源：西安建筑科技大学新农村规划设计课题组文本）

（2）村落入口空间的修复

村落入口空间的重点建筑山神庙的位置对整个黄花峪村的布局以及正对的主街空间都起到了承前启后的作用，也是马社火表演的起点。

① 问题

现状村落的入口空间狭小，两面是陡峭的黄土墙，使人们在进入的过程中感到空间局促，给人以压迫感。

② 对策

实际上，入村空间还含有“空的空间”的概念。通常情况下，这里是人们进村、会面、信息传播的地方，而到了节气之日，便形成了一个“热闹”的场景。

因此，在黄花峪村入口空间的建筑设计中，结合山神庙，形成入口的文化广场，使人们进入村落时有回家之感，不仅是在空间意义上，而且在时间意义上，二者的结合再现出“集体记忆”的空间特质（图6-10）。

图6-10 村落入口空间
（资料来源：西安建筑科技大学新农村规划设计课题组文本）

（3）建筑院落群体的保护和修复

① 问题

由于自然因素和人为因素，造成现状村落的建筑环境破败、空虚化严重。三元宫其外观建筑风貌虽然保存得较为完整，但房屋内部破坏严重。现有各类院落120个，其中5个院落保存较为完整，大多数院落尽管依稀可以看到传统建筑四合院的格局，但处于常年废弃的状态（图6-11）。

(a) 三合院

(b) 户户毗邻

图6-11　黄花峪村传统建筑院落

② 对策

在建筑群体空间的设计手法上，尽量保护现有的还较为完整的四合院、三合院建筑，对于那些已经破败的院落则采取修复或保持现状的做法，一旦有了资金的输入，按原样进行完善，禁止以旧换新，采取"修旧如旧"的原则，从而达到这一村落建筑风貌的整体和谐性。

通过以上的建筑设计思路，可以看出，黄花峪传统村落的整体性是建构在以院落的基本生活单元为主，进而形成了自由的重复与建筑空间水平延展基础上的，而屋顶形式平缓的群体组合形成了有节奏感和虚实对比，乡土气氛明显的天际线。同时，与自然环境在一起构成了视觉上的方向感、连贯性和整体感，再现了一个村落空间组合在地势中诱发空间的力量和定向的集结性（图6-12）。

（4）戏楼和庙宇的意向复原

① 问题

陇县黄花峪村的三元宫和戏楼相对，位于村落的中心位置。这里以前是村与村之间进行马社火集中展示和交流的主要场所。由于地形的特殊性，场地位于沟坎较大的一侧下面，这样，不仅给人们提供观看社火的更宽阔的视线，同时，在社火表演时，路上、路下，人群呈立体分布情况，气氛热烈，场景壮观。彼得·布鲁克（Peter

Brook）称道的“空的空间”瞬间形成，在这个“没有间隔、没有任何障碍的完整场地”，从第一声敲锣打鼓开始，“乐师、演员和观众就开始分享同一个世界。”[1]（图6-13）值得一提的是，在这里空间总是乡村性的空间。空间的建筑以及体验空间，形成空间的概念方式，极大地塑造了个人生活和社会关系。但目前的问题是，人去房空，破损不堪，有悲凉沉寂之感。

图6-12 黄花峪村三合院的围合界定
（资料来源：西安建筑科技大学新农村规划设计课题组文本）

图6-13 公共空间的整体的保护和修复
（资料来源：西安建筑科技大学新农村规划设计课题组文本）

② 对策

戏楼作为一种乡村的文化符号，对农民的精神生活起着很大的作用。

按照麦克哈格“设计结合自然”的观点，尽量保留村中心的地形、地貌特征，将戏楼、三元宫和民俗博物馆作为整体设计，既要营造出村落文化活动中心的地理位置，又要形成村落的地标性节点。

因此，通过建筑使用空间在原有基础上的调整，以适应当代人们的文化需求，使得这一中心节点一方面有明确的边界线，另一方面又有明显的起点和终点。建筑设计

[1] ［英］彼得·布鲁克．空的空间［M］．北京：中国戏剧出版社，1988.

的目标，正如凯文·林奇所言："无论如何，成功的节点不但在某些方面独一无二，同时也是周围环境特色的浓缩。"❶

4）特性再现

很明显，通过以上对村落整体性的保护和修复策略，村落的文化特性也就自然再现了。例如从前表演的三倒脚步棍、乡村游演、庙会祭祀、二鬼摔跤等内容，或许有一些迷信的成分，如今演变为《踏院》、《贺喜》、《祭神》以及历史人物等积极的表演内容，极大地丰富了人们的文化生活，促进了人们交流的积极性和主动性，凝聚了人们团结友善的乡村氛围。

同样地，这就要求我们在支撑的方法论上必须尊重原有的地形、地貌、路网格局和院落空间。用列维-斯特劳斯（Claude Levi-Strauss）中所说的"修补术"（bricolage）❷的方法，重新修正原有的空间秩序，展示这一传统文化空间的魅力（图6-14、图6-15）。

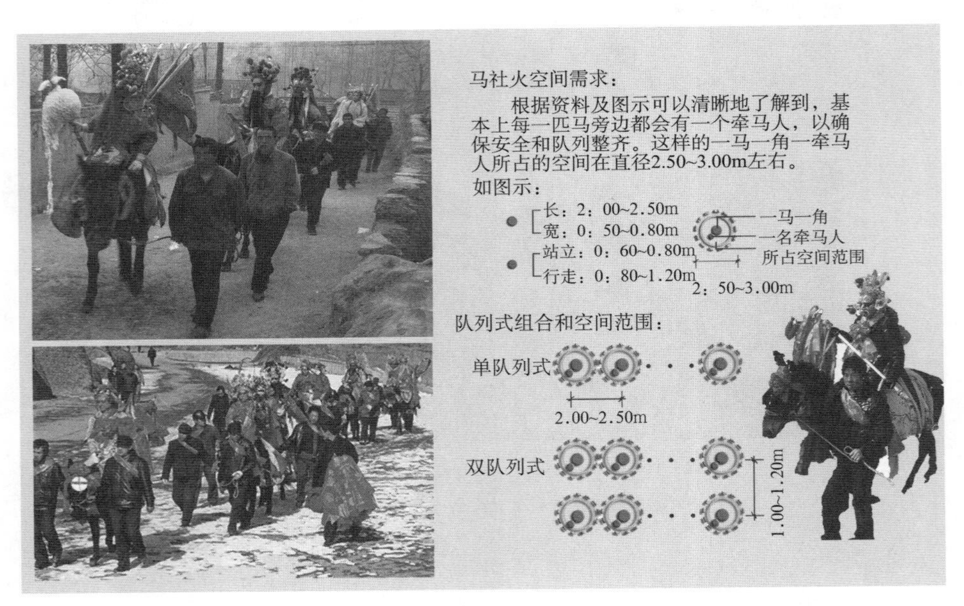

图6-14　村落保护区的划分

（资料来源：西安建筑科技大学新农村规划设计课题组文本）

❶　［美］凯文·林奇．城市意象［M］．方益萍，何晓军译．北京：华秀出版社，2001：59.

❷　［法］克洛德·列维-斯特劳斯．野性的思维［M］．李幼蒸译．北京：中国人民大学出版社，2014：17. 列维-斯特劳斯指出，在我们的生活中仍然存在着一种活动，它可以使我们在技术的层面上很好地理解那种我们宁愿称作"最初的"而非"原始的"科学在理论思辨的层面上的情况。这就是通常所说的"修补术"一词所表示的活动。他承认，修补匠的工作有别于工程师的工作，修补匠的工具世界是封闭的，操作规则总是就手边现有之物进行的。修补匠认为诸零件"总归会有用的"（参见第18页）。这一观点和当地民俗的"货放白日自醒"的意思颇为接近。

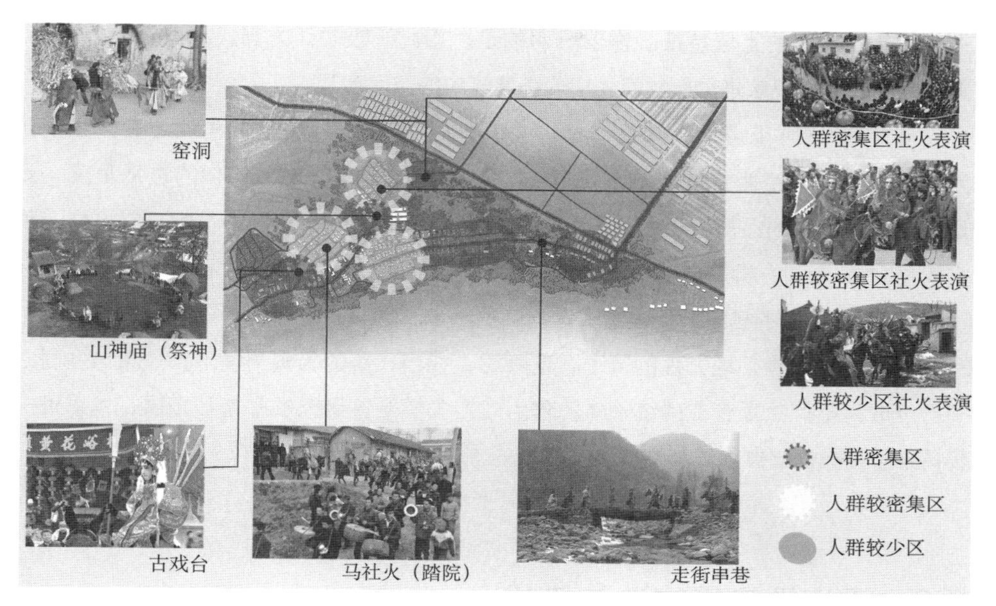

图6-15 文化空间支撑下的村落环境
（资料来源：西安建筑科技大学新农村规划设计课题组文本）

综上所述，通过对黄花峪村的地理位置的考量、村落空间多样性的解读和具有文化特性明显特征的分析，本书认为当这些在村落结构中明晰的具有环境意义的特征成为人们的认同感、参与性和自豪感时，我们理应对村落文化的认同机制加以保护和传承。诚如郑世龄院士所言："让建筑和环境成为空间体验的场地，成为生活的舞台和观众席。"❶

从这个意义上来看，黄花峪村的保护规划、建筑设计以及社火空间的展示等场所精神的体验为本书的定向性支撑方法提供了一个经典案例。

6.1.4 "种子"与土壤的结构性思考

显然，民间的艺术形式终究会反映其所在的社会文化和行为规范。无论这种形式的质量高低，都会如此。形式就其结构而言，有隐性的成分，也有显性的现象。

关于这一点，列维-斯特劳斯在"野性的思维"一文中一再提醒我们，必须把握隐含在每一种制度与习俗后面的无意识结构。这一论断告诉我们乡村社火作为一种古老的关中民间文化活动，充满了各种符号和所代表的象征意义，它虽是无形的，但已经牢牢地扎根在人们的记忆中。

实际上，这里的各种结构、符号、象征等体现在传统建筑的空间中，更像是海德格尔在《筑·居·思》中设想的能够将天、地、神、人合为一体的"在空间中存在"。遗憾的是，作为当下村落建设中文化断裂的具体体现，这种土生土长的"种子"已经

❶ 彭怒．现象学与建筑的对话［M］．上海：同济大学出版社，2009：272.

失去了这种原有的土壤特征。需要辨明的是，相比于吸收西方当代的建筑设计观念，更为重要的也许应该是重新找回我们传统建筑中的空间意识。

常言道："种瓜得瓜，种豆得豆。"如果从"种子"和土壤的角度思考，我们认为：在传统建筑空间支撑下的村落建设，绝不仅仅是现代性几何化的透视角度，更是"多样空间"的品质，即"诸空间"所承载的生活方式、品位与情趣。在这样一种空间品质支撑下的村落文化，可谓是种什么样的花，结什么样的果，向着荷尔德林（Hlderlin）"诗意的栖居"迈进了"定向"的一步。

城镇化的思考，地方性的行动。这表明，在当代新的历史语境下，城市与乡村之间已经成为不可独立存在的统一体。作为对定向性支撑研究的补充和拓展，本书进一步探索了重构性支撑模式和逆向性支撑模式。

6.2 重构性支撑方法与模式

6.2.1 重构性支撑的概念及理论基础

1）重构性支撑的概念

所谓重构，就是梳理和分解原始系统之间或某以系统内原始形态之间旧的构成关系，并根据社会的客观现象需要和人们的主观意念，在本系统内或系统之间进行重新组合，构成一种新的秩序。这种"梳理"、"重组"以及"新秩序"必须以适应当代社会发展的需求为立足点。

事实上，重构现象在图案中可以追溯到我国传统文化龙和凤的构成；在绘画上可追溯到毕加索的《坐在海滨的女人》、《格尼卡》；在贾平凹的文学小说《带灯》中，带灯是一个具有典型特征的重构的主人公。如做比喻，在电影剪辑的过程中，重构的蒙太奇手段就是把不同时期、不同空间、不同系统的部件和片段按照创作者所要表现的主题组合为一个有机整体。

在语言学中重构的现象主要是指声音本身和它所表达的意思之间的关联，从而引起了建筑学家对建筑符号学的思考。

2）重构性支撑的理论基础

（1）建筑符号学的溯源

关于建筑符号学最深刻的思想来源于瑞士语言学家索绪尔（Ferdinand de Sausure）。1894年他正式提出符号学（semilogy）的概念。简言之，在他的理论中关于语言和言语的区别，对符号能指、所指的定义，尽管是对语言符号提出的，但却提示了所有的现代符号学家。

符号学引入建筑学而形成一门符号学的理论，主要研究者有G·勃罗德彭特（Geffery Boadbent）和詹克斯（Carles Jencks）等人。罗伯特·文丘里、布朗（Denise Scoff Brown）以及纽约五建筑师先后对建筑符号学的理论和实践进行过有益的探索。

（2）建筑的能指与所指

索绪尔的符号学理论提出任何符号中都包含能指和所指两个方面，引申到建筑中的能指可理解建筑的形式、空间、表面、体积，它们具有超分割性（韵律、色彩、质感、密度等）。此外，还有第二层次的能指，它们通常是建筑体验的重要部分。可以看出，这一理论又和梅洛-庞蒂的知觉现象学联系在了一起。

所指可理解为建筑的内容，是一个意念和意念群。它是空间的概念和思想意识，它支配着建筑。换言之，建筑形式的表现受形式表现特征的影响，而这种表现特征又受人的感觉系统的制约。其关系可表示如下（表6-1）。

能指与所指 **表6-1**

	第一层次	第二层次
能指（表达的信码）	形式、超分割性 空间、特性 表面、韵律 容量、色彩 其他、质地及其他	声音 味道 触觉 动觉 其他
所指（内容的信码）	图像志 有意的含义 美学的含义 建筑构思 空间概念 社会/宗教信仰 技术体系 其他	图像学 转换了的含意 潜在的象征 人类学的资料实践 暗含的功能 近体学 土地价值 其他

（资料来源：G·勃罗德彭特. 符号·象征与建筑［M］. 乐民成等译. 北京：中国建筑工业出版社，1991：61.）

3）重构性支撑的方法与空间模式

重构性支撑方法（Reconstruction Support Methodology）主要以建筑符号学为启发，在对传统建筑的语汇重构的基础上，使有形的“能指”（物质材料和围护结构）清晰表达出它的“所指”（生活方式、价值观念、功能关系）（图6-16）。

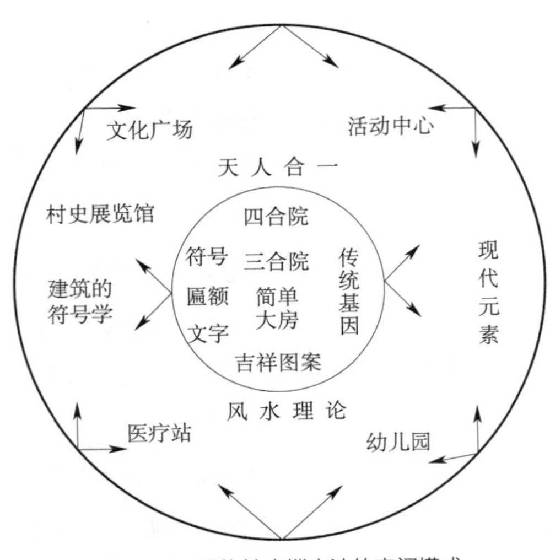

图6-16　重构性支撑方法的空间模式

具体来说，就是在建筑语汇的重构中，把形式、功能、技术、三个方面一起纳入意指的过程，并且考虑到建立在重构性支撑方法之上附加的历史含意，使其在乡村的建设环境中得到积极的应答。

众所周知，关中地区传统建筑环境的生成与演变形成地区的文化特色，构成地方特色和地方风格的特质，传承着建筑文化的连续性，而村落空间环境的构成主要来自民居和民间建筑如祠堂、会馆、书院、家塾、庭园等建筑物，两者之间的系统结构具有“同质同构”的特点。而且，构成系统结构的建筑元素是“通过秩序与非秩序构成的”。然而，“在外部世界变得越来越相似的情况下，我们将更加珍视从内部衍生出来的传统的东西。”[1]这就是重构性支撑的价值所在。

就建筑本身而言，实际上，现代建筑和传统建筑相比并无高下之分，判别好坏的唯一标准在于能否对地方情况恰当地加以运用。“事实上，我们不必太在乎‘现代性’，真正重要的是真实性……真实的建筑均超越了传统的束缚。”[2]因此，下文讨论的建筑理论及其设计原则是在建筑符号学基础上对重构性支撑方法的进一步的认识。

6.2.2　重构性支撑的理论及实践积累

1）地区性建筑理论上的积累

（1）文丘里与文化建筑

现代建筑在造型、空间和视觉艺术上的单调感引起了文丘里的警惕。他指出：“现代建筑的最大贡献就是室内外连续的所谓流动空间……这一理念一直被不断强调。”[3]

实际上，文丘里在《建筑的复杂性与矛盾性》中对现代建筑进行了猛烈的批判。他树立起了对现代建筑反叛的思想，以建筑的复杂性和矛盾性针对现代建筑的简洁性。

[1]［英］拉德克利夫·布朗．社会人类学方法［M］．夏建中译．北京：华夏出版社，2002.

[2]［英］威廉 J·R·柯蒂斯．20 世纪世界建筑史［M］．北京：中国建筑工业出版社，2011：689.

[3]［美］罗伯特·文丘里．建筑的复杂性与矛盾性［M］．周卜颐译．北京：知识产权出版社，2013：70.

他认为建筑设计的思想应该是“宁可迁就也不要排斥，宁可过多也不要简单，既要旧的也要创新，宁可不一致和不肯定也不要直接的和明确的。”❶

从建筑符号学的角度分析，可以看出文丘里的作品的确担当了建筑文化的象征，而且，他也有意地去创造各种象征。

(2)弗兰克·劳埃德·赖特的自然观

同样地，弗兰克·劳埃德·赖特也对现代化的大城市改造提出了质疑和批判，进而变成一位纯粹的自然主义者。正如他毕生所致力于的“草原住宅风格”中所传递出的那样，他高度重视自然环境，努力实现人工环境与自然环境的结合。因此，他反对大城市的集聚与专制，追求土地和资本的平民化，即人人享有资源，并通过新的技术来使人们回归自然，回到广袤的土地中去，让道路系统遍布广阔的田野和乡村，人类的居住单元分散布置。

赖特在《论建筑》一书中写道：“大自然为建筑的主题设计提供了素材，对建筑师来说没有比自然规律的理解更丰富和更有启示的美学源泉。当自然这个词在这样的意义上被理解和接受时，就不会对创造力问题有所疑虑了。有独创性也成为顺理成章，因此人们已经站到了一切形式的源头。”❷

实际上，赖特对自然的理解并不停留于此，而是更为深入。他进一步指出，自然(nature)不只是那些户外的云层、林木、岩石、走兽和风风雨雨，而且还包括材料、工具计划和情绪的内在本质，还包括人或人的一切内在方面。这种内部的“自然”用大写的“N”来表示，指的是一种内在肌理。这种内在的肌理为赖特的有机建筑提供了理论的源头。

我们注意到，尽管赖特对“有机建筑”没有明确的定义，但是可以将赖特的有机建筑的设计思想归纳为下面几点：

① 简洁和宁静是任何艺术品真实价值的评价标准。

② 正如有许多民族一样，也应有许多式样的房屋，就像有许多不同个性一样。

③ 只要基地的自然条件有特征，建筑就应像在它的基地自然生长出来那样与周围环境相协调。

④ 与天然的形式一样，色彩也必须符合居住习惯。

⑤ 突出材料的本性，使之与设计密切结合。

⑥ 一幢富有特征的房屋是有地位的，时间越久越会显示出它的价值。

---

❶ [美]罗伯特·文丘里．建筑的复杂性与矛盾性[M]．周卜颐译．北京：知识产权出版社，2013：16.

❷ 项秉仁．赖特[M]．北京：中国建筑工业出版社，1994：9.

很显然，赖特的这些观念类似于达尔文主义的形态学，也是他泛神论自然观的反映。

这种“有机”的建筑思想能使当下的设计师摆脱固有形式的束缚，注意按使用者的形态特征、气候条件、文化背景、技术条件、材料特征的不同情况而采取相应的对策，最终取得很自然的结果，而并非是任意武断地强加固定僵死的形式。

关于自然观，赖特类比型设计[1]的麦迪逊礼拜堂和约翰逊制蜡公司办公楼可谓是视觉类比的最好案例。前者从意念和意念群的概念出发，通过屋顶类比祈祷时合掌的双手，烘托加深了教堂的气氛。后者巧妙地将睡莲形的柱子与顶盖用于其上。这种类比中的类比型直接来自自然（N）。再次证明了赖特关于“有机建筑”的理念。

实际上，这种从问题本身寻求解答的方法也使我们讨论的重构性支撑有了新的契机。赖特说得好：“有机建筑从未被完成，有机建筑理想的完美目标是永无止境的。”[2]

（3）哈桑·法赛的乡土情结

作为发展中国家的建筑师以及哲学家，埃及建筑师哈桑·法赛，由于他的人文主义思想和对穷人住宅问题的贡献，在1983年被国际建筑师协会（UIA）授予金质奖章。

在《穷人的建筑：埃及农村的实验》（Architecture for the Poor, an Experiment in Rural Egypt, 1973年）中，他对埃及30年的发展持批判的态度，建议以劳动密集型的方法采用当地的材料来做建筑。他的一些实验就是训练当地努比亚农民采用泥土建造技术，用土坯、拱券建造简单的圆顶屋。这些元素很好地适应了当地的资源和气候（图6-17）。

图6-17 哈桑·法赛的作品

（资料来源：吴良镛. 广义建筑学［M］. 北京：清华大学出版社. 2011：72.）

---

[1] ［美］G·勃罗德彭特. 符号·象征与建筑［M］. 乐明成译. 北京：中国建筑工业出版社，1991：137.

[2] 项秉仁. 赖特［M］. 北京：中国建筑工业出版社，1994：9.

法赛简洁地表达了他对现代建筑的怀疑："传统不一定意味着落后，也不是停滞不前的同义词——传统是一种基于个人习惯体现出的社会相似性，在艺术中它发挥着同样的效力，将艺术家从那些分散注意力的不重要决断中解脱出来，以便能全身心投入重要的决断。"❶

在法赛的作品中，人们认识到他对继承和发扬埃及本土传统文化所做出的卓越的贡献。而他的人文主义的理论主要体现在建筑文化的真实性，认为只有植根于当地地理、文化环境中的本土建筑，才是一个社会建筑的真实表达。因而他一生不懈努力寻找埃及伊斯兰建筑的根，凭其智慧和对美的敏感，法赛发展出了本土的建筑语汇，并从中解析出了某些关键元素。例如，对"土坯"这一建筑语汇的研究，解析和提炼出正方形和矩形单元，穹顶小凉亭、风廊以及内向庭院等，在建筑的重构过程中，他以这些元素并置和搭配创造出易于识别而秩序分明的建筑元素，透过这些形式本身，很好地诠释了建筑符号学中能指和所指的关系，体现了法赛的建筑人文主义思想。

的确，法赛对人性的关注更多地体现在其毕生对穷人问题的研究上。在具体的建筑形体的塑造过程中，他经常用建筑的"音乐性"来描述对建筑的理解。由于受到乡土材料和结构的双重限制，其作品主要靠体型、开窗形式和立面变化产生效果，而外观总是以单色为主，肌理变化简洁，从而形成了清纯朴素、性格鲜明的形象。

客观地说，法赛晚年的建筑理论空乏和玄虚，固守于地方特色。面对时代的进步，法赛的建筑思想变成了马尔库塞关于单向度思维的对立面，他的精神沉静在海德格尔关于黑森林的描述中而故步自封。因此，法赛的建筑形式和内容并未有突出的创新。

简言之，法赛在追求所谓文化的真实性中，无疑将他自己推至不利的地位，即对建筑差异性的不现实的僵化保守。但是，就法赛的人文主义思想和对穷人住宅问题的贡献，查尔斯·柯里亚对他有很高的评价，认为哈桑·法赛是20世纪真正伟大的建筑师之一。

（4）柯里亚的"开敞空间"

在印度，由于气候和风土对建筑有着直接的影响，因此，地区特征成为建筑重构的重要依据。在近400℃的酷暑中，没有什么比"开敞空间"（open to sky space）更适合这里的天气，而所谓"开敞空间"就是指植物覆盖的中庭和枝叶繁茂的大树树荫下的凉爽院落。柯里亚如是说。

从气候的角度来看，柯里亚认为，建筑的空间由室内空间和开敞空间构成。从家中通过走廊来到中庭，就会感到微妙光线的移动和周围充满变化的空气，这种充满诗

❶ ［英］威廉·J·R·柯蒂斯．20世纪世界建筑史［M］．北京：中国建筑工业出版社，2011：129.

情画意的气氛与直觉体验，即从印度传统建筑中浸出的精华。例如，孟买比拉普尔集合住宅、德国的国立工艺品博物馆、博帕尔的艺术中心以及斋普尔博物馆等。可以看出，开敞空间与“深层结构”紧密相连（图6-18）。

(a) 斋普尔文化中心开敞空间

(b) 斋普尔文化中心的平面

图6-18 柯利亚的斋普尔文化中心以古代“曼荼罗”原型为借鉴

（资料来源：汪丽君. 建筑类型学［M］. 天津：天津大学出版社，2005：158.）

所以，在谈及“深层结构”上移植过去而非只是形式上的描摹时，柯里亚倡导了关于“生成建筑的支配要素以及它们彼此之间的重要关联”。这种关联通过文化、意愿、气候、技术四个要素实现。这四个要素中他特别强调气候的作用，因为就深层结构来讲，气候决定文化和风俗习惯，气候本身衍生出神化。

这里，我们不应当忽视G·勃罗德彭特（Geoffrey Broodbent）在建筑符号学的研究中，通过对前人研究成果的总结，也提出了四个“深层结构”的概念。他认为建筑第一是人类活动的容器，第二是特定气候的调节器，第三是文化的象征，第四是资源的消费者。G·勃罗德彭特指出，四位一体是一套完整的理论，这四个深层结构是相互联系的。

由此，可以看出，文化和气候在建筑设计中的重要性，这也提醒我们对当下乡土建筑资源的发掘同样意义非凡。

（5）家庭文化与“火炉”

值得一提的是，赖特在建筑设计中对家庭文化的强调，利用以“火炉”为中心进行建筑设计的思想不得不引起我们的思考。

从人类学的角度看，“火”的存在表达了一种人“在空间中存在”着的意义，不论是物神崇拜，还是偶像崇拜。对这个问题的研究，爱德华·泰勒的经典名著《原始文化》第16章“万物有灵观（续）”中有详尽的描述和阐释。例如，他解析“火”的关键词有：“家庭的灶火”、“火之祭祀”、“不熄灭的火”、“灶神”、“喂养着的火”、“神之火”、“火灾”等。最后得出这样一个结论，“人世间的火的学说和仪式是极为多样的，其意义也

并不总是明显的，它们是许多现象的概括，并被用来达到许多目的。”❶

所以，在赖特经典的纽约州布法罗马丁住宅中，以“火炉”为心脏，组织内部空间，使粗石的烟囱冒出屋面来实现他的有机建筑观，也就不难理解了。

我们认为，乡土资源的发掘，重构乡村建筑的“火炉”空间，恰恰应该从民间文化的研究开始。关中民俗“烧火吃喜”❷难道不是对“火”的崇拜吗?

总之，从以上分析可以看出，无论是文丘里、赖特、哈桑·法赛、柯里亚等，他们在理论上的积累和建筑上的实践都是把不同的资源和文化吸收并转化到自己设计中的杰出能力。

他们即使在回应特定的场所和时间的时候，仍然涌动着丰富的历史资源和人文资源。他们成功提炼出各自社会文化的精髓，同时将几种传统文化的基本原则糅合在一起，建筑师结合两者对地域的状况作出了一个具有时代性的回应。所以说，这些恰恰是我们应该学习的一种方法和思路。

2）村落空间结构更新的理论借鉴

（1）城市更新的启发

面对第二次世界大战结束后，美国城市的重建、大规模的开发项目以及建筑师对“光明城市”的顶礼膜拜等，城市再开发中出现了一系列的问题和矛盾。芒福德敏锐地觉察到这种所谓“城市更新”的弊端，所以他在《城市发展史》中指出：“在过去的三十年间，相当一部分的城市改革工作和纠正工作——清除贫民窟、建立示范住房、城市建筑装饰、郊区的扩大，城市更新只是表面上换上一种新的形式，实际上继续进行着同样无目的的集中并破坏有机机能，结果又需治疗挽救。”❸

在该书最后一章的回顾与展望中，他认为：“将来城市的任务是充满发展各个地区、各种文化、各个人的多样性和他们各自的特性，这些是互为补充的。要不然，势必像现在一样机械地把大地风光和人的个性折磨掉。”❹芒福德明确地提出了城市最好的运作方式是关心人、陶冶人这一崇高的人文命题。

实际上，芒福德所论述的城市，不但有许多独到的见解，很有启发和教益，而且深刻的理论配以严谨生动的语言，尤其是许多的格言警句，也是我们当下在城镇化的建设中，规划师和建筑师需要认真研究、正确回答的问题，也是建设者和管理者需要

---

❶ ［英］爱德华·泰勒．原始文化［M］．连树声译，谢继胜等校．上海：上海文艺出版社，1992：724.

❷ 杨景震．中国民俗大全陕西民俗［M］．甘肃：甘肃人民出版社，2003：231.

❸ ［美］刘易斯·芒福德．城市发展史［M］．倪文严，宋俊岭译．北京：中国建筑工业出版社，2013：572.

❹ ［美］刘易斯·芒福德．城市发展史［M］．倪文严，宋俊岭译．北京：中国建筑工业出版社，2013：580.

认真反思的问题。

（2）简·雅各布斯的人文思想

简·雅各布斯在《美国大城市的死与生》中指出，现代城市规划理论把城市的多样性看作意外的、无秩序的和无规律可循的不良产物而摒弃的做法，实际上是“反城市”的。

她对美国城市战后旧街区的大规模改造进行了尖锐的批判，认为大规模改造计划缺少弹性和选择性，排斥中小商业，必然对城市的“多样性”产生破坏。雅各布斯对当时占据主导位置的城市规划、建筑设计进行了颠覆性的批判。例如，她通过直接观察城市的人行道，警言人们重新认识城市。在雅各布斯看来，传统的老旧街区，是一个有活力的、舒适的、安全的地方，其核心就是一个公共空间“熟人社会”的本质。它不但是作为公共空间的人行道及其日常生活，而且相对宽敞的人行道给小孩以运动、游戏的活动场地，也让这些小孩处在两侧房屋里成人友善的关注之下。

就城市公共空间而言 ，雅各布斯主要从城市的特性、多样性以及活力方面进行了描述性的分析，尤其是从人行道的阅读中指出了有关城市的生与死的辩论。而与她同时代的威廉·H·怀特（William Hollingsworth Whyte）则是从小城市空间的角度打量，认为小城市空间存在的意义和价值，进而赞美城市的小空间。

（3）怀特的小城市空间

怀特认为小城市空间实际上是人们常说的街头巷尾、房前屋后、凉亭廊道、街心花园等。他指出：“小空间的乘数效应是巨大的。这种效应不只是就使用这些小空间的人数而言，实际上，还是就经过这些小空间的人的感受而言……对一个城市来讲，这样的空间是无价的，无论花多少钱都是值得的。这些小空间是由一些基本元素组成的，它们就在我们面前。”[1]

简言之，怀特认为一座城市，如果有了更多的小空间的话，那么，那些使人感到不舒服甚至窒息的城市社会就会焕发生机和活力。正如威廉·K·赖斯在该书序言所解读的那样，小空间是有益身心的、感觉幸福的，从而让人“绽放笑容”的地方。

当然，作为城市街头巷尾的研究者，作为建筑师的杨·盖尔（Jan Gehl）毕生从建筑环境设计的角度来研究威廉·H·怀特挚爱的小广场、小公园、游戏场地和零星空间，提出了“建筑之间”这一学术词语，直至这为著名的建筑师以“人性化的城市”为名来作为其书名《人性化的城市》。但是，可以肯定的是，杨·盖尔在“建筑之间”的研

---

[1] ［美］威廉·H·怀特．小城市空间的社会生活［M］．叶齐茂，倪晓辉译．上海：上海译文出版社，2016：120.

究也在不同的地方表述了怀特的观点。例如杨·盖尔提出的“好地方，好尺度”[1]的观点恰恰就是怀特赞美的“城市小空间”。

（4）“小”尺度和适宜技术

从城市经济的角度来看，英国经济学家舒马克在1973年出版的《小的就是美的——考虑人的经济学》中指出了大规模经济发展模式存在的问题，主张在城市的发展中采用“以人为尺度的生产方式”和“适宜技术”。这一思想一直在学术界影响甚广。

C·亚历山大1975年的著作《俄勒冈校园规划实验》中，再次对大规模推倒重建提出了批评，并探讨用新的连续性城市设计指导城市改造的可能性。

同样地，芒福德对中世纪建筑的小尺度也寄予关注。他指出：“中世纪的建筑师倾向于合乎人体的尺度、小的结构、小的数目、亲密的关系等等，这些中世纪的特性不同于巨大的结构和众多的数目，给了城镇特殊的质量上的特性，这也有助于说明中世纪建筑的丰富的创造性。”[2]

以上理论开启了“小”规模更新的序幕。

20世纪70年代以后，城市更新政策的重点由对贫民窟的清理转向社区邻里环境的综合整治和社区邻里活力的恢复与振兴。“城市的更新规划由单纯的物质环境改善规划，转向社会规划、经济规划和物质环境规划相结合的综合更新规划，城市更新工作发展成为制定各种不同的政策纲领；城市更新手法从急剧的动外科手术式的推倒重建，转向小规模、分阶段和适时的谨慎渐进式改善，强调城市更新是一个连续不断的持续过程。”[3]至此，城市更新进入了一个从简单的大拆大建到综合的小规模更新发展的新阶段。

（5）人、建筑与环境

从环境心理学的观点出发，“小”的环境，同样揭示了人们对地域空间领域的掌控和认知范围。例如斯蒂（D.Stea）提出的领域单元（territorial unit）、领域组团（territorial cluster）、领域群（territorial complex）[4]等社会组织结构。就村落空间而言，这种领域的划分既保持了传统村落的平衡与稳定，又使得社会组织结构或社会秩序定格为一个地方的文化。而地方文化的物质空间构成，诸如一条街的尺度、一个院落的尺度、一组建筑群体的构成、一片青砖的肌理、一组窗花的符号、一副沧桑的

---

[1] ［丹］杨·盖尔．人性化的城市［M］．欧阳文，徐哲文译．北京：中国建筑工业出版社，2010：162.

[2] ［美］刘易斯·芒福德．城市发展史［M］．倪文严，宋俊岭译．北京：中国建筑工业出版社，2013：327.

[3] 张景祥．西方城市规划史纲［M］．南京：东南大学出版社，2013：197.

[4] 刘先觉．现代建筑理论［M］．北京：中国建筑工业出版社，2010：176.

影壁等等，正是它们揭示了由这些传统“小”的建筑语汇构成的村落环境的丰富性。

总之，环境心理学中关于对领域划分的关注实际上也就是回到了雅各布斯直接观察的城市空间的多样性和活力，回到了怀特的街头巷尾的小空间，回到了舒马克的小就是美的观点，回到了芒福德的关于中世纪建筑丰富性的由来。

换言之，当下的村落空间结构的更新，我们打造的不应该是铁板一块、标准一致、毫无变化的新农村，而是话桑丰年的街头巷尾等小空间的建构。即小空间的乘数效应越大，异质而单调的乡村环境越有可能成为充满生活的气息，从而诗意栖居的“熟人社会”。

6.2.3 重构性支撑的建筑设计及方法

1）建筑重构的方法

原有系统部件的关系分解以后，可改变原系统之间的相互关系进行重构，或与其他系统的部件进行重构，从而获得一种新的关系和新的秩序。重构组合后产生的效应大大高于一般原型的变形、变异、提炼、概括。如果说原型的变化是有限的，那么组合关系的变异则是无限的。这种组合关系的变异就是建筑重组的基本原则。常见的建筑重构的方法，主要有切除重构、易位重构、裂变重构、尺度重构以及材料重构等。

例如，西安青龙寺空海纪念碑，设计以大雁塔为楷模确定了碑体比例，以象征盛唐时期的建筑风格。在碑体上相当于大雁塔的“相轮”位置设立了“五轮”（用圆、三角、四方以及派生出的单纯形体来表示空、风、火、水、地等五要素的综合形态），作为“空海”的象征。基坛上设四个开孔的球体，象征“空海”的故土人们奉献的灯。以上部件的重构组合，体现了建筑尺度重构的意义、功效和魅力（图6-19）。

图6-19 建筑重构的方法

(a) 青龙寺空海纪念碑

(b) 大雁塔

2）建筑的隐喻与象征

隐喻就是在彼此相距甚远的东西之间发现隐秘却具有真实的相似之处。隐喻本是文学术语，就是用源域（source domain）的一个概念去表述目标域（target domain）中的一个概念。显然，隐喻是将另一个时间和空间的物体和当前的事实材料发生联系。隐喻依赖于事实而存在，是根据生活给我们带来的记忆而显示其色彩的。从建筑学的角度来看，隐喻在设计中的应用，是通过参照其他对象为设计物体的形式进行界定，赋予形体和材料以具体形象意义。

例如，著名的北京“菊儿胡同”四合院重构项目是吴良镛先生对北京传统建筑空间形态进行深入分析和研究的基础上，提取了四合院建筑最精华的设计思想，形成了居住院落、胡同、小街、大街、城市主干道这样的一系列空间序列。“菊儿胡同”的重构使得老北京传统建筑空间肌理得以延续，同时又使老建筑、老街区焕发活力（图6-20）。

图6-20　菊儿胡同的重构
（资料来源：曾昭奋.有机更新：旧城发展的正确思想读后——吴良镛先生《北京旧城与菊儿胡同》[J].新建筑，1996（2）.）

可以看出，建筑师在创作的过程中，对传统建筑的设计元素在强调地区性建筑特质的时候，绝不是生搬硬套，而是运用了“隐喻”和“象征”的方法。

正如吴良镛先生所说：“一是将传统建筑设计原则和基本理论的精华部分（设计哲理、原理等）加以发展，运用到建筑创作上来；二是运用传统形象中最具有特色的部分提出出来，经过抽象，集中提高，作为母题，再用到当前的设计创造中去。”[1]

3）传统建筑重构的部件分析

（1）院落的重构

关中传统院落空间的狭窄与封闭，既有它的传统性，也有它的局限性，随着人们

[1] 吴良镛．广义建筑学［M］．北京：清华大学出版社，2011：77.

生活方式的改变和生产方式的提高，有进一步调整的必要。

在设计理念上应当遵循地方的民俗特点，满足人们日常性的生活、生产要求。如晒谷、宴客、典礼、游戏、纳凉等活动。

在建筑设计方法上就是通过“意指作用”，从而达到“形变”而“神”不变的空间特征，体现主宰关中地区建筑的真正主角是“院落空间”，这是一个地方的特质。

（2）屋面的重构

重构屋面就是把屋面做成分离的片段，从而打破人们对传统建筑屋面形式的习以为常的固态观念，激发人们新的审美注意——从隐喻和象征的意境中获得新的感悟（图6-21）。

图6-21　重构的屋面形式隐喻关中坡屋面（乡村文化站建筑设计）
（资料来源：西安建筑科技大学新农村设计课题组文本）

4）台阶和水池的重构

台阶是关中四合院重要的建筑文化要素，这一要素的形成既与气候的形成有关，也与人们的观念有关。

具体而言，前者由于房屋的地基坐落在黄土塬上，地气的返潮必然造成房屋内部的潮湿。抬高地面，地基做防潮层处理后，便可解决这一问题。后者由于在院落空间的营造中，家族观念中至尊为中的思想，长辈必然在院落的中心位置，因此抬高地面，用台阶联系，纵向轴线，形成“步步升高”的象征，也是传统文化的一部分。

6.2.4　乡村环境的应答与实践的解读

1）巴伐利亚农村的建筑重构

过去的30年，德国的农村更新取得了显著成效。以巴伐利亚州为例，到2006年为止已有约4600个村落，超过1000个农村公社，正在进行或者已经完成了村落的更新项目。虽然每个村落具体存在诸多问题，而这些问题的解决也在每个更新项目的总体方案中得到了体现。

从以下获取的资料中，我们可以认识到德国农村的“过程建设”，而不是所谓的

“一步到位”。

首先，自下而上的更新过程，每一步的决策都从村落本身为立足点，有村民的参与。这种过程决定了每个村落的更新过程具有的自省和批判意识。其次，对村落整体结构和公共空间的整合。这个过程是村落更新最基础和重要的环节，明确定位村落更新的主题、总平面、开展方式等。这一方面的展开基于社会背景分析、公共设施现状分析、历史分析、空间形态分析等方面的背景研究和问题的发现。第三，在私宅更新方案中，对于私宅的指导意见只是宏观的，具体怎样更新墙面、门窗都要依赖私宅的导则，每个村落的导则都是单独制定，并以本村住宅的历史演变、现存建筑的讨论为基础。在私宅更新的导则制定中，主要面对的对象是这些普通住宅，通过对该村落现有住宅的调研以及演变中各阶段的分析，总结出既能够代表村落特征又有历史延续性的建筑要素加以建构。在Dingoshausen的案例中，建筑师总结出两个世纪以来住宅发展的过程，以及适合的比例和立面样式，以供导则制定参考（图6-22）。

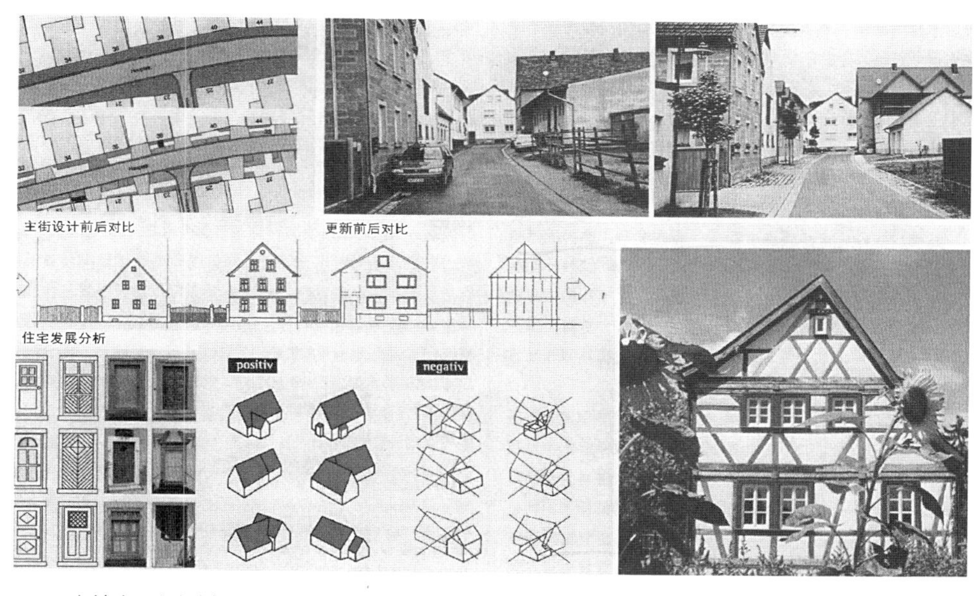

图6-22 合适的比例和立面样式
（资料来源：黄一如等. 德国农村保护中的村落风貌保护策略［J］. 建筑学报 2011（4）.）

建筑师对农村建筑的关注和保护意识由来已久，特别是上文提及的埃及建筑师哈桑·法赛。在日本，通过乡村建设与建筑景观为契机而振兴农村计划的行动者之一是妹岛和世和她的团队。

2）建筑景观——农村振兴计划的主题

建筑师妹岛和世在“犬岛艺术之家项目”的设计中，旨在通过对现有住宅的更新，尤其通过增加作为展示空间的新建筑，为其注入新的生命，将这个人迹罕至的“小村庄”变成了一座“博物馆”。当人们漫步在村庄内，一览艺术住宅项目的全貌，浮现在眼前的是一个全新的景观（图6-23）。

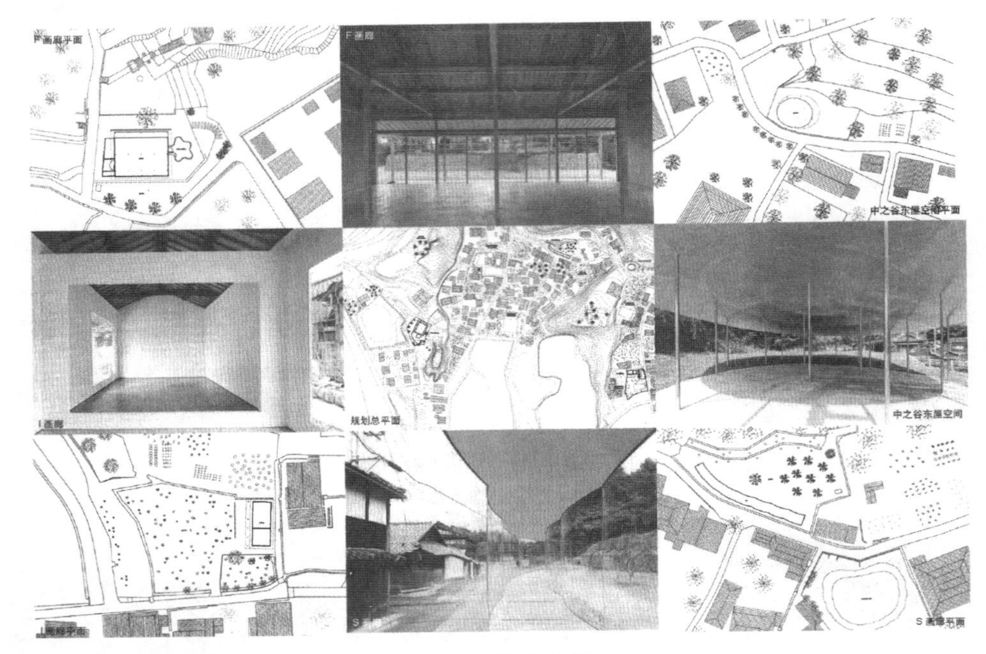

图6-23 现有住宅的重构
（资料来源：周静敏等.文化风景的活力蔓延[J].建筑学报，2011（4）.）

3）传统建筑的现代阐释——当代生活的应答

举例来说，云南高黎贡手工造纸博物馆的建筑设计，是一个有益于当地传统建筑重构以及促进乡村发展的建筑实验。

该项目坐落在腾冲附近高黎贡山下的一个村庄边上，这个自然村有悠久的手工造纸传统，其生产纸张的原料为当地的构树皮，纸质淳厚，富有韧性和质感，当地称为新庄古纸。

从建筑师的设计思想和建造策略中我们可以得到以下几个方面的启发：

第一，建筑具体形式对周边环境的回应。建筑空间组织过程中与当地光线、地景、风向等基本元素的关系。

第二，建筑在尺度上采用聚落的形式来适应场地环境，化整为零，避免体量过大带来的突兀感。而聚落式的建筑在内部又产生了居住者在室内外不断交互的空间体验，以此来提示建筑、造纸与环境之间密不可分的关系。

第三，整个乡村连同博物馆又形成一个更大的博物馆——每一户人家都可以向来访者展示造纸。而博物馆则是乡村空间的浓缩，如同乡村的一个预览窗口。

第四，建筑在高度上由东向西逐渐跌落，适应场地周边的空间尺度。展厅的屋顶形态起伏各异，形成了一道人工景观，与周边的山势和稻田相呼应（图6-24）。

(a) 重构的建筑形成的整体村落形态

(b) 重构的单体建筑

(c) 乡村主体的参与

图6-24 重构的建筑与乡村应答
(资料来源：华黎.建造的痕迹——云南高黎贡手工造纸博物馆设计与建造志[J].建筑学报，2011(6).)

通过以上分析，回到乡村建设这个问题上，我们的应答机制应该从以下几个方面思考。

首先，在物质层面上根据乡村发展转型的需要，契入现代的元素，诸如村委会、文化站、幼儿园以及卫生医疗、理发、洗浴等构成现代化的村落公共空间形象，真实地反映出时代的变迁、建筑的发展，使得村落的应答表现出传统文化的吸纳性和包容性。

其次，在生态层面上就是要保护自然生态环境所形成的领域，反映人、建筑与环境之间的和谐关系，重构乡村文化的社会结构和组织结构（图6-25）。

(a) 儿童玩耍

(b) 棋牌娱乐

(c) 闲话家常

(d) 田间劳动

图6-25 关中地区乡村的生活场景

第三，在空间层面上要强调人们在公共空间的交流与互动并不是一项专门的活动，它是一个有机的整体，渗透于各式各样的活动中，并由此而产生了村落的认同感和熟人社会的特性。因为公共空间在为乡村生活共同体提供服务的同时，也为公共空间的参与者提供了地域和生活方式上的边界意识。关于这一点，斯蒂（D. Stea）在社会组织结构中关于空间领域的划分[1]已经明确指出。

如果从社会学的角度思考，正如齐美尔（Georg Simmel）所言："空间的排他性，以及由此唤起的地域忠诚，为共同体所生活的乡村形成熟人社会的认同提供了重要条件。"[2]

同时，"由于参与者在公共空间中的互动具有平等性，因此，在这里形成的公共空间意志或共同体文化不是强行灌输的，而是被多数人所认同和接受的。"[3]

实际上，这种被多数人认同或接受的思想、观念以及习俗逐渐成为地方生活和文化的一部分，并潜移默化地影响着当地人的行为和自我认同。所以村落公共空间的应

[1] 刘先觉．现代建筑理论［M］．北京：中国建筑工业出版社，2010：176.
[2] ［德］齐美尔．社会学——关于社会化形式的研究［M］．北京：华夏出版社，2002：464.
[3] 王思福．乡土社会的秩序公正与权威［M］．北京：中国政法大学出版社，1997：414.

答，绝不是一个简单的物质空间形态的整合，而是一个“熟人社会”“熟”的再现。

总之，以上通过对重构性支撑的概念及理论基础的分析、关于地域性理论的梳理、在城市更新理论中关于对小空间的关注和思考、对国内外乡村建设与实践案例的解读等，旨在使我们提出的重构性支撑的方法和模式不但从建筑设计和理论高度给予重视，而且也应该充分认识到地域的特征和文化内涵。

6.2.5 案例分析

本书在第二章谈到儒家思想对传统建筑环境的影响时论及关于“天人合一”的思想。实际上，古时人们在“天人合一”观念的影响下，不存在纯粹的形式美的村落，而是将村落与人事相联系，形成一种社会文化的心理结构。主要表现在三个方面，包括内在性、尚祖制和传统文化的中庸思想。

根据以上特点，我们在论述乡村建设时，采用以下思路。

1）解读乡村——深入细致的现状调查研究

圪塔村位于西安市长安区王莽乡南端，关中环线的北侧，秦岭北麓南侧，属于第五章关中地区乡村建设“三大空间”中关中环线的区域。因此，本案例主要从重构性支撑的角度加以阐释。疙瘩村村庄建设用地400亩，人口500多人，105户。整个村落高差较大，东高西低，高差有30m左右，南北向场地起伏变化不大。

村民分布在7块自然围合的居住单元里，血缘关系和地缘关系重叠稳定，村落形态与地形结合得非常自然。如果单从地形的角度思考，王昀教授在《向世界聚落学习》扉页中的一段话，便是对该村落形态的一个恰当的注解：“*人不是为了某种抽象思考或风格才发展建筑，而是为了解决问题而产生的生存之道，这些生存之道的体现就是聚落。*”[1]但是，随着近年来农民外出打工，出现宅基地的废弃、房屋的破旧等问题，乡村出现了破败的现象（图6-26）。

2）重构性支撑方法与疙瘩村

如果说传统村落的营建者精通地形学的话，那么他们将自己敏锐的判断力与地形的结合取得了高度的一致。可见，地形的潜在力是巨大的。关于这一陈述，在疙瘩村与地形的结合上达到了完美的体现，这也是我们作为重构支撑案例的主要理由。

目前，从建设情况来看，疙瘩村村民自建的独立式院落，一般为单层或2层，以砖混结构为主。由于都是村民自建，房屋建造方法落后。用结构师的话说就是：对地基的处理简单，构造柱及圈梁的施工未经结构计算，结构体系使水平方向的承载力不足，

---

[1] 王昀．向世界聚落学习［M］．北京：中国建筑工业出版社，2011.

无法达到抗震设防标准，不能满足居住安全，拆除。

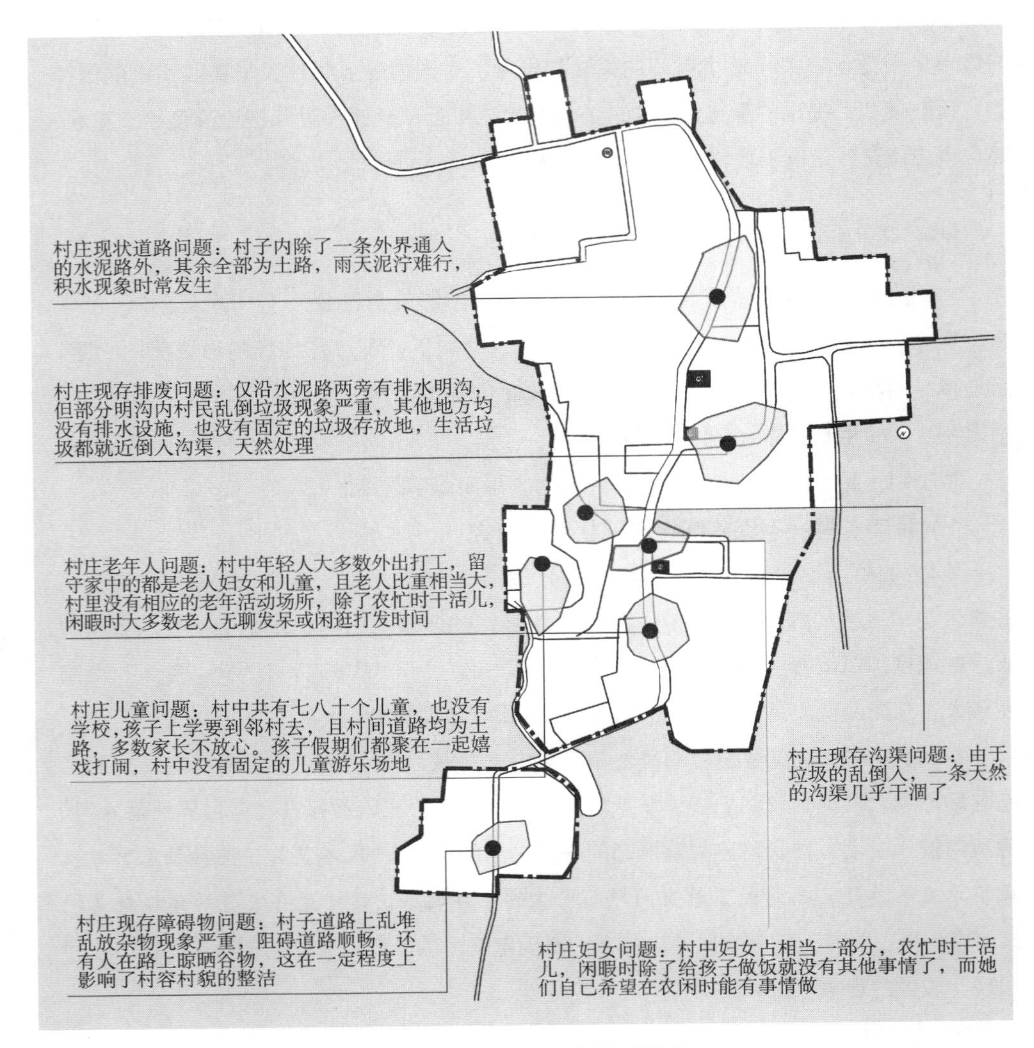

图6-26　疙瘩村现状调查的部分资料

（资料来源：西安建筑科技大学新农村设计课题组文本）

实际上，早期建造的房屋多以土坯、石材、夯土建筑为主，结构本身就有框架体系的特征。而且，就地取材的建筑材料与自然山水环境融为一体，外表形象地体现了关中传统建筑的特点，厚重朴实，有较强的地域性特征。另外，疙瘩村建筑平面的原型大多数为两溜房以及少量的三合院和四合院等，基本户型填充在疙瘩村的7个组团中。由于该村农民经济收入不高，新建房屋较少，因此，村落的空间特征和视觉特征较为完善（图6-27）。

图6-27　疙瘩村新旧建筑材料的对比

3）顺应传统村落肌理的建筑重构

（1）重构的原则

在村庄规划设计层面最大限度地保留历史形成的自然村落布局，延续传统街道肌理和院落风貌，在原址拆旧建新上遵从原有宅院的土地权属，保证村民利益在村庄建设过程中不受损失；尽最大可能使用当地材料，适度使用新材料、新技术，遵循维护生态化的原则；控制立面形态。

完善村落居住单元。在对村庄调研的基础上，除了必要的改变外，传统院落保留现有格局，延续疙瘩村自然形成的视觉形态，使丰富的空间变化还原疙瘩村独特的村落风貌；增加必要的公共服务设施，尽可能用路网边界限制各单元自由拓展，使每个居住单元具有相对的独立性，重现村落自然生长的模式。

建筑构件的模数化。将产品化的概念引入疙瘩村房屋的施工设施，目的是房屋形态多样化的同时保证施工质量，降低施工成本，为房屋的施工提供便利；将关中传统建筑典型构件中的几种元素剥离、分类、归纳后形成几种元素模块，在设计中重组融入，主要包括院墙、门窗、大门的装饰等。

（2）重构的内容

乡村建设既要保留村庄的传统风貌，又要解决原有房屋的技术上的问题。由于风貌保护和环境问题的制约，使技术选择受到相当大的限制。针对疙瘩村的外在特征，在研究比较之后，重构的内容主要包括以下几个方面：

① 原有建筑的重构。传统建筑类型本身就是对空间的功能和活动进行小范围控制的一种方式，它所控制的方面包括建筑在宅基地上的布局形式、交通方式、建筑高度、单元尺度、生长边界等。因此，我们重构的策略是尽量还原传统院落的形态，挖掘疙瘩村本土的建筑语汇，如房间单元、矩形的居住单元、台阶、坡屋顶、内向庭院，使得这些可识别的建筑语汇体现传统建筑分明的建筑形态。

具体而言，就是在充分研究本村传统合院基本单元类型的基础上，根据农民的实际经济情况进行建筑的重构。在此选取一户合院形制尚在、历史信息清晰的合院建筑为例加以阐释。

在这里，有一个观念的问题必须说明。尽管建筑学者们认为农民有一套自己的生存之道，但是，大多数农民认为他们的房子是破旧不堪的，希望早日住进现代化的房间里。所以，在乡村的建设中，往往是建筑师在“动”，而农民“不动”。

问题：原有建筑的文化真实性尚在，合院、台阶、正房、厢房围合的院落空间形态明显，但由于年久失修，整体风貌出现破败的迹象（图6-28）。

重构：尽量保留四合院的形态，在空间序列上，完善传统建筑空间“步步高升”的文化内涵，正房的高度以及台阶予以保留，体现主人居中为尊的居住观念。重建门廊和照壁，运用象征的手法简化传统砖雕繁琐的形态。正房两侧的屏风重新恢复，并运用现代材料加以分割，扩大正房的空间感，体现它的文化定位。结构方面主要以木构架为主，就地取材，方便施工。根据村民的经济条件和实际情况，设置厨房和卫生间。在体现传统院落的前提下，加建四合院的倒座部分，最终形成一座完整的四合院形制，满足主人现代化生活的需求（图6-29）。

(a) 山墙的立面完整

(b) 厢房的形态尚在

(c) 空间序列清晰

(d) 入口大门

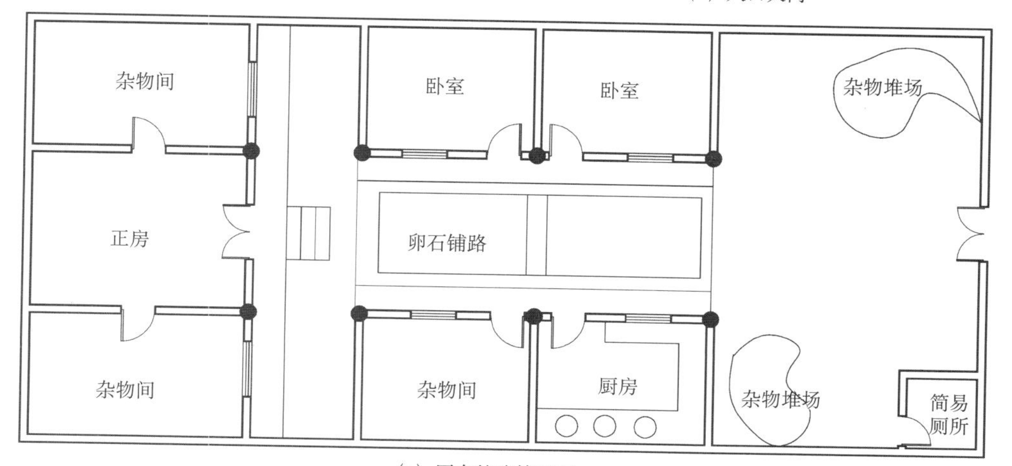

(e) 原有的建筑平面

图6-28 疙瘩村典型院落类型

② 新建住宅的设计。根据村落发展的情况，新建的住宅尽量和原有村落的文脉衔接，不形成突兀的现象。考虑到疙瘩村宅基地小面宽（大约10m左右）、大进深

（20～30m左右）的实际情况，新建住宅的设计占地面积以此为控制标准，在村落虚空化的地方进行土地的整治和加建，不占用耕地。具体设计运用象征的设计手法，体现现代农宅的传统特征。平面以三开间为主，进行划分，纵向形成前后院的布局，既满足当代村民的生产生活需求，也同时隐喻传统院落的格局，体现出重构的功效及效应，即重构的“亦新亦旧”的特征。

图6-29 重构的建筑空间易于识别而形成秩序分明的建筑形态

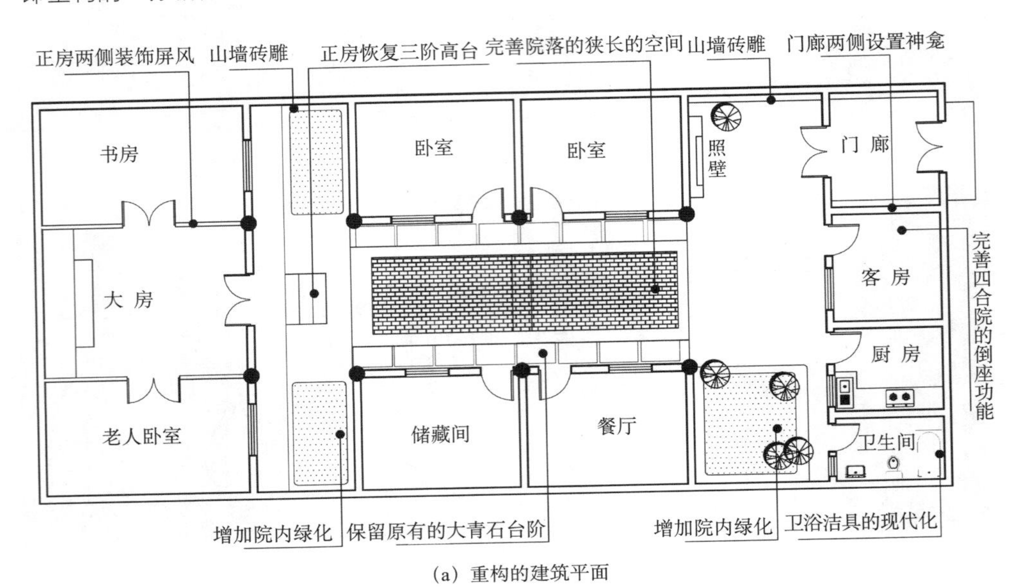

（a）重构的建筑平面

（b）重构的院落空间

③ 乡村公共空间的重构。现状问题为疙瘩村的公共空间位于村落的中心地段，现状环境破败，但是它的服务半径能够满足大多数村民的可达性诉求。

关于公共空间的重构，我们将一些现代化的元素植入其中，新的使用功能和信息的契入，改变了原有村落居住功能单一的问题，更重要的是原有建筑和公共空间的划分体现出了明显的视觉层次。

村内的部分道路被拓展为有多种社会功能的小广场，传统建筑的不规则分布，还为村落空间带来多样性，且蜿蜒曲折的道路网络的修复，使许多转角成为孩子玩耍嬉戏的场所。同时，这些“小尺度”的开放空间又是每户住宅之间的缓冲和联系，从而形成了私密空间到公共空间的过渡，既传承了原有的文脉，又提高了村民生活的质量，满足了村民在文化生活方面的需求。

因此，可以看出，正是这种物质空间和精神空间的重叠，才能够推动村落公共空间的发展（图6-30）。

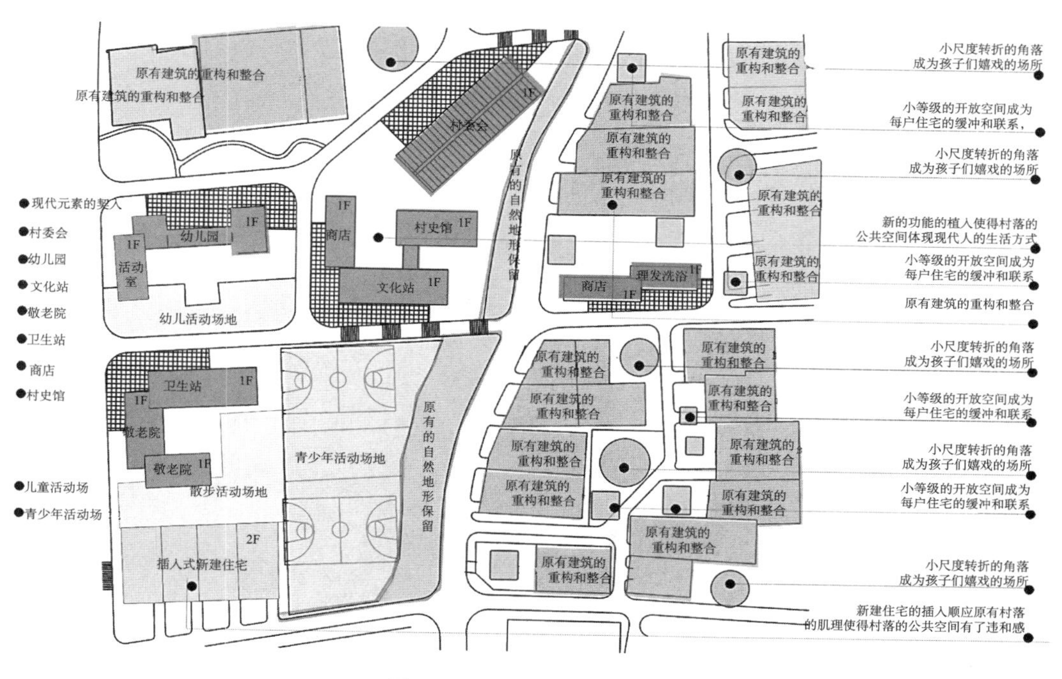

图6-30　村落公共空间的重构

④ 材料的重构。“*废瓦片也有行时，当湖石削铺，波纹汹涌；破方砖可留大用，绕梅花磨斗，冰裂纷纭。路径寻常，阶除脱俗。*”[1]利用每家每户废弃的碎砖、破瓦，通过设计组合成纹样，铺砌院落；利用当地周边石料多的特点，可选用大青砖和中石块铺砌村庄道路，从而传递出乡村的质感。

用当地大小峪河的石材作为砌筑墙体的材料，钢筋混凝土圈梁、柱，采用建筑内保温，在保证结构强度的同时，完全保留传统建筑的外立面材料肌理。

用传统的夯土筑墙的方法，营建房屋木梁构架、门窗过梁等采用木构件，传统夯土墙一般做到400～500cm，墙体无需保温、隔热，物理性能好。屋面在椽檩构架上增设防水层，再现传统建筑的工艺做法。

---

[1] 郭廉夫，毛延亨．中国设计理论辑要［M］．江苏：江苏美术出版社，2008：438-439.

4）乡村整体环境的重构

基于乡村整体环境的理念，重构的方法是就疙瘩村的边缘绿带空间设计。这并不意味着围绕乡村边界全部绿化，机械地套用现行村庄规划“四绿”（院落绿化、道路绿化、公共场地绿化、村庄边缘绿化）的要求，而是因地制宜，利用现有地形、地貌特点种植高低错落的植被，并与乡村内部庭院的植被共同创造边缘生态景观，使乡村与生态环境融为一体（图6-31）。

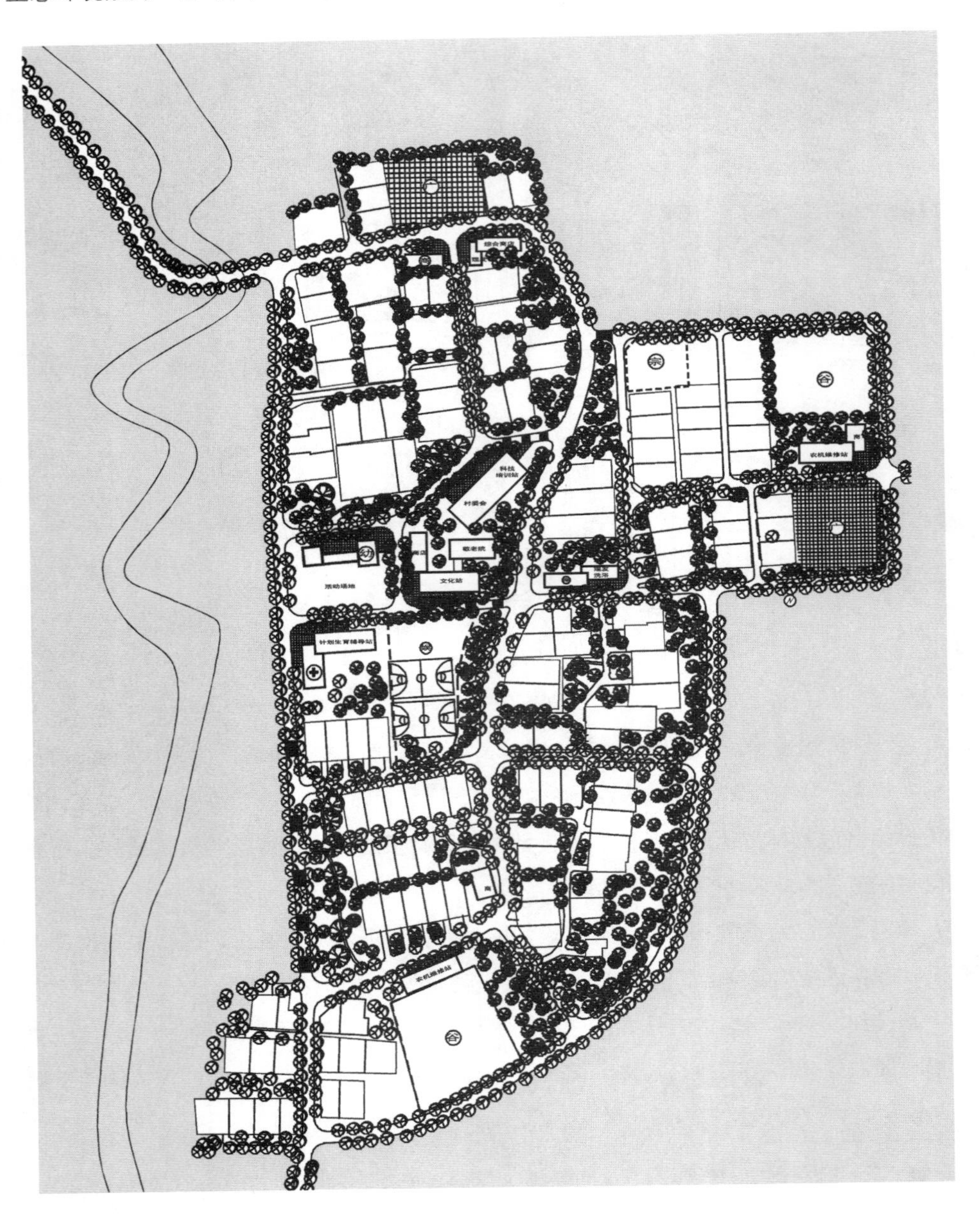

图6-31 传统建筑环境重构性支撑与当代乡村的应答
（资料来源：西安建筑科技大学新农村设计课题组文本）

乡村入口景观绿化是疙瘩村边缘绿化的重点，这在传统乡村聚落景观中得到了充分体现。疙瘩村乡村边缘绿化带一般考虑适宜当地的经济树种为宜，如银杏、板栗、柿子树等，除提高生态环境品质外，还能美化环境，取得较好的经济效益。根据生态功能与空间尺度的对应关系，为保证乡村聚落边缘绿带空间的生态功能的有效发挥，相应地布置了10～15m的防护林带和护村林带。

5）小结

“暧暧远人行，依依墟里烟，户庭无尘杂，虚室有余闲。”通过对疙瘩村重构性支撑的阐述以及对人、建筑与环境的再认识，可以看出，只有认真研究村落的文脉和传统建筑环境的属性以及文化的真实性，才能传承村落的内在肌理；也只有认识到人们的观念发生了变化，对村落的功能结构有了新的要求，才能够通过植入新的功能，持续推动乡村的建设和发展。

通过疙瘩村这一案例的分析，就乡村规划和建筑设计的理念而言，正如叶齐茂所主张的那样：“与其说我们在设计乡村，不如说我们在恢复自然本身，乡村的布局形式已经由自然地貌决定，我们要做的只不过是通过规划设计让自然的生机可以看得见，使我们的环境具有灵气。”❶

实际上，这种“自然的生机”根植于乡村的有机整体中，根植于乡村生活各个部分之间的复杂的相互作用之中。

换言之，如同有机体中复杂的基因关系所体现出来的生命之美一样，丰富多彩的乡村生活中所表现出来的视觉空间关系才是乡村生态美的真谛所在。

6.3　逆向性支撑的方法和模式

6.3.1　逆向性支撑方法及概念

如果说定向性支撑方法是一种强有力的保护传统村落和原始的建筑语汇和句法的策略的话，那么，在当代城镇化的背景下，我们更需要研究乡村建设与传统建筑环境支撑方法的多元化。古人云：“一支难撑。”乡村新生活，是一次返璞归真的逆向追寻。

因此，本书提出逆向性支撑方法（Reverse Support Methodology），就是运用建筑

---

❶ 叶齐茂．统筹人与自然和谐发展的乡村规划思路［J］．小城镇建设，2004（5）．

类型学的设计手法，通过具象和抽象的表达，在体现传统建筑环境“精”、“气”、“神”的基础上，突破“泥古主义”建筑语言的局限性，打破僵化的思想观念，包容现代建筑的设计理念，现代技术、现代材料“进场”，折射出当代乡村社区空间特征的时代性。正如勒·柯布西耶所言：“我们需要将构成城市生活的积极因素注入乡村的肌体，让它重新焕发活力。乡村一定要像城市一样充满活力，我们一定能够做到这一点。”❶从而形成传统与现代共生共融的关系（图6-32）。

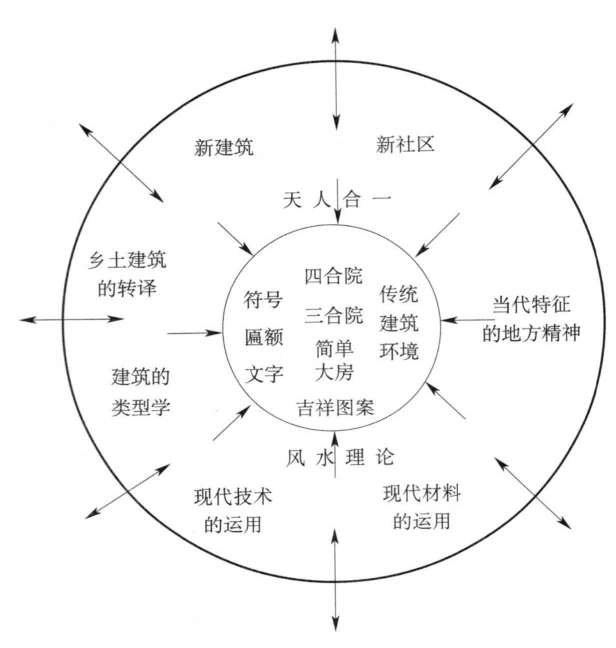

图6-32 逆向性支撑方法的空间模式

因此，逆向性支撑方法可以从两个方面去理解。一是传统建筑环境的再阐释，运用现代建筑的哲学思想指导我们的乡村建设。在设计方法上，以乡村建筑的原型为基础，通过对传统建筑庭院的简化、抽象、还原、变异、演化、重组、拼贴等，构建乡村新的建筑美学法则，表达出全新的空间观念。二是在乡村环境的整体应答方面，让农民回到农村。在研究“农二代”时有学者认为，他们既是“回不去的乡村”，也是“留不下的城市”的漂泊的一代，在“乡愁”和“城愁”的苦闷中徘徊。在笔者看来，柯布西耶在这个问题上的论述还是正确的。他说：“此时此刻，回到农村并非像他们想象的那样是走向死亡，那将是重返快乐生活的光明大道。”❷三是关注乡村孩子的健康成长，引入邻里的概念，重新恢复传统社会交往的“邻里守望”的社会结构、组织结构、空间结构，构建稳定的、可持续发展的新乡村社区。简言之，就是以新建筑的驱动力支撑新乡村的发展。

❶ ［法］勒·柯布西耶．光辉城市［M］．金秋野，王友佳译．北京：中国建筑工业出版社，2011：329.

❷ ［法］勒·柯布西耶．光辉城市［M］．金秋野，王友佳译．北京：中国建筑工业出版社，2011：328.

6.3.2 建筑设计中类型学的启示

1）类型与建筑类型学

按照一般的理解，类型是自然、社会或艺术大系统中使形态和结构相同的一组样式得以聚合为一个有机整体，同时又使形态与结构相异的那些样式分离开去的概念。类型进入建筑设计领域是源于人们的需要和对美的追求。

实际上，建筑类型学的发展经历了三个阶段。

第一，是原始类型学（archetype typology）。这在劳吉尔关于《论建筑》的原始木屋中有所描述。他认为，在小茅屋这一原型的基础上，所有的建筑奇迹都能被构想出来。可以看出，劳吉尔关于建筑原型的要点首先是自然本身代表了基于原始茅屋之上的秩序的根本种类，其次是按照牛顿的物理学指导原则下的完美的几何观念。

第二，是范型类型学（the model typology），也称"第二类型学"（the second typology）。19世纪二次工业革命之后，主要是工业化的浪潮，大量性生产的强烈需求，从根本上改变了人们的建筑观。以柯布西耶为代表的新的建筑类型学不是来自自然，而是来自工业革命。在《走向新建筑》中柯布西耶说："如果我们从感情和思想中清除了关于住宅的固定观念，如果我们批判地和客观地看这个问题，我们就会认识到，住宅是工具，人人住得起的大批生产的住宅比古老的住宅要健康不知多少倍，并且，从陪伴我们一生的劳动工具的美学来看是美丽的。"[1]的确，这种情况的基本隐喻，显然不是原始的茅屋，而是现代性。

第三，是第三类型学（the third typology），实际上就是当代建筑类型学研究的主要范畴。它的特点不是对建筑历史的归纳和总结，而是将历史的建筑放在其他学科的研究成果的背景下来考察和应用，并用其他学科的研究成果来解释建筑的本质和进行超历史的历史建筑形式的再利用，从而解决历史建筑的形式和当代社会需求的形式之间的矛盾。

关于建筑类型学所要表达的真实内涵，阿尔多·罗西在《城市建筑学》中说："类型就是建筑思想，它最接近建筑的本质。尽管有变化，类型总是把对'情感和理智'的影响作为建筑和城市的原则……类型学是经久的元素……问题在于研究它产生作用的方式和实际价值。"[2]在罗西看来，类型学就是生活，而生活是永恒的，用来解决生活问题的建筑本质也应是永恒的。一种特定的类型是一种生活方式与一种形式的结合，尽管建筑的具体形态可能差异很大。然而，形态只是建筑的表层结构，类型则是一种

[1] ［法］勒·柯布西耶．走向新建筑［M］．陈志华译．北京：商务印书馆，2016：201-202.
[2] ［意］阿尔多·罗西．城市建筑学［M］．黄士钧译，刘先觉校．北京：中国建筑工业出版社，2006：43.

永恒不变的建筑的内在结构，在这一意义上，类型学接近荣格的“原型”和结构主义的“结构”。

当代建筑类型学的发展，正如维德勒（A .Vidler）所总结的，概述如下：

① 类型学继承了历史上的建筑形式。

② 类型学继承了特殊的建筑片段和轮廓，这些元素可能是我们正在分析的不同于其他的特殊的例子。

③ 类型学在新的文脉中将这些片段重组的尝试，是在新的关系中拼贴这些片段的尝试。[1]

2）类型学原型中的“元设计”和“对象设计”

“元”的概念是类型学的基本概念之一。“元”的概念最早出现在语言分析中，在建筑设计领域，是通过类型学才使得建筑师了解到设计的元范畴这个概念，即在设计中，利用类型的方法区分出“元”与“对象”，区分出“元设计”与对象设计的层次，然后生成一套属于“元语言”层次的字母单位与方法，用这套“元语言”去构造具体的建筑作品。

具体地说，“元”即类型，类型学既然考虑到层次问题，在作为设计方法时，它也要在设计中指导人们对设计中的各种形态、要素部件进行分层研究，对丰富多彩的现实形态进行简化、抽象和还原，从而得出某种最终产物。例如，关中“四合院”在当代的发展，就是要提取“四合院”的“合院”概念，作为“元设计”的过程，在保留“合院”建筑基本叙事格局的前提下，创造出新的“四合院”。

如果我们分析马里奥·博塔（Mario Botta）的类型学设计方法，便可以看出其主要体现在环境与建筑的意义之中。博塔认为，一个好的建筑设计总是对“元语言”做出积极的解释，对于构成场地的文化和历史状况进行的任何一种新的改动便创造了新的“对象语言”。博塔对“元语言”的界定，一是将环境作为客观事实，对其进行解读与诠释，它们将成为新的建筑事实的参照对象，同时也将成为建筑事实与客体事实之间的对话的一部分；二是将环境理解成历史与记忆的记录，它包括了除客观事实以外的所有东西，因而环境包含了象征性的层面；三是重视建筑与环境之间的时间因素，在与自然环境规律的联系中使建筑成为一种延续的、动态的时空，体现我们在宇宙中生存的价值。

所以，就博塔的作品本身来看，给人的印象具有一种强烈的秩序感和古典精神。他回归秩序的途径受到勒·柯布西耶的感召，纯粹的几何体，以减法的方式处理内部

---

[1] 刘先觉．现代建筑理论［M］．北京：中国建筑工业出版社，2010：309.

空间，建立了建筑本身的完整世界。另外，博塔还把提契诺文化景观的主要参照提升到类型学的高度，在乡村建筑的设计中，建筑经常被处理成谷仓、望楼的形式，窗口总是开向精心选择的景观视野。他所倡导的设计理念就是建造场地，并自称为原始形式，以地形和天空为背景，同时与当地的农业特征的模拟构建新的建筑形式。从哲学观点分析，就是体现了康德的核心理念，自由和秩序的关系。这一点，也与中国传统文化的“道法自然”具有相似性（图6-33）。

（a）乡村酒窖

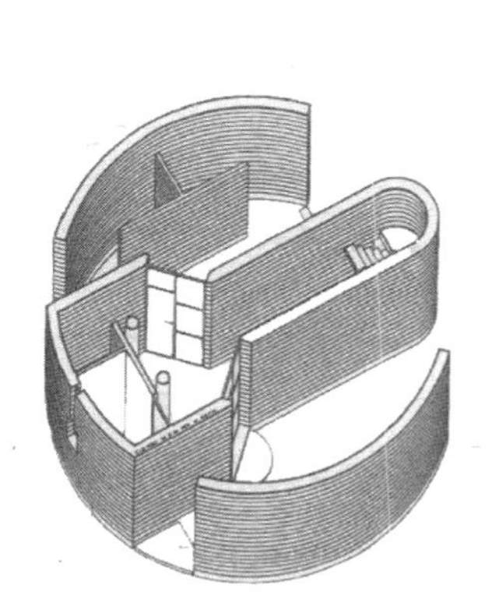

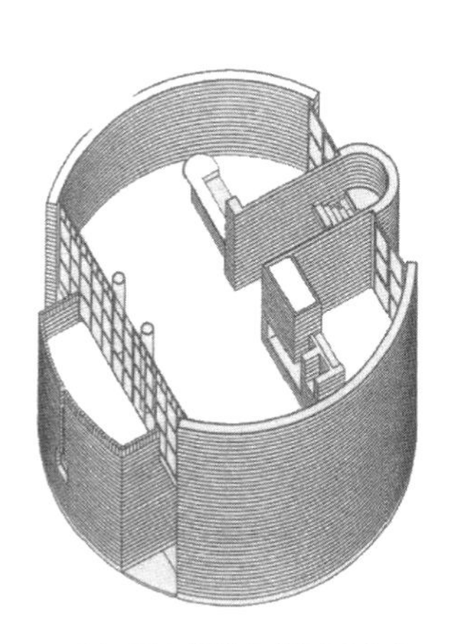

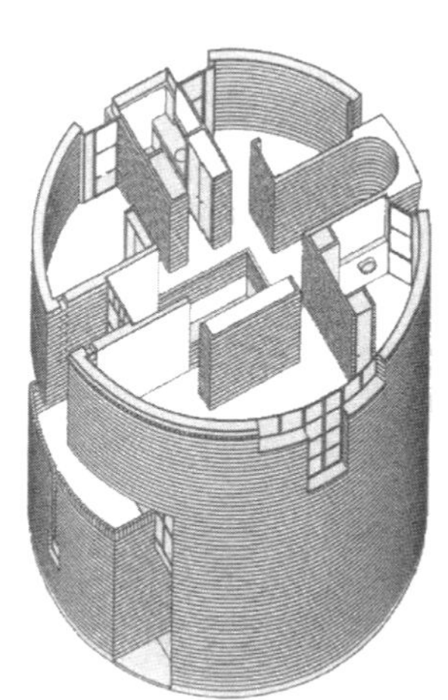

（b）瑞士斯塔比奥圆形住宅

图6-33　马里奥·博塔的“元语言”及建筑设计

（资料来源：（a）www.botta.ch；（b）［英］威廉J·R·柯蒂斯. 20世纪的建筑史［M］. 本书翻译委员会译. 北京：中国工业出版社，2011：624.）

由此可以看出，类型学设计方法的层次就是首先构造出一套“元语言”，即对构成建筑的几何部件和基本句法进行构造。当这套“元语言”构造完毕之后，再去考虑如何利用这套“元语言”去构造具体的建筑作品，即“对象语言”。博塔的设计作品即是很好的注释。

3）类型学通过具象和抽象的表达

（1）具象与抽象的概念

具象：具体存在于空间，而且能够感知的一种形状或形态。

抽象：一种积极的心理活动，是从某一种特定种类的存在物中抽取其精华或本质的手法，是一种存在的物体在人们的视觉中有很多种认定中物体的产生，当然它也会偏离真正视觉中的形态和意义。

具象与抽象，从本质上说是对传统意象的继承。传统文化的核心是传统哲学，而传统哲学的本质是传统的思维方式，意象正是这样一种思维方式。建筑文化作为一种社会产品、社会现象，有其内在的发展规律和成因。因此，在建筑设计的创作过程中，更应该吸收深层次的文化内涵，例如历史哲理、意识形态、价值观念，相比物质条件而言更能深刻地影响地区建筑的演变和发展。

（2）具象的建筑表达

具象的建筑表达就是模仿传统建筑的外观，构建整个建筑所有地区性的表现方式。当这些建筑被赋予一些具有象征意义的精神价值时，由于它们与其本源的价值相关联，其新的形式就变得更有其存在的意义。

在许多情形下，当新的时代性被加以突出时，具象的建筑表达便会被广为接受并被看作一种“完美典型”。由于建筑的时代性对现代化需求的认识，更进一步说是对现代材料和建造技术的认识而被接受的。例如福建下石村桥上书屋，建筑师刘晓东在创作这一形体时，没有完全拘泥于当地的材料，而是试图通过谦逊而现代的技术语言寻求一种传统与现代之间的平衡。整个建筑采取钢桁架结构，桁架内部的整体空间作为主要的教室用途，两个教室中间设置公共空间。教室外侧设置走道，在教室和表皮之间增加一道视觉通廊。外表面采用10cm×15cm×20cm的木条格栅，用钢龙骨固定。如薄纱一般的表皮处理使室内的视线与行人之间不发生干扰，同时远处溪水的景观又可以畅通无阻地进入室内。上书屋下部用钢丝悬吊过河的公共桥是“Z”字折线形，为避免与两个端头广场的空间冲突，刻意避开了正对广场的方向。没有表演性的体量和炫技式的细节，平实的现代技术语言对诗意空间的表述使整个建筑在当地创造了恰当的空间对比，形成了宜人而又令人激动的气氛。

可以看出，建筑师通过具象的表达手法，从选址到设计，不仅高品质地塑造了一所结合功能和形式的乡村小学，同时还把传统文化和当代生活相融合，积极应答了村落的整体空间，通过植入当代元素，为下石村带来了新的活力（图6-34）。

(a) 石村桥连接两个乡村

(b) 新的建筑材料介入乡村

(c) 具象的建筑表达

图6-34　乡村新建筑
（资料来源：李烨.福建下石村桥上书屋［J］.世界建筑，2010（1）.）

可以说，建筑师的设计理念在某种意义上实现了赖特关于机器的工艺美术思想。在《机器的工艺美术》中，赖特阐述了利用机器可以更容易地加工基本几何外形产品的道理，并建议建筑师应该保留一种开放的心态去面对一个新的机械化时代所带来的震撼，并认为不能仅仅因为机械化的类比和意向而赞美机器本身，而应将目光放远，将工业化理解为一种方法和手段，发现其潜藏的广阔前景，为新的生活模式提供一个体面的、令人振奋的环境。❶

❶ ［英］威廉·J·R· 柯蒂斯 . 20 世纪世界建筑史［M］. 本书翻译委员会译 . 北京：中国建筑工业出版社，2011：117.

可喜的是，建筑师的下乡营建活动，也为乡村的建设思想注入了活力。所以，我们应该走出城市的喧嚣，为农民兄弟服务。正如柯布西耶所说："城市并不能完全占据城市规划者的心灵，乡村也在召唤他的到来……我们不能将那些贫困的人群全部驱赶到农村，除非我们创造出新的农村……我们的乡村一定要全副身心地拥抱时代精神……理应拥有一模一样的太阳，一颗在天上，一颗在心中；一个照进他们的房间，一个照进他们的心灵。"[1]

（3）抽象的建筑表达

抽象的建筑表达就是在建筑的创作过程中，抽象出一些元素并衍生出新的建筑形式。它主要是展现出建筑的一些抽象的特征，从设计元素中确定出一个地区的主导文化。抽象的建筑表达主要有两个方面：一是表征性的抽象，二是原理性的抽象。

① 表征性的抽象

表征性的抽象，就是对事务所表现出来的特征的一种直接抽象，是以观察事物本身现象为直接起点的一种初始抽象。对于创作主体而言，表征性抽象主要是对日程生活原型和自然原型进行抽象。自然界中存在的物体由创作主体对其进行高度概括并抽象形成的自然原型是来自自然界的美妙形式。

建筑大师张锦秋在西安世博园中长明塔的设计中，努力从传统建筑——塔的形式中，提取具有普遍意义的、能显示类型特征的形式——原型，经过抽象还原，运用新的结构、新的技术、新的材料，对传统建筑符号、自然环境和场所性格进行了重构。整个作品既像环境中的自然生成，又显然赋予环境以新的生命，使得这一标志性的地标建筑具有了新意（图6-35）。

从这里，我们可以看出张先生的设计取向，努力引用传统建筑原型的特质，而并不是建筑复杂形式的混合和现代建筑的简洁。

如果从机器美学的角度分析长明塔的建筑设计及其对环境的影响力，这种既熟悉又陌生的建筑古塔形态，重新唤起了人们对周围世界的兴趣，不断地调试着人们对社会生活的感受方法，以惊奇的眼光和诗意的感觉去看待事物。

实际上，长明塔形式的综合使建筑在传统与金属构件精密性中获得了一种自由而开放的性格，建筑既结合了特定环境，又超越了以往熟悉的地方模式。否则，那种简单地从传统文化中提取符号，作为标签贴在现代建筑上，以彰显地方精神的重振，就与盲目搬用城市建筑的模式以获得乡村现代性的策略一样，显得软弱无力。

---

[1] ［法］勒·柯布西耶．光辉城市［M］．金秋野，王友佳译．北京：中国建筑工业出版社，2011：329.

图6-35 传统建筑塔的再阐释

② 原理性的抽象

原理性的抽象是在表征性抽象的基础上进一步抽象总结，以掌握事物因果性和规律性的联系为目的。原理性的抽象是在经验性的设计基础上的总结和概括，寻求某一类事物所具有的共同特性。在建筑创作中，通过对原有几何体的分割、切削等手法的运用，创作出非同一般地形象，并通过重复、叠加等方式侧重于表现单元组合体组合的效果，以达到整体构成的丰富性。

例如，路易斯・康设计的印度经济管理学院，充分体现了康对纯粹形式充满了极大的热情，也表达了建筑本身对当地炎热的气候条件以及印度文化传统的应答。

在路易斯・康看来，砖拱的通廊不仅有利于通风，也有利于形成多变的阴影，正是它们创造出了一种户外的阴凉空间。同样地，他对圆形、方形和三角形等形式的关注，也与注重抽象完美的几何形式（曼陀罗）的印度古代建筑的基本精神吻合。

在构造措施上，路易斯・康取代格子状的遮阳的做法是将圆形、三角形空洞的墙壁立在离窗子有一定距离的地方，这种由墙形成的双层皮肤，一方面用来调节气候，另一方面也创造出了具有象征性形态的建筑。

正是康根植于历史、社会、文化和美学的思想地位，以及其对几何形、方形、圆形、三角形、对角线的运用使得形式类型学有了当代的阐释。后来在马里奥・博塔的作品中经常可以看到几何形的类似做法，这也成为现代建筑使用最多的构成手法之一。

总之，“让每片墙与风的来向一致”[1]的设计理念，恰恰是路易斯·康对古吉拉特邦的阿赫姆得巴德的小气候进一步理解的结果。

6.3.3 现代技术材料的运用策略

传统建筑“木构”一词中的“构”的概念包括了构成、构造和结构等多种意义，在当代的建筑语汇中，应该有新的表达方法。因此，提升“木构”的概念高度就是运用具象和抽象的表达方式，对传统建筑材料中土材和木材的再阐释。例如，西安建筑科技大学刘克成教授在西安灞上人家的建筑设计中，建筑材料的选取主要是突破传统木构中的材料运用，以片岩、玻璃、轻钢、木板相配合，以类似网架的现代结构系统形成结构优美、舒展的空间屋顶形式，既满足了结构的受力要求，又有传统建筑的独特风韵，体现了现代技术的精美和力度（图6-36）。

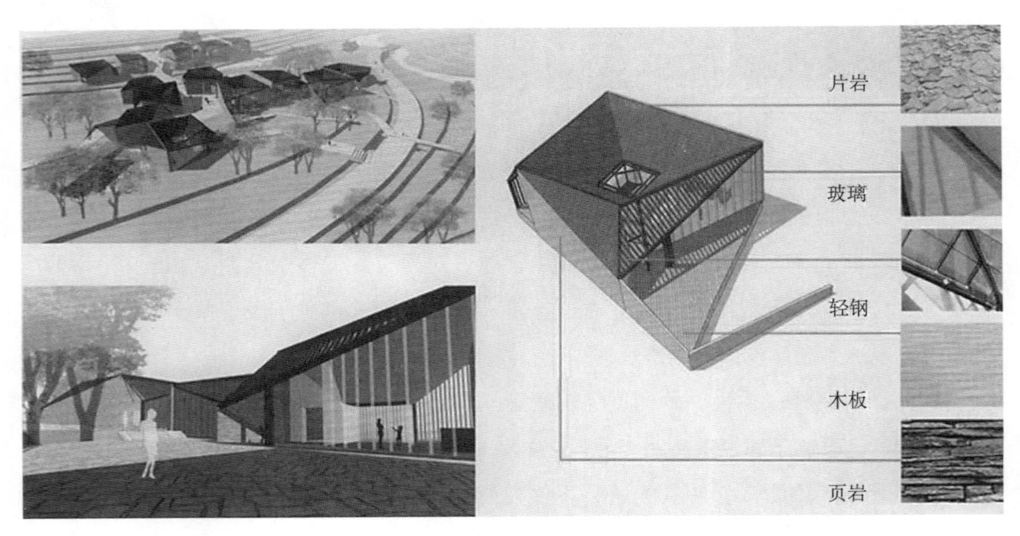

图6-36　逆向支撑方法唤起历史与当代的双重认同
（资料来源：西安城市研究所）

6.3.4 乡村社区邻里单元构建模式

渭河沿线城镇带以及县域郊区的乡村，由于受城镇化影响的强度较高，居住密度、空间形态、分异程度都有很大的差异。在建设的过程中既脱离了原有村落的自然生长模式，又没有形成城市社区的特征，成为城镇化进程中半城市、半乡村的“半吊子社

[1] 李大夏．路易斯·康［M］．北京：中国建筑工业出版社，1999：79.

区”。

因此，我们探寻在当代城镇化背景下这一地区广大乡村普遍存在的建设与支撑的问题，就是以“新建筑”为支撑点，尝试提出两种可行的新乡村社区的发展模式：一是以院落的层次感为序列的邻里单位组合，二是以街巷为主要交流场所的邻里单位组合，从而确立乡村新的空间形态。

1）以院落的层次感为序列的邻里单位组合的原则和模式

（1）新乡村单元规模的确定

《周礼·郑注》指出：五家为比，使之相保；五比为闾，使之相爱；四闾为族，使之相葬；五族为党，使之相救；五党为州，使之相赒，五州为乡，使之相宾。追溯历史，传统村落的居住单元是以家、闾、族、党、州、乡为格局而整体构想的，并且相应的有人文关怀——保、爱、葬、救、赒、宾，从而形成了稳定的历史结构。

可以看出，家庭是传统历史类型的动力机制。因此，米尔斯指出“创新的东西是……家庭作为一种社会制度，对个人的内在性格和生活命运具有内在的作用。”[1]赖特通过现代建筑语言的方式在草原住宅中对“家”的认识的表达得更为清晰。

因此，本书的建议是，构建这一区域的新乡村邻里单元，在村庄整体搬迁或宅基地置换时，将原有村落的血缘关系尽量维持下来，形成乡村社会历史文化的连续性。

具体到新的乡村空间类型的设计策略中，主要以串联式和并联式为主展开。在总平面图的空间布局中，将住宅紧密排布，形成多层次的室外活动空间。如本书试以25户构成一个邻里单位的模式为例，下面加以讨论。

（2）突破原有院落空间的局限性，凸显邻里单元空间组合的灵活性

传统的关中四合院形态纵向狭长，院落窄小，空间实效偏低，布局的灵活性受到较大限制。究其原因，一方面是当时的社会生活、社会意识对院落功能的要求；另一方面是当时社会生产力所制约的建筑技术和经济能力所能够提供的院落结构要素，是特定的功能与结构的辩证统一的产物。

面对时代的进步、人们观念的改变，乡村生活方式已经突破了传统农耕的特色。针对这一现实问题，应突出邻里单元空间组合的灵活性，以此适应乡村目前发展的实际需要。

（3）突破院落空间文化寓意的农耕性，突出邻里单元空间组合的人文关怀

我们知道，传统的家族制度形成了家庭内部严格的尊卑、主从、嫡庶、长幼等关系，这些在空间特征上强化了合院类型的等级秩序和内外界面。尽管其带来了院落布局的对

---

[1] ［美］C·赖特·米尔斯．社会学的想象力［M］．陈强，张永强译．北京：生活·读书·新知三联书店，2012：176.

称结构、端庄品格和有序节奏，但同时也造成了人们内向保守的性格特点，缺乏公共意识和创新意识，因循守旧，观念固化。即传统建筑空间语言对人的潜移默化的作用。

因此，突出邻里单元的人文关怀，就是在当代的乡村社区建设中，强调社区的凝聚力，通过积极地营造室外空间达到邻里单元的虚与实、开敞与封闭、硬质与软质的环境平衡，明确界定私人空间、公共空间和过渡空间的关系，使得人们在这些空间的生产和生活中具有舒适性和归属感。

（4）关注留守儿童的哲学空间

面对乡村留守儿童的问题，我们必须从整体的环境营造中认真思考。加雷斯·B·马修斯（Gareth B. Matthews）在《哲学与幼童》中强调儿童有自己的哲学，成人不应把孩子看作未成年人而应平等待之。这种理念有助于我们了解儿童的精神世界，培养他们的哲学思维，保护他们的天真和好奇。马修斯指出："困惑和好奇是紧密联系的。亚里士多德说过，哲学起源于好奇。罗素告诉我们，哲学即使不能解答我们所希望解答的许多问题，至少有提出问题的能力，使我们增加对宇宙的兴趣，看到甚至在日常生活最平凡事物的表现下，潜藏的新奇与值得怀疑之处。"[1]

因此，关注乡村留守儿童的问题，不仅仅是一个经济问题，而且应该是一个儿童哲学问题，更进一步思考就是乡村的存在问题。没有孩子的乡村，就是没有希望的乡村。

回到家庭这个问题上，家庭是孩子成长的机制，为留守儿童的成长创造良好的生活氛围，营建宽松的环境和中心院落的"玩耍的空间"，积极引导儿童和成人参与到社会活动中去，使儿童能够在彼此尊重、彼此关爱中健康成长，是家长、社会和政府应尽的责任。因为安全、有序、亲切的成长环境不仅在一定程度上成为塑造孩子性格的机制，而且对于儿童的身心发育具有良好的潜移默化的作用。

顺便提一下，正当城市的孩子"不输在起跑线上"的时候，乡村的孩子只是茫然地张望，等待着在城市打工的父亲和母亲。威廉·华兹华斯（William Wordsworth）说："儿童身上与生俱来就孕育着未来人的种子。"[2]这就进一步需要凝聚社会的力量，需要凝聚政府决策者有勇气决断，需要家长的清醒与合力。

（5）空间策略

我们的思路是以传统建筑的院落空间划分为依据，空间策略依次是院落空间、门前空间、过渡空间、中心空间，形成有序的乡村空间序列。

建筑设计运用类型学的方法，提取传统建筑生活的片段、历史的片段、建筑的片

---

[1] ［美］加雷斯·B·马修斯．哲学与幼童［M］．陈国荣译，蒋永宜校译．北京：生活·读书·新知三联书店，2015：3.

[2] 李泽武．中国教育的另一种探索［N］．南方周末，2016-12-1：A6.

段，设计出7种建筑类型，根据村民的实际情况，开发出可持续的、稳定的人居环境模式，创造一种“新家”的感觉，而不是流于俗套，回归到英美的工艺美术理想，回归到以罗斯金（John Ruskin）和莫里斯（William Morris）为代表的“红屋”之中，与当代生活方式无关的想象中。

值得注意的是，“只有当莫里斯关于艺术与生活、工艺与实用的理念能够扎根于机器化生产时，它才能对现代建筑的产生发挥作用。但是历史并不是直线前进的，浸透在20世纪之交的众多发展方向中的工艺美术运动本身并没有结出一个明确的现代建筑果实。”[1]顺势思辨，建筑类型的设计策略就是要在当代城镇化的背景下培养具有当代特征的地方精神（图6-37）。

重建乡村。

重新确立乡村土地责任制。

重新确立乡村住宅与土地的关系。

建立永久性的土地使用法律，因为有恒产者，生活才有恒心。

让农民的家庭成为现代社会核心的思想实体。

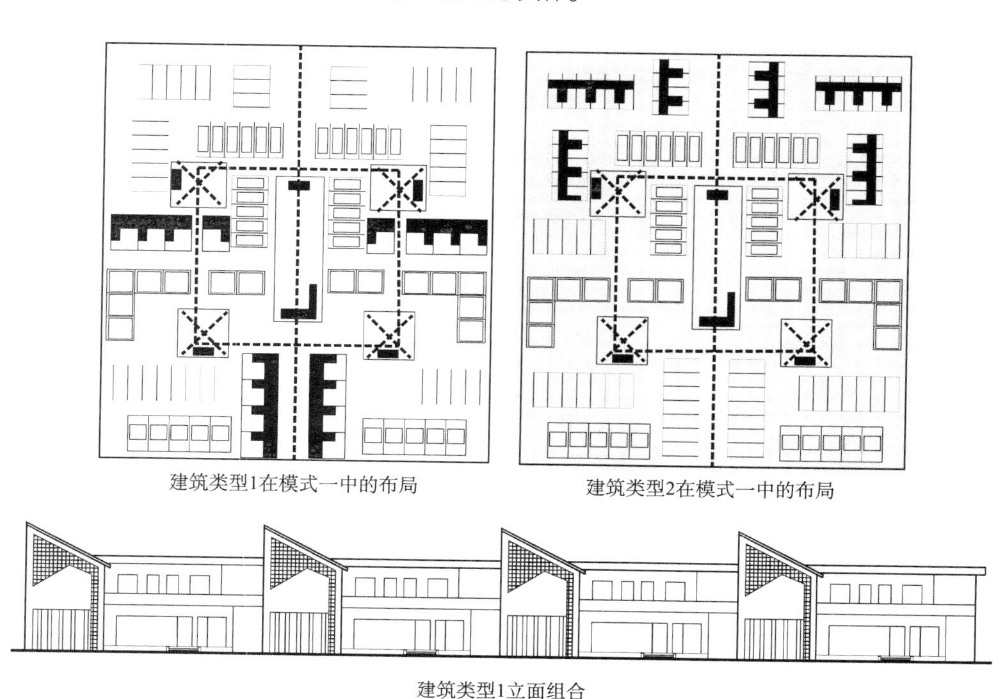

图6-37 模式一：以院落的层次感为序列的邻里单位组合（一）

[1] ［英］威廉·J·R·柯蒂斯．20世纪世界建筑史［M］．本书翻译委员会译．北京：中国建筑工业出版社，2011：87.

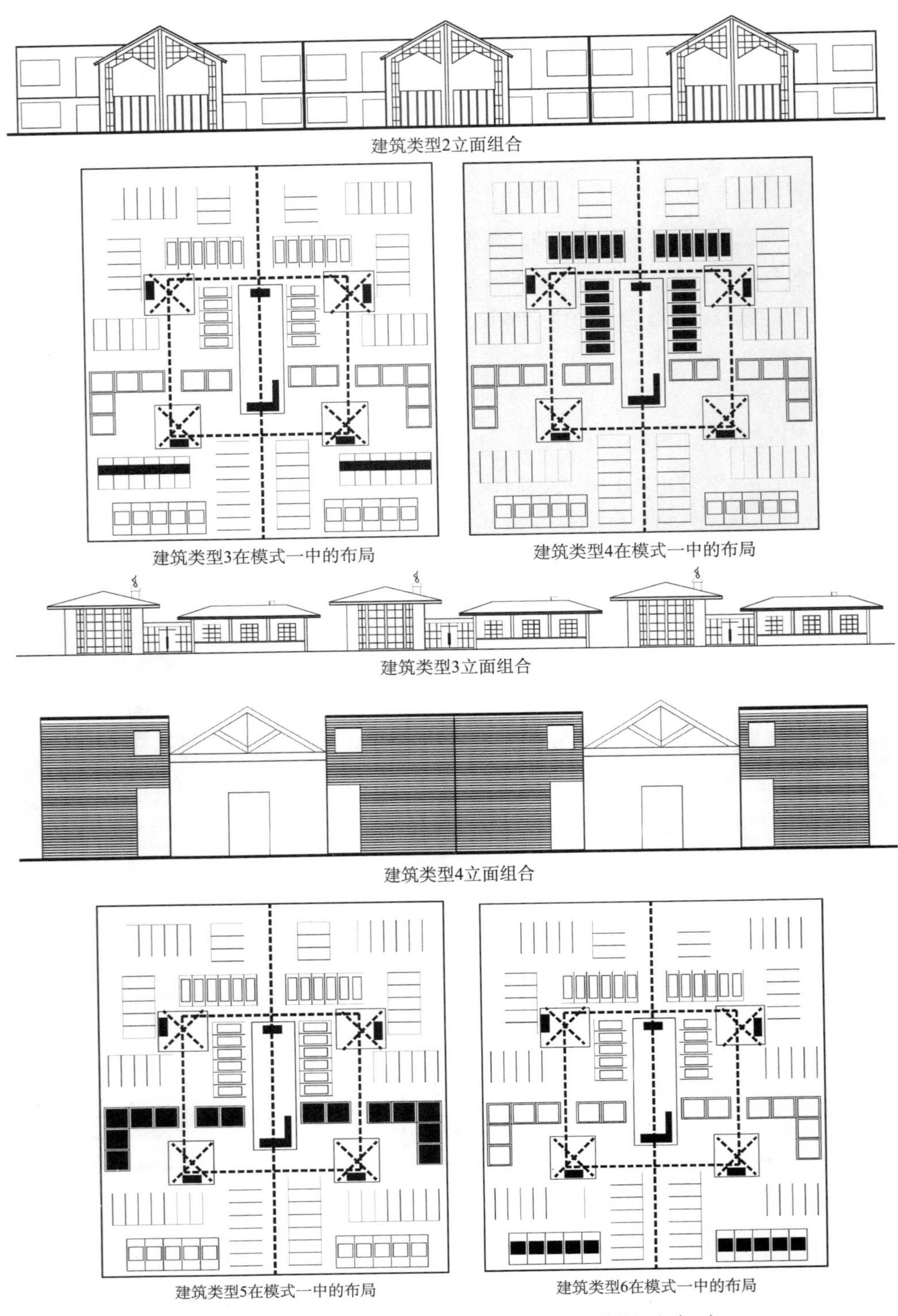

图6-37　模式一：以院落的层次感为序列的邻里单位组合（二）

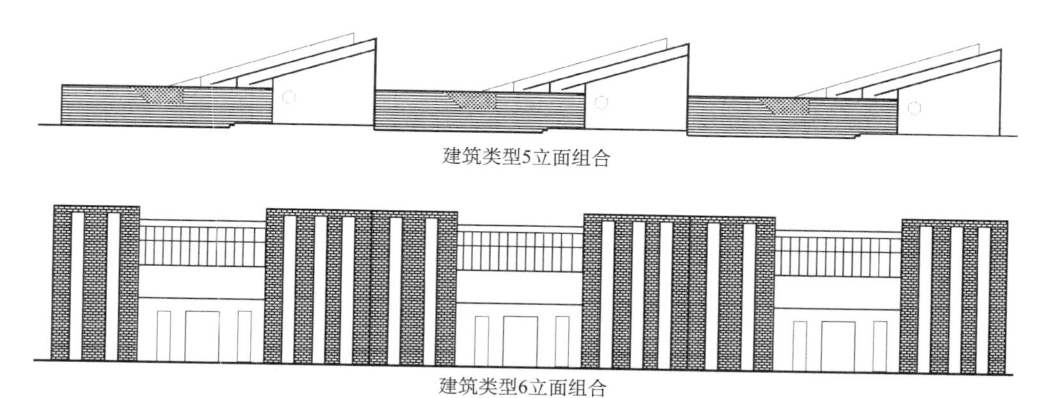
建筑类型5立面组合

建筑类型6立面组合

图6-37 模式一：以院落的层次感为序列的邻里单位组合（三）

2）以街巷为主要交流空间的邻里单位组合原则和模式

低层高密度院落空间的组合是构建乡村邻里单位的一种可行的策略，与低层独立式布置相比较，用地效益较高。它不仅延续传统村落的文脉，而且在空间的组合上有了更大的灵活性和自由度，突破了原有村落巷道窄小的不便，又适应现代人们生活的方式。

交通工具的出现和发展，必然给现代乡村带来新的生活方式。所以，我们必须重新组织乡村，使其更好地扮演乡村的中心角色，满足乡村的现代化农业的发展。

民俗文化是关中地区乡村居民不可或缺的精神支柱，它对于营造牢固的人际关系、熟人社会的常在、人们感情的交流具有现实的作用。因此应倡导民俗文化在街巷的表演场所，对于形成社区的凝聚力和社区生活的象征性来说具有重要的现实意义。

鼓励社区居民在营建方面的参与性、主动性和积极性。正如《马丘比丘宪章》所言，在建筑领域中，用户的参与更为重要，更为具体。人们必须参与设计的全过程，要使用户成为建筑师工作整体中的一部分。

策略包括：以传统村落的街巷空间为切入口，在乡村社区的建设模式上恢复传统生活氛围；经过分析总结传统与现代社区布局模式的特点，取其精华，在传统村落带状模式和组团模式结构的基础上营造出当代社区的环境气氛，以田园景观作为图底，与低层高密度的建筑群体形成对比，最大限度地呈现乡村环境的特质；建筑单元以1层、2层建筑混合组织，形成尺度适宜的乡村社区有机体（图6-38）。

3）两种模式中主要的5种建筑类型分析

在逆向性支撑方法中，运用建筑类型学的原理，抽取和选择传统建筑环境中的原型，重新分析和归类，从而形成一些新的建筑类型。

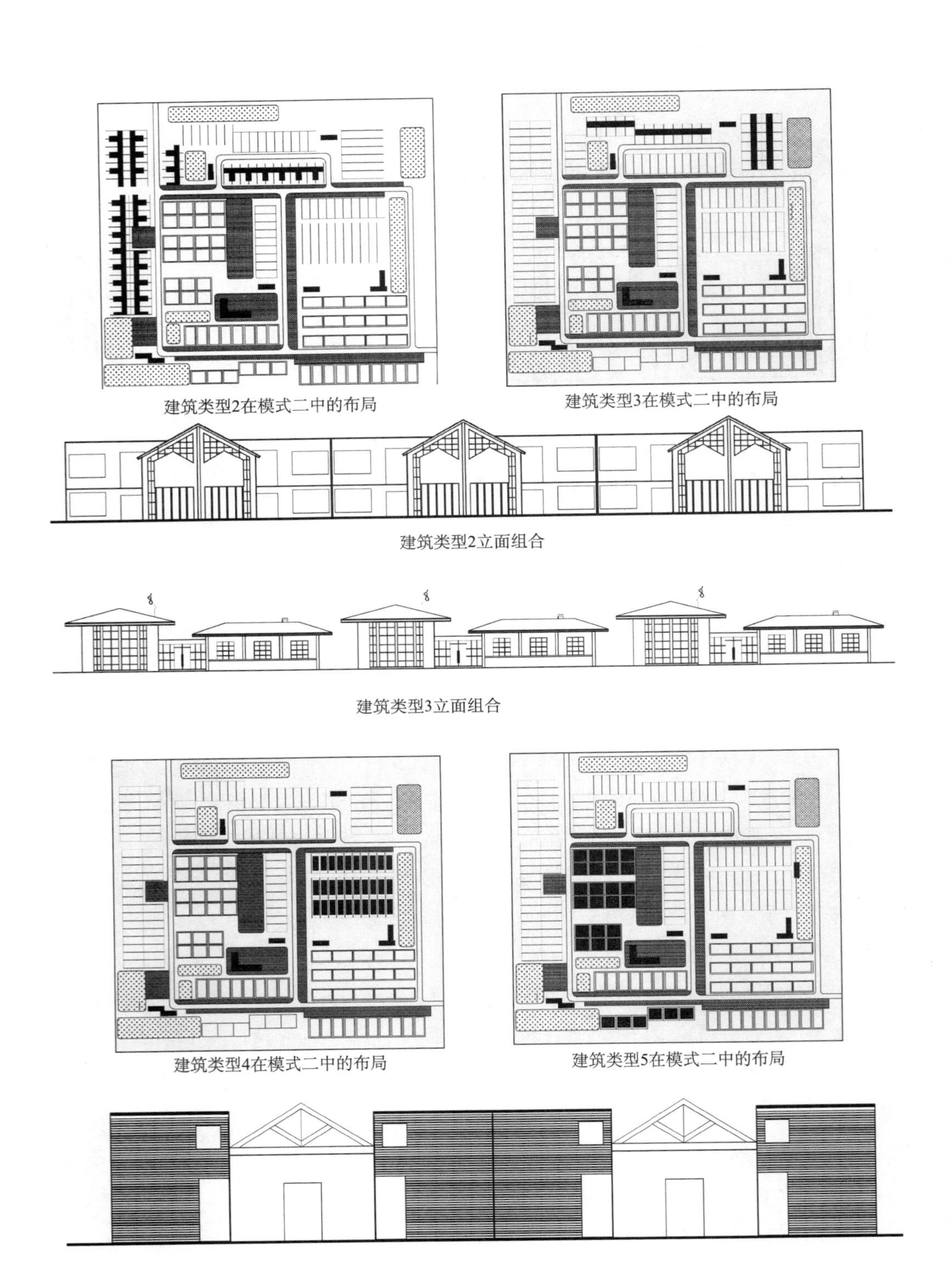

图6-38 模式二：以街巷为主要交流空间的邻里单元的组合（一）

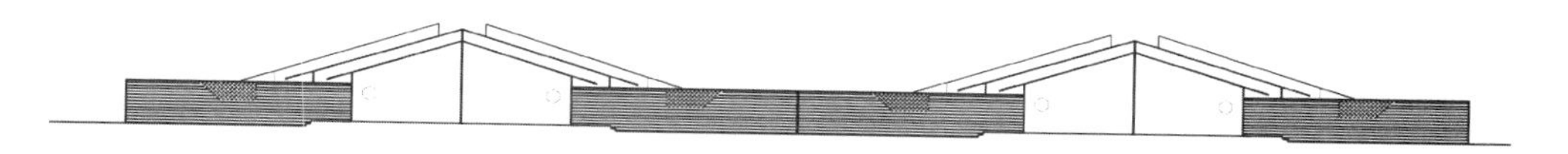

建筑类型5立面组合

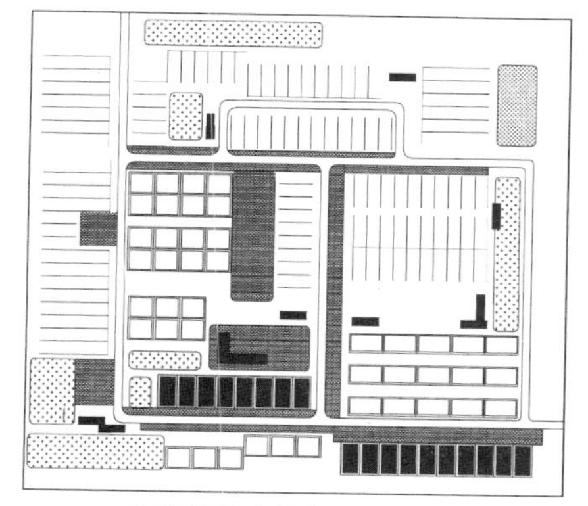

建筑类型6在模式二中的布局

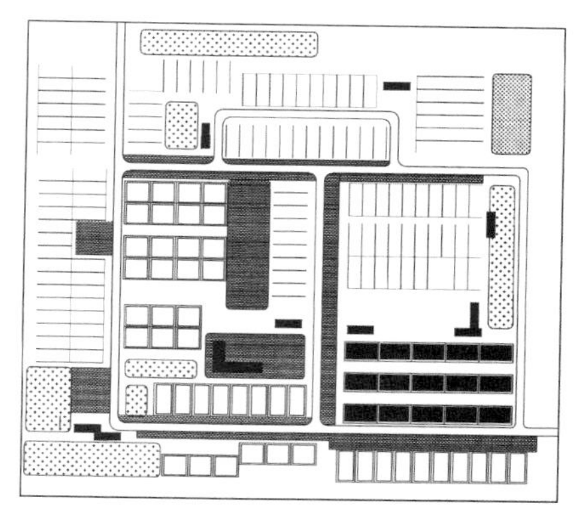

建筑类型7在模式二中的布局

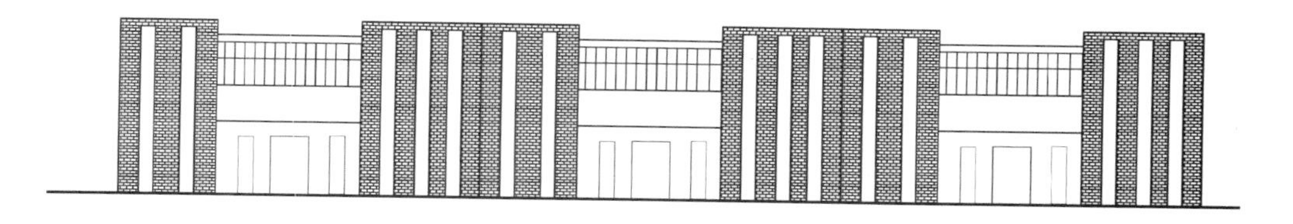

建筑类型6立面组合

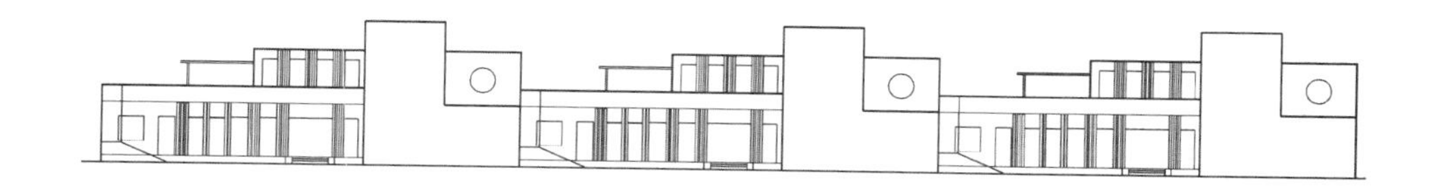

建筑类型7立面组合

图6-38 模式二：以街巷为主要交流空间的邻里单元的组合（二）

（1）建筑类型：类型1

以方形院落为主，建筑布局采用“L”形，与院落空间形成虚实对比。在建筑内部设置内院，以延续传统四合院的格局，但是并没有形成封闭的空间，而是与院落空间相互渗透，相互穿插，突出了这一种类型的流动性，旨在保证“气”的畅通。

在功能安排上，考虑到关中乡村旅游的发展和现实情况，在房间的设计上，增加了客人卧室，并保证有相对独立的私密空间，同时，与农民住在一起，能够形成良好的情感互动。这也是一种“混合居住模式”的试探性方案（图6–39）。

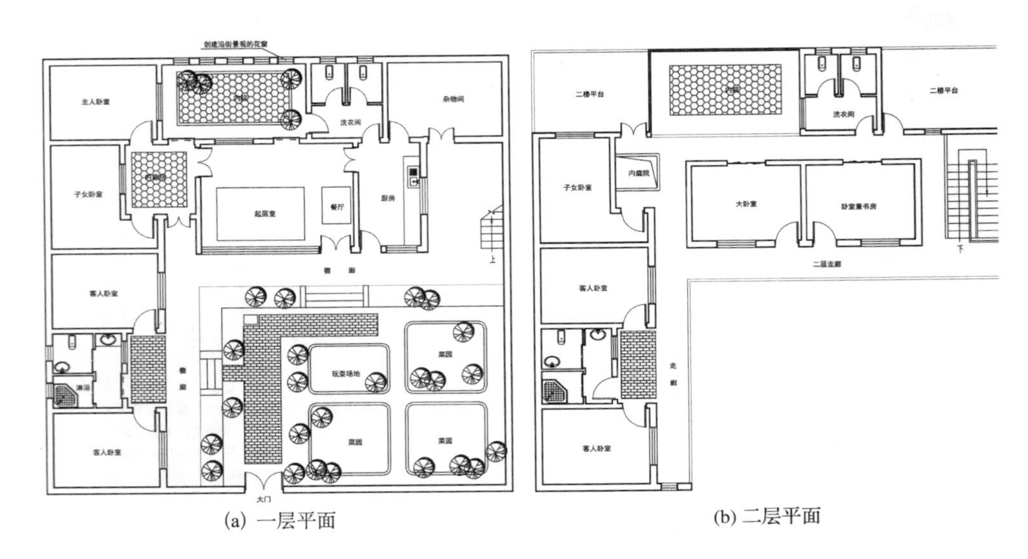

(a) 一层平面　　(b) 二层平面

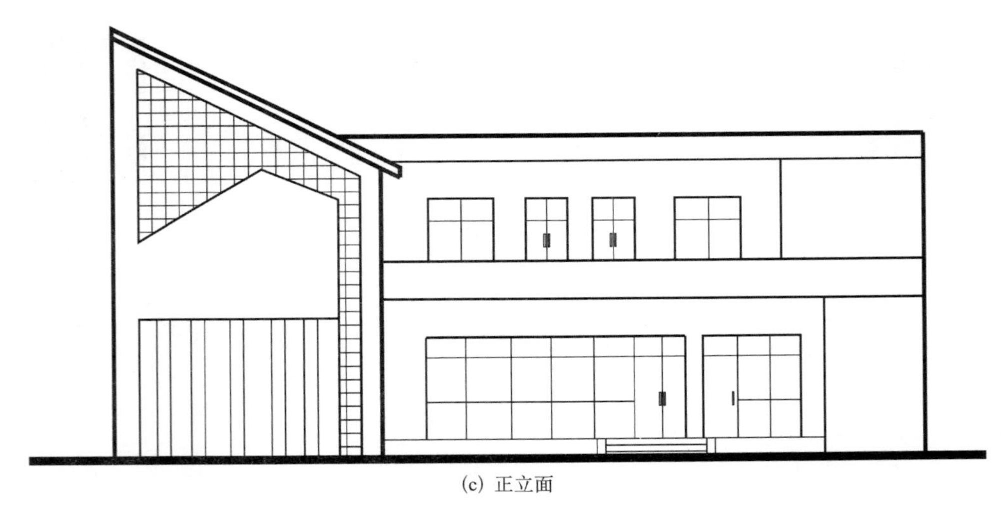

(c) 正立面

图6–39　建筑类型：类型1

（2）建筑类型：类型2

2层院落生活单元，考虑到农民的经济收入以及还有一些三代同堂的家庭人口，提供2层的建筑平面，以满足现代大家庭的需要。其中二层部分可根据实际情况以部分平台、部分建筑为主，形成高低起伏的建筑形态，体现邻里组合关系的丰富性。同时，二层平台也有利于晾晒谷物，反映出农业的特征。

群体组合传承关中地区村落户与户共用山墙的做法，建筑特征以抽象几何体作为基础构图要素，探索非对称构图方法的使用，在满足当代村民生产生活要求的前提下，构建乡村建设中新的美学法则，表达出全新的地域特征，构成现代乡村建筑最易于识别的外在形象特征，从“再陌生化”中隐喻熟悉感（图6-40）。

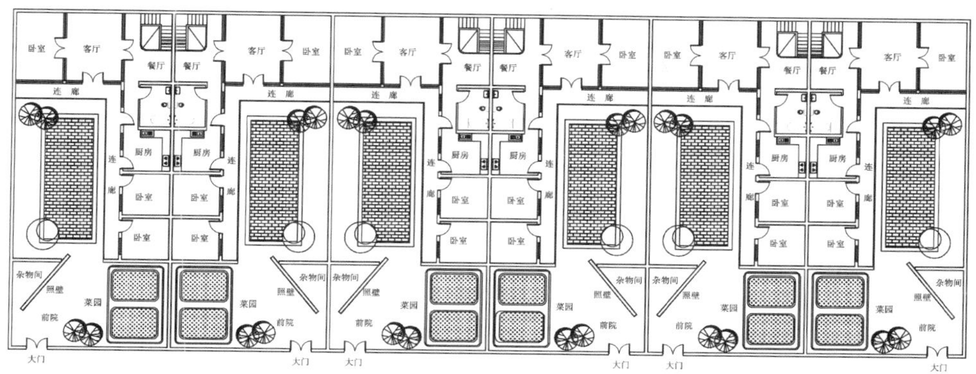

(a) 平面组合

(b) 立面组合

图6-40　建筑类型：类型2

（3）建筑类型：类型3

孟子曰：老吾老以及人之老，幼吾幼以及人之幼。

建筑类型3主要针对乡村体弱病残、鳏寡孤独者设计的老有所养的试探性建筑方案（图6-41）。

设计理念主要以1层为主，集中式布置，力争空间安排简洁、明快，“直来直去”的空间组织符合老年人对自己私密空间的可识别性。

每对老年夫妻可安排一间住房，五保户、低保户等可以单独使用一间卧室。厨房、餐厅的设计可供他们集体用餐，增加交流的机会和时间。另外，配置娱乐室以及起居室等使他们可以和亲友见面，安享晚年。

单元组合的拼凑可以是直接拼接，也可以是锯齿形拼接，带有一定的灵活性。

也可以根据实际情况，进行功能置换，作为一个小规模的留守儿童的幼儿园使用，将餐厅改为活动室即可。

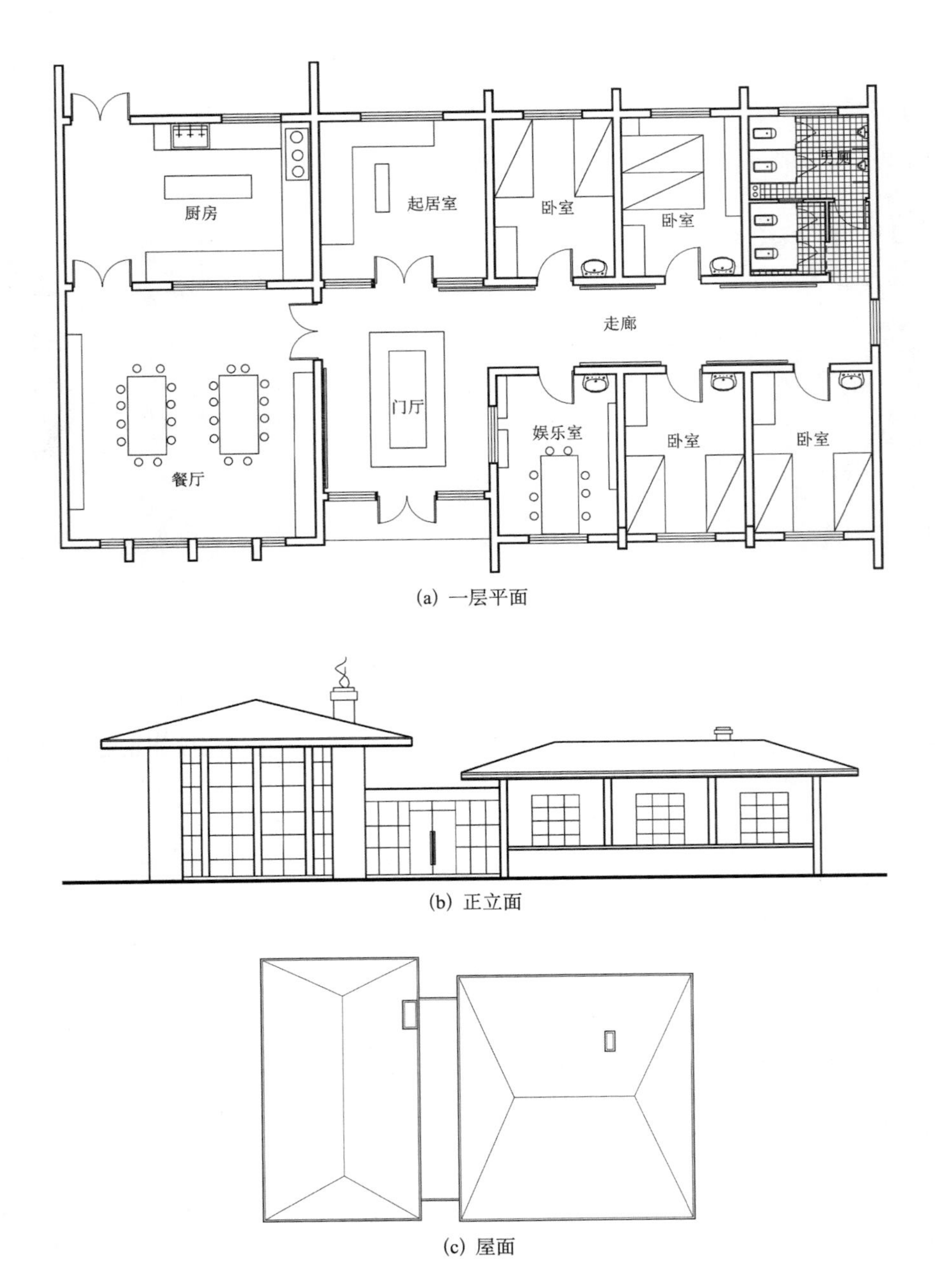

(a) 一层平面

(b) 正立面

(c) 屋面

图6-41 建筑类型：类型3

（4）建筑类型：类型4

一层平面单元保持传统建筑四合院的基本原型，院落以向心性构图为主。在功能划分上，打破原有正房主导空间的布局模式，以餐厅和厨房作为轴线的收尾，洁污分离，卧室和客厅布置在轴线的两侧。后院以菜地、农具间、地窖、储藏间为主。如果人们要想真正地定居就不能省略这些空间，在本书的设计理念中，仍然需要一个空间可以流露自己的潜意识，可以储藏似乎不再需要的东西，需要一个可以积淀生活的地方、一个能够找寻过去的地方、一个能够延续人们定居生活的地方。菜地、农具间、地窖等正是这样的地方。

入口处增加书房和客房，所有房间的门窗均开向院落。主入口顶部以人字形钢架为主，强调几何构图的中心，沿街墙面均以实墙面为主，形成强烈的虚实对比。再现“一门关死”的关中传统建筑的现代形象（图6-42）。

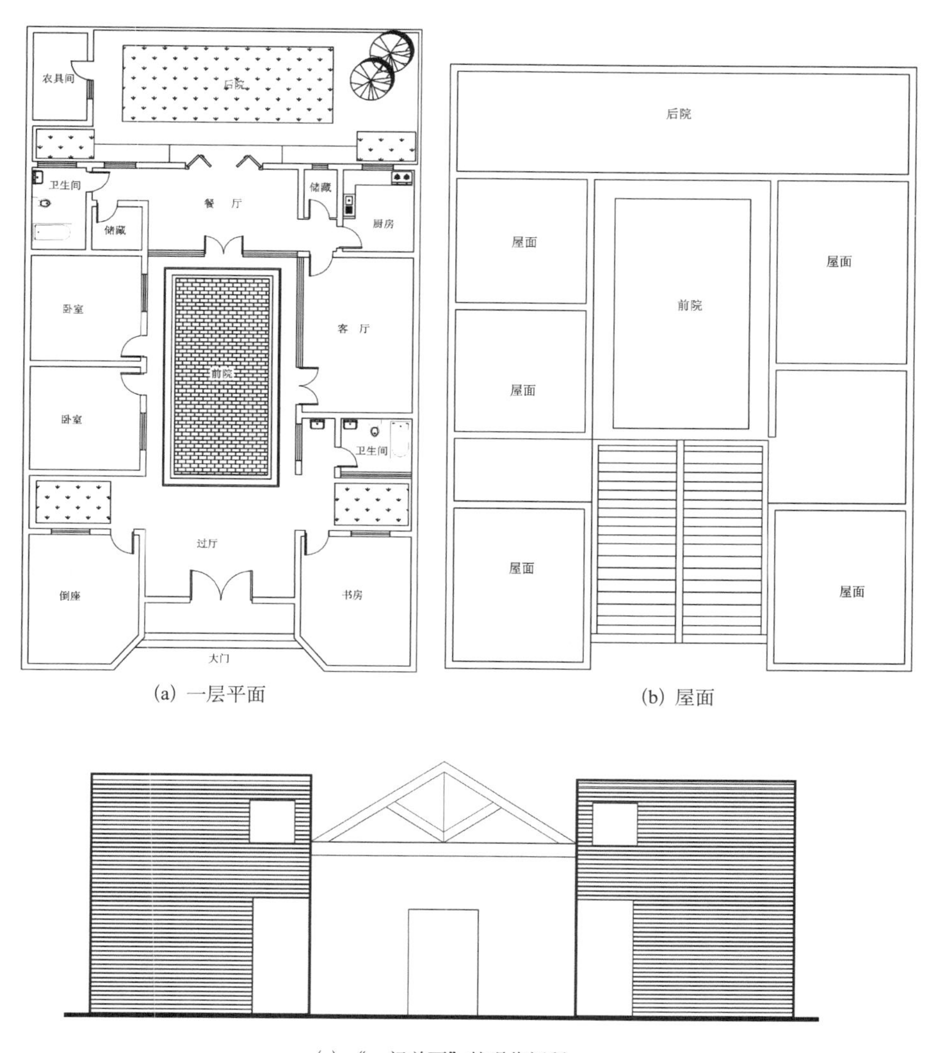

(a) 一层平面

(b) 屋面

(c) “一门关死”的现代阐释

图6-42 建筑类型：类型4

（5）建筑类型：类型5

突破宅基地的狭长形模式，以方形基地为主，占地面积不超过当地的建设指标。主要服务对象是以留守儿童和祖孙两代为主的居住模式。

在空间组合上，以1层院落式为主，将传统的合院形制抽象、还原，形成发散性的院落平面。沿街立面为一条狭长的砖墙，墙在这里不再是唯一的土木结合体，而是引导空间的方向、分隔内部空间和外部空间的构件。砖墙导入室内，将入口空间和餐厅加以分隔。同时，砖墙通过落地窗将室内空间延伸到室外，将室外空间引入室内，便于老人和孩子在视域范围内的照看和互动。屋面形式在传承坡屋顶的前提下，采用三段式的大板组装，造价低廉，施工方便。院落空间以硬质铺装和菜地为主，满足日常的生活需要。而且，较大面积的院落空间，提供了老人纳凉、休闲、交流和孩子们玩耍的空间（图6-43）。

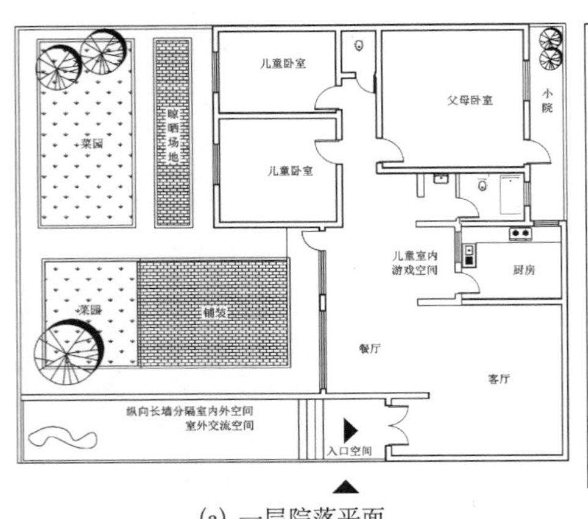

(a) 一层院落平面

(b) 传统屋面形式的转译

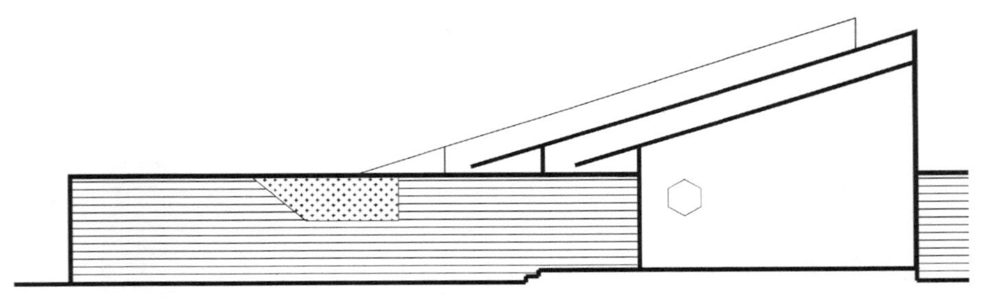

(c) 墙体与屋面的组合

图6-43　建筑类型：类型5

（6）建筑类型：类型6

该类型建筑设计的意图是既经济又有隐蔽性。

建筑物分为两部分，中间用楼梯连接，形成前后两个院落，提供理想的室外空间。二层的左翼为孩子们的卧室，右翼为父母的卧室。餐厅和过厅结合厨房、客厅，交通联系方便，互不干扰，体现现代建筑的功能分区的特点。楼梯置于中部，适合两代人的居住。一层为院落空间和公共空间，二层为居住空间，视野开阔，光线充足。适宜的空间、明媚的阳光，孩子“玩耍的空间”能够留给他们美好的童年记忆（图6-44）。

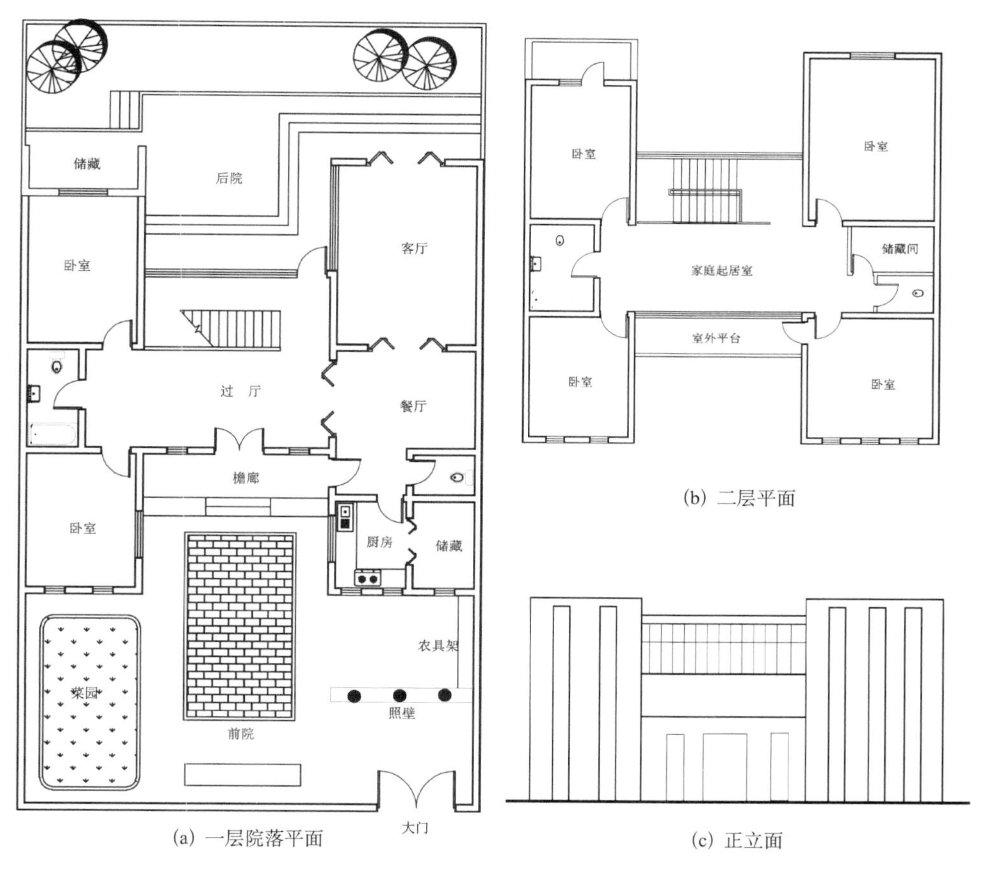

(a) 一层院落平面　(b) 二层平面　(c) 正立面

图6-44 建筑类型：类型6

院落以前后院为主，前院形成交流、家庭公共活动的场所，后院作为储藏和菜地之用，真实反映农家生活的场景。

二层左翼根据家庭人口和经济状况，可建2层，或建1层。二层形成平台，提供农民住房选择的多样性和灵活性，同时也有利于形成丰富的乡村社区外部轮廓线。

（7）建筑类型：类型7

在建筑类型7的设计理念中，突破传统四合院围合过实的营造观念，采用非对称构图的原则，院落采用发散性平面，争取更多的建筑与外部环境的接触面，实现室内外空间彼此交融的可能，增加院落空间的“触觉性”、“构筑性”、“非具象性”。同时又通过传统的主题，如大门、院落、房间、走廊、窗户、屋顶等，很明确地和传统建筑建立联系，并且关注表皮、边界、对称和差异等概念。

在具体建筑设计中，使主人能够在客厅、餐厅以及外檐下看到院落的一切景象，重现唐代诗人孟浩然的“开轩面场圃，把酒话桑麻。待到重阳日，还来就菊花”的真实生活场景。因此，建筑既满足了日常的物质生活，也满足了当代的精神需求（图6-45）。

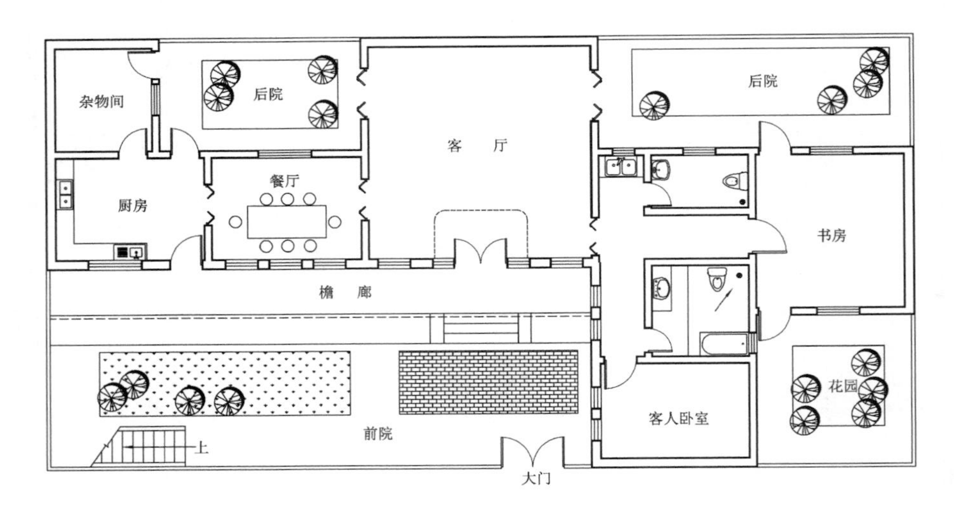

(a) 一层平面

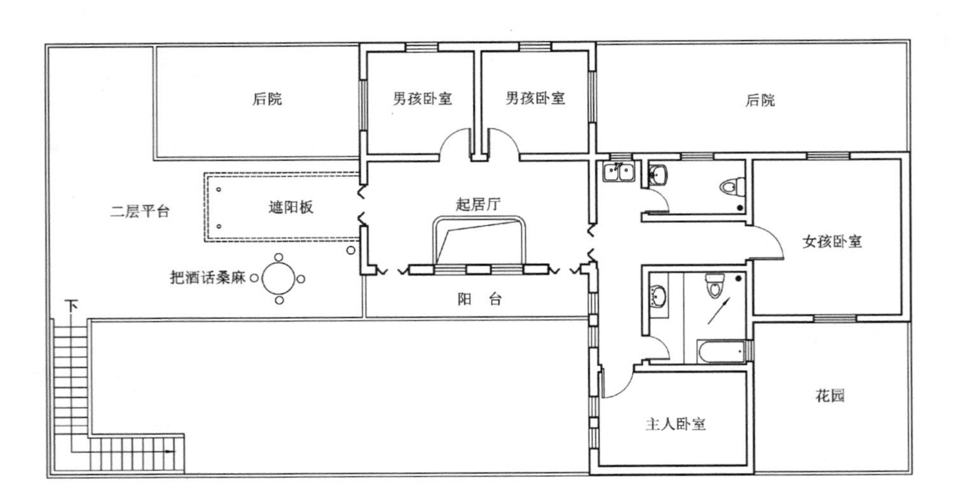

(b) 二层平面

图6-45 建筑类型：类型7（一）

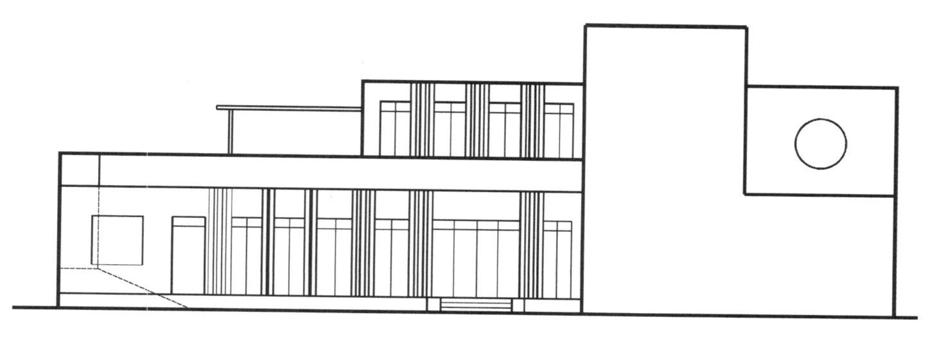

(c) 正立面

(d) 现代农宅

图6-45　建筑类型：类型7（二）

总之，以上讨论的关于建筑类型学的启示以及邻里单位的新乡村建设支撑模式，就是试图通过建筑不同类型的设计把多个居住单元重新组合于邻里单元整体之中的试探性尝试。通过这种试探性的尝试，来勾画乡村未来的发展轮廓，并通过这些方案，对乡村未来空间的组织和发展的各种可能性，进行探索。我相信，从这些类型的规划建筑研究中，可以看到关中乡村未来的现实。

就建筑设计而言，尽管对柯布西耶关于现代建筑观点的批判较多，然而他对乡村问题的关注值得单独一提。

他在谈到乡村房屋时有一段值得深思的话，不妨引录在此，作为这个问题的结束："我们的乡村最终将重新苏醒，恢复活力……我们对待房屋的态度是，它必须适合现代的居住方式。每个人都必须认真思考这样的建筑将给农民的日常生活带来怎样的巨大变化。"[1]

笔者认为，柯布西耶的"现代的居住方式"和罗西的"建筑所要表达的真实的生活方式"所强调的恰恰是同一个意思。就是认清当代性，正如哈贝马斯（Jürgen

[1] ［法］勒·柯布西耶．光辉城市［M］．金秋野，王友佳译．北京：中国建筑工业出版社，2016：328-333.

Habermas）所说，现代性是未竟的事业，它具有时代精神。因此，认清社会发展的必然性，从而通过弗兰姆普敦的批判的地域主义的思想和方法，才能获得真正富有想象力的建筑思维，才能获得真正现代性的乡村空间之美。这就是逆向性支撑的主旨。

6.4 三种支撑方法与模式的总结和应用范围

1）定向性支撑设计方法与模式

定向性支撑的方法主要是体现对传统村落的保护和传统建筑环境的修复、民俗空间的再现。在具体的建筑设计方法中，就是运用建筑现象学的启示，尊崇传统建筑环境营造的方法和技术策略，强调地方性材料和地方色彩的运用，激活传统村落的场所精神。正如诺伯舒兹所言："建筑意味着场所精神的形象化，而建筑师的任务就是创造有意义的场所，帮助人定居。"[1]

定向性支撑方法主要运用在关中地区的秦岭北麓以及以县域为单元的远郊乡村建设中。因为这一地区受城镇化的影响相对较少，尽管村落的形态和传统建筑环境出现了破败的情况，但是传统的地区文化内涵仍具有顽强的生命力。城乡一体化发展中，乡村在自然地理中有它存在的必然性和客观性，所以"拯救乡村"并不是"取代乡村"，这就是定向性支撑的价值和意义。

换言之，在当下探寻定向性支撑之道，不应只是在乡村的建设中简单地整体搬迁或一拆了之，也不应只是把传统建筑的构成元素当成"破砖烂瓦"，连同一切"小物件"被"好事者"带走，留下"白茫茫一片真干净"的开发用地，或是用大资本重新装备乡村土地。而是要清晰地认识到传统建筑的诸多文化要素在现实中就已经存在，建筑的场所与生活的世界从遥远的历史深处延伸出来。同时，农业本身具有的独特价值和重要意义对于任何一个地区的文明成长来说，都不可或缺。在这个意义上，卡斯特·哈里斯在《建筑的伦理功能》中的那句话，建筑是"一个时代可取的生活方式的诠释"，[2]显然是永恒的真理。

2）重构性支撑设计方法与模式

重构性支撑方法主要是针对当代城镇化背景下，现有村庄的空虚化以及现有民居模仿城市建筑式样的趋势，建议地方管理部门制定出指导性的条例，正确引导农民在

---

❶ ［挪］诺伯舒兹．场所精神：迈向建筑现象学［M］．施植明译．湖北：华中科技大学出版社，2012：4.

❷ ［美］卡斯特·哈里斯．建筑的伦理功能［M］．申嘉，陈朝晖译．北京：华夏出版社，2001：11.

自建房的过程中，既要传承民间营造房屋的智慧和技术，又要满足村民对现代生活的诉求。

在具体的设计方法论中，建筑师在运用建筑符号学的表述时应理解“能指”的空间表达和“所指”的空间含义，通过对构成传统建筑符号的提炼，进行现代语汇的阐释，通过院落形态、立面形态、屋面形态以及传统的宗祠和寺庙的重构等，形成新的乡土村落风貌。

重构性支撑的方法主要用于关中环线的村落分布以及以县域为单元的近郊乡村建设中。

3）逆向性支撑设计方法与模式

事实上，在现代化的进程中，每个文化都无法抵御和消解现代性的冲击，在未来的城乡建设中，能否维持任何建筑类型的真实性特征“就取决于我们有无能力生成一种有活力的地域文化的形式，同时又在文化和文明两个层次上吸收外来的影响。”❶

因此，逆向性支撑方法和模式不仅是对丰富多彩的传统建筑文化的一种尊重，也是当代关中地区乡村建设发展得以适应现代文明进程的一个基本前提。正如吴良镛教授指出的：“‘现代建筑地区化，乡土建筑现代化’，殊途同归，共同推进世界和地区的进步与丰富多彩。”❷

确立乡村新的建筑形态，就是让沉睡在渭河深处的西周凤雏遗址获得当代的安慰，让传统文化的影响力在当代的乡村建设中获得历史的尊严，使之具有别样的历史深度！

总之，本书提出的逆向性支撑的理论就是海德格尔关于定居思想的一个现代性的版本。正如卡斯特·哈里斯所说：“尽管我们可能会想重新估量一下海德格尔有关定居的论述，但我们也必须考虑到科技给人类带来的解放，它使人类能够更加完善自我。”❸

逆向性支撑方式主要应用于关中地区渭河沿线的乡村建设以及以县域为单位的郊区。

下面将本书研究的三种支撑的观念、营建和技术列以表格的形式，作为对三种支撑模式的“关键词”进行整理和强调，旨在突出研究的重点（表6-2～表6-4）。

---

❶ ［美］肯尼斯·弗兰姆普敦．现代建筑：一部批判的历史［M］．张钦楠等译．北京：生活·读书·新知三联书店，2015：354.

❷ 吴良镛．世纪之交的凝思：建筑的未来［M］．北京：清华大学出版社，1999：80.

❸ ［美］卡斯特·哈里斯．建筑的伦理功能［M］．申嘉，陈朝晖译．北京：华夏出版社，2003：159.

乡村建设与传统建筑环境支撑的观念比较　表6-2

特征	类别		
	定向性支撑	重构性支撑	逆向性支撑
技术观念	采用乡村技术	地方材料的再利用	现代技术与乡村技术
环境观念	顺其自然	与环境协调	与环境共生
历史观念	缓慢变迁	因地制宜	冲突和谐
文化观念	传统的地域性	功能的规定性	超越地区性
发展观念	观念发展	适应发展	感情用事地简单模仿

乡村建设与传统建筑环境支撑的营建比较　表6-3

特征	类别		
	定向性支撑	重构性支撑	逆向性支撑
设计方法	自然和谐	以分析为主	分析综合
设计原点	生存与信仰	以功能性为主	体现新地域
功能特点	多元含混	功能的纯粹性	综合优化
价值体系	价值体系多元化	价值单一化	价值的持续性
空间形态	地域性特征明显	同一性	对比中求统一
“质”的选择	地方材料	现代材料	现代材料的介入
“数”的选择	阴阳互信	超越	遵循“数”的规律
“形”的选择	延续传统	低技术、高情感	再陌生化
设计方法比较	建筑现象学	建筑符号学	建筑类型学

乡村建设与传统建筑环境支撑的技术比较　表6-4

特征	类别		
	定向性支撑	重构性支撑	逆向性支撑
技术观念	材料的物理属性	空间秩序的物质手段	挖掘材料的感性特质
环境观念	就地取材	再现村落肌理	包容性
历史观念	天人合一	历史延续	当代性
文化观念	保护	调适	当代性
发展观念	组织与建构的地方性	组织与建构的重构性	组织与建构的当代性

如果说传统建筑的三种支撑方法是一种文化、一种力量、一种隐喻的“种子”的话，那么，下面的论述就是对本章研究的再次总结。

6.5 老子的美学思想与“种子”的实践理性

老子的美学思想着重宇宙论和认识论，他用“道法自然”的命题否定了有意志的上帝。老子建立的以“道”为中心的美学思想是带有唯物论倾向的，这正是合乎规律的哲学美学开端。正如叶朗在《中国美学史大纲》中所言：“无论从历史的角度，还是逻辑学的角度，都应该把老子的美学作为中国美学史的观点。”[1]

所谓“种子”的实践理性，就是对当下关中地区的特征加以区分，进而做出决定，使乡村生活回归到日常生活、伦理感情中去，使建筑支撑的三种不同类型的“种子”能够在各自适宜的土壤中有机成长起来。

笔者认为，当下的乡村建设在“道法自然”美学原则的指导下，首先应该有崇尚自然、追求“天人合一”的理想境界；第二，应正确认识由天、地、人构成的大宇宙、大系统的哲学理念和建设思想；第三，从自然的角度出发，构建一个生活在城乡一体化背景下的、天地护佑、和谐共生、祈福求祥的理想家园，安其居，乐其业；第四，在“易”的基础上，建立“道法自然”、以不变应万变的永久的建筑形式，这种永久的建筑形式“既可以解决新的问题，也可以体现永恒的价值。”[2]

从建设的角度看，笔者认为应该界定西安市域的地理界限，防止其无序扩张和蔓延，认真研究宝鸡市、咸阳市、渭南市、铜川市的市域规模的最佳界限和人口规模的合理数量。在此基础上，合理布局周边的中小城市，在县域一级的产业结构上大力发展以现代农业为主的乡镇经济和产业结构，利用现代化的交通工具和网络化的通信设备，构建“无形的城市”和“有机的乡村”，使天地之下的一切都在“灵巧化”的尺度下运行，让城市空间和乡村空间构成“儒道互补”[3]的大地景观。

乡村建设，一个永恒的哲学命题。

传统建筑，一个灵魂深处的道德律。

两者的支撑关系即是从房屋的设计转向了建筑哲学的思考。

---

[1] 叶朗．中国美学史大纲［M］．上海：上海人民出版社，2010：23.

[2] ［英］威廉·J·R·柯蒂斯．20世纪世界建筑史［M］．北京：中国建筑工业出版社，2011：689.

[3] 李泽厚．美学三书［M］．天津：天津社会科学院出版社，2009：45.

6.6 本章小结

本章是在前一章关中地区空间类型划分的基础上，就关中地区乡村空间发展与传统建筑环境支撑的理论进行了初探，并在此基础上提出了关中地区乡村建设与传统建筑环境支撑的三种方法：定向性支撑方法、重构性支撑方法以及逆向性支撑方法，并对每一种支撑方法进行了概念辨析和设计理论的初探。最后，基于空间类型划分的关中地区城乡结构的分布特征，从传统文化的角度阐述了老子的美学思想和“种子”的实践理性，同时指出了三种支撑方法各自应用的范围等。

7 结论与展望

本书以“当代城镇化背景下陕西关中地区乡村建设与传统建筑环境支撑研究”为选题，展开研究。首先，分析了关中地区乡村环境的地理构成，归纳了关中地区传统建筑环境的类型和特点，讨论了1949年以后乡村传统建筑环境的问题和困惑，并指出1978年以后乡村“空虚化”的出现是作为人口流动和城镇化进程中对乡村负面影响的一种反馈。其次，对关中地区当代城镇化的过程进行了描述和分析。主要从环境、社会、经济以及建设等四个方面对关中地区乡村环境造成的问题和困惑进行解读和剖析。第三，对关中地区传统建筑环境支撑的相关机制进行诠释，认为自然环境制约下的传统村落和建筑环境的支撑关系具有同质同构的特征，探索了当前关中地区乡村建设与传统建筑环境的三种机制：传统建筑环境支撑的驱动机制、乡村建设空间发展的应答机制、乡村建设与传统建筑环境支撑的保障机制。第四，通过借鉴国家主体功能区划的相关理论和知识，对关中地区乡村建设的地域空间进行了划分，提出了关中地区乡村建设的“三大空间”的构想和以县域为单位的乡村建设的“三个圈层结构”的空间模式。最后，本书还结合建筑学等专业的理论知识，从方法论的角度出发，针对性地提出了适宜关中地区乡村建设与传统建筑环境支撑的三种方法、模式以及应用范围等。

7.1 主要结论

在上述研究思路和研究框架下，经由理论探讨与实证分析，在乡村建设与传统建筑环境支撑的系统论中，本书得出以下主要结论。

（1）明确了乡村建设中传统建筑环境支撑的驱动机制

在当代的乡村建设中，传统建筑环境的驱动因子主要包括传统建筑文化的影响力、乡土传统建筑环境朴素的美学思想、乡土传统建筑类型的结构力、传统建筑院落空间组合的控制力、传统建筑屋顶形式的艺术表现力以及适宜技术与地方材料的自然力等因子。它们构成了传统建筑环境的驱动机制。

（2）梳理了乡村建设中村落发展空间和特性的应答机制

首先，乡村空间环境的一大特征就是它的历史尺度和“集结性”的特质，形成了传统村落视觉尺度，因此乡村尺度和集结性的特征是构成当代乡村空间应答机制的一种策略；其次，文化空间的应答不仅反映了地理情境、地方的差异性和环境的意义，而且凸显了乡村社会农民生活世界的主体地位与能动性的潜力，表达了乡土文化的多样性形态特征；第三，乡村建设的价值意义取代工具意义，应当成为当代乡村空间发展的应答机制，因为乡村建设发展并不是单一的房屋的建设，而是要营造一个有环境意义的场所、体现人们的多样的生活方式和表达情感的地方。

（3）强调了乡村建设与传统建筑环境支撑的保障机制

一个支撑体系的运转，仅仅靠驱动机制和应答机制还远远不能保障该系统运行的正常化，还需要外力和内力的合力作用。因此，本书从以下几个方面探索了支撑体系运行的保障机制：城乡统筹发展对支撑体系的保障、经济投入对支撑体系的保障、宅基地产权界定对支撑体系的保障、熟人社会的常在对支撑体系的保障等。

在乡村建设与传统建筑环境支撑的方法论中，得出以下结论：

（1）传统建筑环境的定向性支撑方法和模式

定向性支撑的方法主要是体现对传统村落的保护和传统建筑环境的修复、民俗空间的再现。在具体的建筑设计方法中，以建筑现象学的原理为启迪，尊崇传统建筑环境营造的方法和技术策略，强调地方性材料和地方色彩的运用，激活传统村落的场所精神，从而获得生活的乐趣和意义。

通过定向性支撑的研究揭示传统建筑环境在丰富人们生活经历中的积极作用，使人们有责任去保护传统四合院的本质“空的空间”和乡村丰富的历史文化资源。

定向性支撑方法主要运用在关中地区的秦岭北麓以及以县域为单元的远郊乡村建设和发展中。

（2）传统建筑环境的重构性支撑方法和模式

重构性支撑方法主要是针对当代城镇化背景下，现有村庄的空虚化以及现有民居模仿城市建筑式样的趋势，建议地方管理部门制定出指导性的条例，正确引导农民在自建房的过程中既要传承民间营造房屋的智慧和技术，又要满足村民对现代生活的诉求。

重构性支撑的方法主要用于关中环线的村落以及以县域为单元的近郊乡村建设中。需要强调的是，建筑师运用建筑的符号学原理进行设计时，绝不是简单的对传统建筑符号的移植，而应该从建筑的“深层结构”考虑问题，使得重构的建筑担当起文化的象征，充分发掘关中地区的历史资源。这些资源绝非死的历史，而是活的精神，就在当下人们的心底。因此，在建筑环境重构的过程中，树立理论先于建造的思想方法，认真调查研究，从而创造出各种建筑形式的特征来表达出关中乡村文化的地域性和多样性，并非铁板一块、标准一致、毫无变化的模式到处嵌入。

（3）传统建筑环境的逆向性支撑方法和模式

逆向性支撑方法就是提取传统建筑环境构件的片段，运用建筑类型学的方法创新设计。在方法论中，既要回避现代化的实证主义逻辑，又要回避对发展的盲目乐观。

同时，在具体的建筑设计中，以几何化的抽象概念以及非对称的布局方法，构建出新的乡村美学法则，表达出全新的“空间观念”。必须指出的是，此处的“空间观念”，并非利用现代建筑的语汇营造出空间本身，而是强调建筑所要表达的真实的生活方式，即家庭对人的影响力和成长的内在机制。因为，生活是永恒的。同时，在设计中，将现代化理解为一种方式和手段，发挥其潜藏的广阔前景，为新的生活模式提供一个有尊严的、体面的、现代化的环境，这就是逆向性制成的本质特征。

逆向性支撑方法主要应用于渭河沿线的乡村建设以及以县域为单位的郊区。

7.2 创新点

本研究在充分吸收前人研究成果的基础上，在以下研究领域和研究方法进行了拓展和创新：

研究创新之处体现在三个方面：

（1）从陕西关中地区空间地域的地理特征出发，首次提出了在乡村建设中以关中地区的秦岭北麓、关中环线、渭河流域为“三大空间”的构想和以县域为单位的郊区、近郊、远郊的“三级圈层结构”概念。本书提出的“三大空间”和“三级圈层结构”的空间模式，从乡村发展的内涵和外延都扩大到了一定的程度，走到了“城乡共同体”理论研究性高度的范畴。

（2）从系统论的角度出发，首次提出了“驱动机制”、“应答机制”和“保障机制”的概念，并指出了它们在乡村建设发展与传统建筑环境支撑中的作用和意义。

（3）从方法论的角度出发，首次提出了传统建筑环境的“定向性支撑”、“重构性支撑”、“逆向性支撑”的概念。这一组概念的建构是对乡村建设环境意义的“去粗取精”、“化繁为简”，同时构建这一组概念是为了更好地阐释乡村建设实践的逻辑性。考虑到关中地区乡村发展本身具有的差异性、地域性、复杂性等特点，因此，这一组概念的建构有利于为当代关中地区的乡村建设和指导地方政府制定政策提供理论依据和指导作用。

7.3　不足及后续研究

本研究虽然构建了一个较符合逻辑的研究框架，但由于笔者知识积累和研究水平的不足，希望专家、学者、同仁们多提出批评意见。

本研究提出关中乡村建设整体“三大空间”的地区空间类型划分，只是一个概念性与描述性的模型，由于数据和资料难以获得，因此无论在理论内涵与外延上，还是在定量推导与表述上都需要后续的进一步拓展与完善。这既是本研究的不足之处，也是后续深入研究的方向。

7.4　回顾与展望

奥斯瓦尔德·斯宾格勒从历史材料的紧身衣中走出来，在《西方的没落》中对于未来的先知性的观点“愿意的人，命运领着走；不愿意的人，命运拖着走”显然是悲观的。汤因比在《历史研究》（下卷）“西方文明的前景”中写道“人们从此永远过上幸福的生活？”其回答是否定的。

关于斯宾格勒的“悲观论”和“汤因比之问”，如果我们把这些观点转换成当下问题研究的回顾和展望，关中地区是华夏文明的发祥地之一，许多典章制度肇源于此，许多理论成果成了民族文化的元素，影响并制约着民族文化的发展路劲和思维模式。面对现代化进程中的问题和挑战，当下的农民在历史文明的演进中，能够在“家门口能够过上好日子吗？”我的回答是肯定的。

无论如何，笔者认为这种比较乐观的精神前景是有可能的，这给那些乡村悲观主义者带来了一些令人怦然心动的温暖光芒。

以上是本书开端的开场白。同样地，它也是本书末尾的结束语。对这句话笔者只想做如下的补充，那就是鉴于当代关中地区乡村呈现的空虚化和衰败的趋势，家庭、邻里、社会结构、物质文化等这些基本的乡村构成要素出现了“问题”，农民失去了在乡村生活的自信力，价值取向改变了，所以对这些问题进行彻底的分析与研究，仍是当下最重要的事情。

在这方面，我们愿意把整个研究工作推向一个光明的前景。

参考文献

[1]［英］亚当·斯密. 国富论［M］. 唐日松等译. 北京：华夏出版社，2005.

[2]［美］西奥多·W·舒尔茨. 改造传统农业［M］. 梁小民译. 北京：商务印书馆，2010.

[3]［法］H·孟德拉斯. 农民的终结［M］. 李培林译. 北京：社会科学文献出版社，2010.

[4]［美］布莱恩·贝利. 比较城市化［M］. 顾朝林等译. 北京：商务印书馆，2010.

[5]［英］Peter Hall. 明日之城［M］. 童明译. 上海：同济大学出版社，2014.

[6]［美］戈特佛里德·森佩斯. 建筑四要素［M］. 罗德胤，赵雯雯，包志禹译. 北京：中国建筑工业出版社，2010.

[7]［德］康德. 判断力批判（注释本）［M］. 李秋零译. 北京：中国人民大学出版社，2010.

[8]［德］马丁·海德格尔. 存在与时间［M］. 陈嘉映，王庆节译，熊伟校. 北京：商务印书馆，2015.

[9]［美］丹尼斯·米斯都. 增长的极限［M］. 李宝恒译. 吉林：吉林人民出版社，1997.

[10]［美］赫尔曼·E·戴利. 超越增长［M］. 诸大建，胡圣译. 上海：上海译文出版社，2001.

[11]［美］刘易斯·芒福德. 技术与文明［M］. 陈充明等译. 北京：中国建筑工业出版社，2009.

[12]［美］刘易斯·芒福德. 城市发展史［M］. 宋俊岭，倪文彦译. 北京：中国建筑工业出版社，2013.

[13]［美］塞缪尔·P·亨廷顿. 变化社会中的政治秩序［M］. 王冠华等译. 北京：生活·读书·新知三联书店，1992.

[14]［美］Natural Capitalism. 关于下一次工业革命自然资本论［M］. 王乃粒，诸大建，龚义台译. 上海：上海科学普及出版社，2000.

[15]［美］肯尼斯·弗兰姆普敦. 现代建筑：一部批判的历史［M］. 张钦楠译. 北京：生活·读书·新知三联书店，2012.

[16]［美］刘易斯·芒福德. 城市文化［M］. 宋俊岭，倪文彦译. 北京：中国建筑工业出版社，2012.

[17]［美］道格拉斯·凯尔纳，斯蒂文·贝斯特. 后现代理论：批判性质疑［M］. 张志斌译. 北京：中央编译出版社，2001.

[18]［美］兰德尔·阿伦特. 国外乡村设计［M］. 叶齐茂，倪晓辉译. 北京：中国建筑工业出版社，2010.

[19]［美］戴维·波普诺. 社会学［M］. 李强等译. 北京：中国人民大学出版社，1999.

[20][英]爱德华·埃文思·普理查德. 论社会人类学[M]. 冷风彩译. 北京：世界图书出版公司，2009.

[21][英]罗杰·斯克鲁顿. 建筑美学[M]. 刘先觉译. 北京：中国建筑工业出版社，2013.

[22][美]阿摩斯·拉普卜特. 宅形与文化[M]. 常青等译. 北京：中国建筑工业出版社，2012.

[23][日]原广司. 世界聚落的教示100[M]. 于天，刘淑梅译. 北京：中国建筑工业出版社，2003.

[24][美]罗伯特·文丘里. 建筑的复杂性与矛盾性[M]. 周卜颐译. 北京：知识产权出版社，2006.

[25][美]阿摩斯·拉普卜特. 建成环境的意义——非言语表达方式[M]. 黄兰谷等译. 北京：中国建筑工业出版社，1992.

[26][美]诺伯舒兹. 场所精神：迈向建筑现象学[M]. 施植明译. 武汉：华中科技大学出版社，2012.

[27][美]马维·哈里斯. 人·文化·生境[M]. 许苏明编译. 山西：山西人民出版社，1989.

[28][美]伯纳德·鲁道夫斯基. 没有建筑师的建筑[M]. 高军译，邹德侬审校. 天津：天津大学出版社，2011.

[29][法]亨利·列斐伏尔. 空间与政治[M]. 李春译. 上海：上海人民出版社. 2015.

[30][美]赫伯特·马尔库塞. 单向度的人[M]. 刘继译. 上海：上海译文出版社. 2014.

[31][德]奥斯瓦尔德·斯宾格勒. 西方的没落[M]. 江月译. 湖南：湖南文艺出版社，2011.

[32][英]J·G·弗雷泽. 金枝[M]. 汪培基等译，汪培基校. 北京：商务印书馆. 2013.

[33][英]爱德华·泰勒. 原始文化[M]. 连树声译，谢继声等校. 上海：上海文艺出版社. 1992.

[34][德]恩斯特·卡西尔. 论人是符号的动物[M]. 石磊编译.北京：中国商业出版社，2015.

[35][加]简·雅各布斯. 美国大城市的死与生[M]. 金衡山译.南京：译林出版社，2011.

[36][美]罗杰·特兰西克. 寻找失落空间[M]. 朱子瑜等译，朱子瑜等校. 北京：中国建筑工业出版社. 2013.

[37][法]伏尔泰. 风俗论[M]. 谢戊申等译，郑福熙等校. 北京：商务印书馆. 2013.

[38][法]勒·柯布西耶. 走向新建筑[M]. 陈志华译.北京：商务印书馆，2016.

[39][法]勒·柯布西耶. 光辉城市[M]. 金秋野，王友佳译.北京：中国建筑工业出版社，2016.

[40][英]阿诺德·汤因比. 历史研究[M]. 郭晓凌等译.上海：上海人民出版社，2014.

[41][麦]S·J·拉斯姆森. 建筑体验[M]. 刘亚芬译. 北京：知识产权出版社，2012.

[42][英]威廉·J·R·柯蒂斯. 20世纪世界建筑史[M]. 本书翻译委员会译. 北京：中国建筑工业出版社，2011.

[43] [希] 柏拉图. 理想国 [M]. 郭斌和，张竹明译. 北京：商务印书馆，2015.
[44] [英] 安东尼・吉登斯. 历史唯物主义的当代批判权力、财产与国家 [M]. 郭忠华译. 上海：上海译文出版社，2015.
[45] [德] 马克斯・韦伯. 学术与政治 [M]. 冯克利译. 北京：生活・读书・新知三联书店，2005.
[46] [法] 莫里斯・梅洛-庞蒂. 知觉现象学 [M]. 姜志辉译. 北京：商务印书馆，2012.
[47] [英] 埃比尼泽・霍华德. 明日的田园城市 [M]. 金经元译. 北京：商务印书馆，2010.
[48] [美] 威廉・H・怀特. 小城市空间的社会生活 [M]. 叶齐茂，倪晓辉译. 上海：上海译文出版社，2016.
[49] [英] 雷蒙・威廉斯. 乡村与城市 [M]. 韩子满，刘戈，徐珊珊译. 北京：商务印书馆，2013.
[50] [英] 雷蒙・威廉斯. 关键词 [M]. 刘建基译. 北京：生活・读书・新知三联书店，2005.
[51] [英] 彼得・霍尔，马克・图德-琼斯. 城市与区域规划 [M]. 邹德慈，李浩，陈长青译. 北京：中国建筑工业出版社，2014.
[52] [英] 彼得・霍尔. 文明中的城市 [M]. 王志章等译. 北京：商务印书馆，2016.
[53] [英] 伊恩・伦诺克斯・麦克哈格. 设计结合自然 [M]. 芮经纬译，李哲校. 天津：天津大学出版社，2008.
[54] [英] 黑格尔. 美学 [M]. 朱光潜译. 北京：商务印书馆，2015.
[55] [意] 贝奈戴托・克罗齐. 历史学的理论和实际 [M]. 傅任敢译. 北京：商务印书馆，2010.
[56] [法] 卢梭. 爱弥儿 [M]. 李平沤译. 北京：商务印书馆，2016.
[57] [法] 卢梭. 社会契约论 [M]. 何兆武译. 北京：商务印书馆，2016.
[58] [美] 塞缪尔・亨廷顿. 文明的冲突与世界秩序的重建 [M]. 周琪，刘绯，张立平，王圆译. 北京：新华出版社，2010.
[59] [美] 加雷斯・B・马修斯. 哲学与幼童 [M]. 陈国容译，蒋永宜校译. 北京：生活・读书・新知三联书店，2015.
[60] [美] 罗比特・雷德菲尔德. 农民社会与文化 [M]. 王莹译. 北京：中国社会科学出版社，2013.
[61] [美] 伊利尔・沙利文. 城市它的发展衰败与未来 [M]. 顾启源译. 北京：中国建筑工业出版社，1986.
[62] [美] 卡斯特・哈里斯. 建筑的伦理功能 [M]. 申嘉，陈朝辉译. 北京：华夏出版社，2001.
[63] [美] 卡尔・雅思贝斯. 历史的起源与目标 [M]. 魏楚雄，俞新天译. 北京：华夏出版社，1989.
[64] [美] 伊利尔・沙里宁. 形式的探索——一条处理艺术问题的基本途径 [M]. 顾启源译. 北

京：中国建筑工业出版社，1989.

[65] [美] 杜赞奇. 文化、权力与国家：1900—1942年的华北农村 [M]. 王福明译. 江苏：凤凰出版传媒集团，江苏人民出版社，2010.

[66] [美] 杜赞奇. 从民族国家拯救历史民族主义话语与中国现代史研究 [M]. 王宪明等译. 江苏：凤凰出版传媒集团，江苏人民出版社，2010.

[67] Sorenson O. Social Net works and industrial geography [J]. Journal of Evolutionary and Economics，2003，13 (5)：513-527.

[68] Philip•H•Lewis. Tomorrow by Design：A Regional Design Process for Sustainability [M]. John Wiley & Sons，1996.

[69] Wan G，Zhou Z. Income inequality in rural China：regression-based decomposition using household data [J]. Review of Development Economics，2005，9 (1)：107-120.

[70] Zhu Y. The floating population household strategies and the role of migration in China regional development and integration [J]. International Journal of Population. Geography，2003，9 (6)：485-502.

[71] 费孝通. 乡土中国 [M]. 上海：上海世纪出版集团，2005.

[72] 费孝通. 江村经济 [M]. 上海：上海世纪出版集团，2005.

[73] 冯友兰. 中国哲学简史 [M]. 北京：世界图书出版公司，2013.

[74] 张岱年，方克立.中国文化概论 [M]. 北京：北京师范大学出版社，2008.

[75] 许倬云. 万古江河中国历史文化的转折与开展 [M]. 上海：上海文艺出版社，2006.

[76] 胡兆良. 中国文化地理概述 [M]. 北京：北京大学出版社，2007.

[77] 许倬云. 中国古代文化的特质 [M]. 北京：新星出版社，1986.

[78] 贺雪峰. 村治的逻辑：农民行动单位的视角 [M]. 北京：中国社会科学出版社，2009.

[79] 王铭铭. 村落视野中的文化与权力 [M]. 北京：生活·读书·新知三联书店，1997.

[80] 谭同学. 桥村有道 [M]. 北京：生活·读书·新知三联书店，2010.

[81] 周星. 乡土生活的逻辑 [M]. 北京：北京大学出版社，2011.

[82] 丁俊清. 中国居住文化 [M]. 上海：同济大学出版社，1997.

[83] 高占祥. 论庙会文化 [M]. 北京：文化美术出版社，1992.

[84] 杨东晨. 陕西古代史 [M]. 陕西：陕西人民教育出版社，1994.

[85] 何金铭. 陕西县情 [M]. 陕西：陕西人民出版社，1986.

[86] 史念海. 陕西通史 [M]. 陕西：陕西师范大学出版社，1998.

[87] 陕西省统计局. 陕西统计年鉴1990—2002年各册 [M]. 北京：中国统计出版社，2004.

[88] 陕西省统计局. 陕西省地市县历史统计资料汇编1949—1990 [M]. 中国：中国统计出版社，2004.

[89] 陕西省凤翔县地方志编纂委员会. 凤翔县志 [M]. 陕西：陕西人民出版社，1991.
[90] 张壁田，刘振亚. 陕西民居 [M]. 北京：中国建筑工业出版社，1993.
[91] 杨景震. 陕西民俗 [M]. 甘肃：甘肃人民出版社，2003.
[92] 中国科学院. 陕西专辑上下 [J]. 中国国家地理，2005.
[93] 张浚等. 黄土地的变迁——以西北边陲种田乡为例 [M]. 甘肃：甘肃人民出版社，2009.
[94] 吴良镛. 人居环境科学导论 [M]. 北京：中国建筑工业出版社，2001.
[95] 吴良镛. 城市研究论文集 [M]. 北京：中国建筑工业出版社，1996.
[96] 吴良镛. 世纪之交的凝思：建筑学的未来 [M]. 北京：清华大学出版社，1999.
[97] 吴良镛. 广义建筑学 [M]. 北京：清华大学出版社，2011.
[98] 陈志华. 北窗杂记——建筑学术随笔 [M]. 河南：河南科学技术出版社，1999.
[99] 彭一刚. 传统村镇聚落景观分析 [M]. 北京：中国建筑工业出版社，1994.
[100] 方可. 当代北京旧城更新 调查・研究・探索 [M]. 北京：中国建筑工业出版社，2000.
[101] 王珏. 人居环境视野中的游憩理论与发展战略研究 [M]. 北京：中国建筑工业出版社，2009.
[102] 李志刚. 河西走廊人居环境保护与发展模式研究 [M]. 北京：中国建筑工业出版社，2010.
[103] 张京祥. 西方城市规划思想 [M]. 南京：东南大学出版社，2013.
[104] 刘先觉. 现代建筑理论 [M]. 北京：中国建筑工业出版社，2010.
[105] 刘滨谊. 现代景观规划设计 [M]. 南京：东南大学出版社，2013.
[106] 齐美尔. 社会学——关于社会化形式的研究 [M]. 北京：华夏出版社，2002.
[107] 王思福. 乡土社会的秩序公正与权威 [M]. 北京：中国政法大学出版社，1997.
[108] 单军. 建筑与城市的地区性 [M]. 北京：中国建筑工业出版社，2010.
[109] 侯幼斌. 中国建筑美学 [M]. 北京：中国建筑工业出版社，2009.
[110] 王思福. 乡土社会的秩序公正与权威 [M]. 北京：中国政法大学出版社，1997.
[111] 刘徐杰. 中国古代建筑史 [M]. 北京：中国建筑工业出版社，2009.
[112] 沈福煦. 中国古代建筑文化史 [M]. 上海：上海古籍出版社，2001.
[113] 刘敦桢. 中国古代建筑史 [M]. 北京：中国建筑工业出版社，2014.
[114] 李浩. 唐代关中士族与文学 [M]. 北京：中国社会科学出版社，2007.
[115] 张钦楠. 中国古代建筑师 [M]. 北京：生活・读书・新知三联书店，2008.
[116] 顾朝林. 城镇体系规划理论・方法・实例 [M]. 北京：中国建筑工业出版社，2005.
[117] 周庆华. 黄土高原 河谷中的聚落 [M]. 北京：中国建筑工业出版社，2009.
[118] 李立. 乡村聚落：形态、类型与演变 [M]. 江西：东南大学出版社，2007.
[119] 邹兵. 城镇的制度变迁与政策分析 [M]. 北京：中国建筑工业出版社，2003.

[120] 张兵. 城市规划实效论 [M]. 北京：中国人民大学出版社，1998
[121] 王育林. 地域性建筑 [M]. 天津：天津大学出版社，2008.
[122] 戴颂华. 中西居住形态比较 [M]. 上海：同济大学出版社，2008.
[123] 葛丹东. 中国村庄规划的体系与模式 [M].江西：东南大学出版社，2010.
[124] 王纪武. 生态型村庄规划理论与方法 [M]. 浙江：浙江大学出版社，2011.
[125] 谢迪斌. 破与立的双重变奏 [M]. 湖南：湖南人民出版社，2009.
[126] 王旭东.中国农村宅基地制度研究 [M]. 北京：中国建筑工业出版社，2011.
[127] 刘文纪.中国农民就地城市化研究 [M]. 北京：中国经济出版社，2010.
[128] 陈锦晓.中国乡村建设道路探索研究 [M]. 北京：黄河水利出版社，2009.
[129] 荆其敏.中国传统民居 [M]. 天津：天津大学出版社，1999.
[130] 侯继尧，王军.中国窑洞 [M]. 河南：河南科学技术出版社，1999.
[131] 李秋香. 中国村居 [M]. 北京：百苑文艺出版社，2002.
[132] 宋晔皓. 结合自然整体设计 [M]. 北京：中国建筑工业出版社，2000.
[133] 蔡昉. 2000年：中国人口问题报告——农村人口问题及其治理 [M]. 北京：社会科学文献出版社，2000.
[134] 韩明谟. 农村社会 [M]. 北京：北京大学出版社，2001.
[135] 刘成武，杨志荣，方中权. 自然概论 [M]. 北京：科学出版社，1999.
[136] 梁雪. 传统村镇实体环境设计 [M]. 天津：天津科学技术出版社，2001.
[137] 朱晓明. 历史 环境 生机 [M]. 北京：中国建材工业出版社，2002.
[138] 舒惠国. 生态环境与生态经济 [M]. 北京：科学出版社，2001.
[139] 刘宇，颜家安. 中国农村人口问题 [M]. 四川：四川人民出版社，2002.
[140] 雷毅. 深层生态学思想研究 [M]. 北京：清华大学出版社，2001.
[141] 沈清基. 城市生态与城市环境 [M]. 上海：同济大学出版社，1998.
[142] 王其亨. 风水理论研究 [M]. 天津：天津大学出版社，1992.
[143] 周若祁. 韩城党家村寨与当家村民居 [M]. 陕西：陕西科技出版社，1999.
[144] 夏云. 绿色建筑 [M]. 北京：中国计划出版社，1999.
[145] 赵树凯. 农民的政治 [M]. 北京：商务出版社，2011.
[146] 王勇辉. 农村城镇化与城乡统筹的国际比较 [M].北京：中国社会科学出版社，2011.
[147] 沈克宁，马震平. 人居相依 [M]. 上海：上海科技教育出版社，2000.
[148] 叶文虎. 可持续发展引论 [M]. 北京：高等教育出版社，2001.
[149] 刘颖秋. 土地资源与可持续发展 [M]. 北京：中国科学技术出版社，1999.
[150] 林培. 中国耕地资源与可持续发展 [M]. 广西：广西科学技术出版社，2000.
[151] 刘延随. 中国新农村建设地理论 [M]. 北京：科学出版社，2011.

[152] 乔家军. 中国乡村社区空间论 [M]. 北京：科学出版社，2011.
[153] 吴传钧. 地理学的研究核心人地关系地域系统 [J]. 经济地理，1991 (3).
[154] 马丁. 全球化的陷阱 [M]. 北京：中央编译出版社，1998.
[155] 李政道. 展望21世纪的科学发展前景 [M].吉林：吉林人民出版社，1998.
[156] 王文章. 非物质文化遗产概论 [M]. 北京：文化艺术出版社，2006.
[157] 陶立璠，樱井龙彦. 非物质文化遗产学论集 [M]. 北京：学苑出版社，2006.
[158] 汪坦，陈志华. 现代西方艺术美学文选·建筑美学 [M]. 辽宁：辽宁教育出版社，1989.
[159] 田培栋. 明清时代陕西经济史 [M]. 北京：首都师范大学出版社，2000.
[160] 曹占泉. 陕西省志·人口志 [M]. 西安：三秦出版社，1996.
[161] 林耀华. 义序的宗教研究 [M]. 上海：上海教育出版社，1985.
[162] 吕思勉. 中国制度史 [M]. 北京：生活·读书·新知三联出版社，2000.
[163] 郑天挺. 清代的幕府 [J]. 天津：天津人民出版社，1982.
[164] 李大夏. 路易斯·康 [M]. 北京：中国建筑工业出版社，1998.
[165] 苏樱. 人间词话精读 [M]. 湖南：湖南文艺出版社，2015.
[166] 刘义庆. 世说新语 [M]. 上海：上海古籍出版社，2016.
[167] 彭怒，支文军，戴春. 现象学与建筑的对话 [M]. 上海：同济大学出版社，2009.
[168] 袁珂. 中国神话传说 [M]. 北京：世界国家出版公司，2012.
[169] 马惠娣，魏翔. 中国休闲研究2014 [M]. 北京：中国经济出版社，2014.
[170] 朱晓梅. 大众文化研究 [M]. 北京：清华大学出版社，2003.
[171] 张岱年. 文化与哲学 [M]. 北京：中国人民大学出版社，2006.
[172] 林语堂. 吾国与吾民 [M]. 黄嘉德译. 湖南：湖南文艺出版社，2012.
[173] 宗白华. 美学散步 [M]. 上海：上海人民出版社，2015.
[174] 李令福. 关中水利开发与环境 [M]. 北京：人民出版社，2004.
[175] 朱光潜. 诗论 [M]. 广西：广西师范大学出版社，2004.
[176] 朱光潜. 西方美学史 [M]. 江苏：江苏人民出版社，2015.
[177] 李泽厚. 美学三书 [M]. 天津：天津社会科学院出版，2003.
[178] 叶朗. 中国美学史大纲 [M]. 上海：上海人民出版社，2010.
[179] 王毅. 翳然林水 [M]. 北京：北京大学出版社，2006.
[180] 沈克宁. 建筑现象学 [M]. 北京：中国建筑工业出版社，2016.
[181] 沈克宁. 建筑类型学与城市形态学 [M]. 北京：中国建筑工业出版社，2010.
[182] 政协陇县第十四届委员会，文卫文史工作委员会. 陇州传统民居 [M].宝鸡日报社印务有限公司，2013.
[183] 陈江风. 观念与中国文化传统 [M]. 广西：广西师范大学出版社，2006.

[184] 陈从周. 园林谈丛［M］. 上海：世纪出版集团，上海人民出版社，2016.
[185] 叶广度. 中国庭院记［M］. 北京：当代中国出版社，2015.
[186] 王昀. 向世界聚落学习［M］. 北京：中国建筑工业出版社，2011.
[187] 梁思成. 中国建筑艺术［M］. 北京：北京出版集团公司，北京出版社，2016.
[188] 傅熹年. 中国古代建筑概述［M］. 北京：中国出版集团公司，北京出版社，2016.
[189] 雷振东. 整合与重构——关中乡村转型研究［M］. 江苏：东南大学出版社，2009.
[190] 虞志淳. 陕西关中新民居模式研究［D］. 西安：西安建筑科技大学，2009.
[191] 徐建生. 基于关中传统民居特质的地域性建筑创作模式研究［D］. 西安：西安建筑科技大学，2013.
[192] 李钰. 陕甘宁生态脆弱地区乡村人居环境研究［D］. 西安：西安建筑科技大学，2011.
[193] 张玲，师谦友，牛媛媛，曹双庆. 基于GIS的关中天水经济区人口城市化研究［J］. 人文地理，2011（12）.
[194] 赵沙，张富平，徐改花，张东海. 基于GIS的关中地区人口分布时空演变特征研究［J］. 资源开发与市场，2011（8）.
[195] 员智凯. 关中天水经济区的辐射带动作用和发展路径选择［J］. 人文地理，2009（2）.
[196] 陆大道，姚士谋. 中国城镇化进程的科学思辨［J］. 人文地理，2007（4）.
[197] 薛东前，代兰海. 西安城市化演进过程的多层面分析与趋势预测［J］. 人文地理,2007（5）.
[198] 任保平. 以西安为中心的关中城市群的结构优化及其方略［J］. 人文地理，2007（5）.
[199] 朱海声. 基于陕西关中民俗的传统建筑环境研究［J］. 建筑师，2012（5）.
[200] 朱海声，杨豪中. 建筑的现代性与传统概念的辨析［J］. 西安建筑科技大学（自然科学版），2012（5）.
[201] 郭俊华，蔡雯等. 工业化带动城市化的对策研究——以陕西关中地区为例［J］. 人文地理，2006（2）.
[202] 王海江，苗长虹. 城市群对外服务功能量化解析以山东半岛、中原和关中三城市群为例［J］. 人文地理，2008（4）.
[203] 陆元鼎. 从传统民居建筑形成的规律探索民居研究的方法［J］. 建筑师，2005（6）.
[204] 张小林. 乡村概念的辨析［J］. 地理学报，1998（7）.
[205] 袁牧. 国内当代乡土与地区建筑理论研究现状及评述［J］. 建筑师，2005（6）.
[206] 李东，许铁城. 空间、制度、文化与历史叙述——新人文视野下传统聚落与民居建筑研究［J］. 建筑师，2005（6）.
[207] 曹祥明，周若祁. 黄土高原沟壑区小流域体系空间分布特征及应对策略——以陕西省淳化县为例［J］. 人文地理，2008（5）.
[208] 王承惠. 作为原型的“院落”及其在当代居住环境这几种的应用探求［J］. 建筑师，2005

（6）.
[209] 王瑾瑾. 从民居建筑布局看"堂文化"的神圣表述——"唐文化"所呈现的中国文化思维模式论之一［J］. 建筑师，2005（6）.
[210] 史永高. 白墙的表面属性和建造内涵［J］. 建筑师，2006（12）.
[211] 吴涛，李同昇. 基于城乡一体化发展的关中地区基础设施建设评价［J］. 地域研究与开发，2011（8）.
[212] 杜忠潮，高颖，金萍. 关中地区乡村旅游资源类型、发展模式及驱动级之前系［J］. 咸阳师范学报，2009（11）.
[213] 杜忠潮等. 陕西关中地区乡村旅游资源综合性定量评价研究［J］. 西北农林科技大学学报（社会科学版），2009（3）.
[214] 高海建. 西部地区农村受众媒介接触行为调查以陕西关中为例［J］. 今传媒，2009（6）.
[215] 傅熹年. 陕西岐山凤雏西周建筑遗址初探［J］. 文物，1981（1）.
[216] 李海燕，李建伟，权东计. 长安秦岭北麓发展带生态景观规划研究［J］. 云南地理环境研究，2005（5）.
[217] 严海蓉. 虚空的农村和空虚的主体［J］. 读书，2005（7）.
[218] 潘家恩. 双面的浪漫与多维的乡愁［J］. 读书，2016（5）.
[219] 刘永华. 中国乡土，有多乡土［J］. 读书，2016（6）.
[220] 盛洪. 通古今之变［J］. 读书，2016（6）.

后 记

本书是在我的博士论文基础上修改而成的。

首先感谢导师杨豪中教授对我多年的教导和培养。在导师的思想修养和人格魅力的熏陶下，我经历了一次自己更新自己的过程。

感谢导师刘克成教授和肖莉教授在硕士阶段的帮助和鼓励。

感谢武联教授、王军教授、蔺宝钢教授、张沛教授、许键教授、李志民教授、刘永德教授的指导和帮助，论文的一次次进步，也都倾注着各位教授的心血。武联老师热诚地向我阐述了关于关中地区城乡一体化与城镇及产业发展的科学见解，对我论文的完善起到了很大的启发作用；王军教授、李志民教授对论文提出了诸多建设性的意见；蔺宝钢教授、张沛教授、许健教授对论文的修改和提高也提出了很有价值的指导。

同样感谢论文在盲审阶段“看不见的教授”，正是他们严谨的科学态度、宽厚的学术涵养、认真的工作态度、细心评阅的作风和学术思想上高屋建瓴的修改建议，论文才可以得到很好的完成。

感谢赵西成教授在百忙中为论文的写作格式、符号、序列、引注等的修改和调整，令人感动。

感谢中国工程院副院长徐德龙院士在论文一遍又一遍的修改过程中，提醒我研究要注意“大气”以及对我的爱护和鼓励，使我一步一步地坚持了下来。

感谢建筑学院研究生科以及建大研究生院的各位领导和老师，他们的学者风范和包容、鼓励的工作态度，同样使我在以后的工作和学习中受益匪浅。

我要特别感谢中国建筑工业出版社咸大庆总编辑、黄翊编辑、朱象清编审、张建主任和其他诸位同志为本书编辑、排版、校对及插图加工所付出的辛勤劳动和所提供的帮助，他们为本书提出了许多宝贵的建议和意见，是他们给了我又一次很好的学习机会。通过重新学习和不断积累，新的、更可靠的知识取代了不成熟的知识和含糊的思想意识，最后使本书得以顺利出版。

最后感谢我的父母、妻子和孩子的支持，是他们无私的付出和关怀，给我创造了安静的读书、思考和修改论文的环境，使得本书顺利完成。

二零一七年五月

于古城西安建大家属院地图斋